中国科协高端科技创新智库丛书 文集系列

第二届科协发展理论研讨会论文集 2016

PROCEEDINGS OF THE SECOND CAST THEORETICAL DEVELOPMENT CONFERENCE 2016

罗晖 阮草 主编

中国科学技术出版社

·北 京·

图书在版编目（CIP）数据

第二届科协发展理论研讨会论文集：2016 / 罗晖，阮草主编 . —北京：中国科学技术出版社，2017.11

（中国科协高端科技创新智库丛书. 文集系列）

ISBN 978-7-5046-7823-2

I.①第… II.①罗… ②阮… III.①科学研究组织机构—文集 IV.① G311-53

中国版本图书馆 CIP 数据核字（2017）第 284419 号

策划编辑	郑洪炜	
责任编辑	李 洁	史朋飞
装帧设计	中文天地	
责任校对	凌红霞	
责任印制	马宇晨	

出 版	中国科学技术出版社
发 行	中国科学技术出版社发行部
地 址	北京市海淀区中关村南大街16号
邮 编	100081
发行电话	010-62173865
投稿热线	010-63581032
网 址	http://www.cspbooks.com.cn

开 本	787mm×1092mm 1/16
字 数	295千字
印 张	18.5
版 次	2017年11月第1版
印 次	2017年11月第1次印刷
印 刷	北京九州迅驰传媒文化有限公司

书 号	ISBN 978-7-5046-7823-2 / G·767
定 价	50.00元

第二届科协发展理论研讨会

大会主席

　　王春法

组 委 会

　　主 席　罗　晖

　　副主席　阮　草　姜长才　陈　锐　王宏伟

学术委员会

　　主 席　赵沁平

　　副主席　穆荣平　张　藜　李正风

　　成 员　（按姓氏首字母排序）

　　　　　龚　旭　胡志强　李　平　李志坚　李志军　柳卸林

　　　　　沈　杰　谭宗颖　王奋宇　王宏伟　袁江洋

编 委 会

　　主 编　罗　晖　阮　草

　　副主编　王宏伟　刘春平

　　工作组　（按姓氏首字母排序）

　　　　　曹学伟　邓大胜　高晓巍　黄园淅　李　焱　李　政　刘　佳

　　　　　刘　萱　马健铨　齐海伶　齐　硕　沈　笑　孙　悦　孙艳秋

　　　　　王　达　王　岩　王　蓉　夏　婷　杨宝龙　张珩旭　张　丽

　　　　　赵喾加　赵文武　赵一平　赵　勇　赵　宇

　　支持单位　中国科学技术协会
　　主办单位　中国科协创新战略研究院

承办单位　中国国际科技交流中心

协办单位　浙江省科学技术协会

　　　　　中国机械工程学会

　　　　　中国科学院创新发展研究中心

　　　　　中国社会科学院数量经济与技术经济研究所

　　　　　浙江工业大学中国中小企业研究院

　　　　　清华大学中国科学技术政策研究中心

　　　　　中国科学院大学经济与管理学院

　　　　　北京理工大学科技评价与创新管理研究中心

　　　　　爱思唯尔公司，等

序 言

　　创新驱动是世界大势所趋。全球新一轮科技革命、产业变革和军事变革加速演进，群体性技术革命将引发国际产业分工重大调整，颠覆性技术不断涌现，正在重塑世界竞争格局，创新驱动成为许多国家谋求竞争优势的核心战略。在此背景下，我国既面临赶超跨越的难得历史机遇，也面临转型发展的严峻挑战。当前，我国已经成为具有重要影响力的科技大国，科技创新对经济社会发展的支撑和引领作用日益增强，但同建设世界科技强国的目标相比，我国的发展还面临着重大科技瓶颈，关键领域核心技术受制于人的格局没有从根本上改变。随着我国迈入经济发展新常态，长期以来主要依靠资源、资本、劳动力等要素投入支撑经济增长和规模扩张的方式已不可持续，供给与需求之间呈现多种矛盾。我国发展急需动力转化、方式转变和结构调整，从要素驱动、投资驱动转向创新驱动，实现由低水平供需平衡向高水平供需平衡跃升。

　　习近平总书记在 2016 年 5 月 30 日召开的"科技三会"上指出："纵观人类发展历史，创新始终是一个国家、一个民族发展的重要力量，也始终是推动人类社会进步的重要力量。不创新不行，创新慢了也不行。如果我们不识变、不应变、不求变，就可能陷入战略被动，错失发展机遇，甚至错过整整一个时代。实施创新驱动发展战略，是应对发展环境变化、把握发展自主权、提高核心竞争力的必然选择，是加快转变经济发展方式、破解经济发展深层次矛盾和问题的必然选择，是更好引领我国经济发展新常态、保持我国经济持续健康发展的必然选择。"

　　在党中央、国务院的正确领导下，中国科协高举中国特色社会主义伟大旗帜，坚持以邓小平理论、"三个代表"重要思想、科学发展观为指导，深入贯彻党的十八大和十八届三中、四中、五中、六中全会精神，深入贯彻习近平总书记系列重要讲话精神，认真落实"科技三会"对中国科协的职责定位，按照科协系统深化改革总体要求，团结带领广大科技工作者积极进军科技创新和经济建设主战场，坚持为科技工作者服务、为创新驱动发展服务、为提高全民科学素质服务、为党和政府科学决策服务，形成面向未来的科协事业发展新格局。

2016 年是中国科协全面启动科协系统深化改革的起始之年，也是全面落实《中国科学技术协会事业发展"十三五"规划（2016—2020）》，各项工作发展取得重要成绩的一年。为更好地贯彻落实中共中央、国务院重大战略决策部署，贯彻落实习近平总书记对中国科协职责定位和发展方向重要指示，中国科协创新战略研究院于 2016 年 12 月 2 日—4 日在杭州举办了主题为"深化改革与创新发展"的"第二届科协发展理论研讨会"，会议旨在搭建平台，凝聚智慧，为科协事业繁荣发展献计献策。

本届研讨会由中国科学技术协会支持指导，中国国际科技交流中心承办，浙江省科学技术协会、中国机械工程学会、中国科学院创新发展研究中心、中国社会科学院数量经济与技术经济研究所、浙江工业大学中国中小企业研究院、清华大学中国科学技术政策研究中心、中国科学院大学经济与管理学院、北京理工大学科技评价与创新管理研究中心、爱思唯尔公司等多家组织和机构共同协办。研讨会上，250 余名科协系统代表、国内外知名研究机构专家学者和产业界著名人士围绕"支撑创新驱动发展的科技人力资源""新经济形态下的产业协同创新""科学文化与学术环境优化""科技创新智库的发展模式与运行机制""大数据条件下的科技评估理论与方法""变革中的科协组织""科学计量与知识创新"7 个议题，展开深入广泛的交流研讨。中国科协党组成员、书记处书记王春法，中国科协副主席、中国科学院副院长、院士李静海，中国科协调研宣传部部长郭哲，中国科技发展战略研究院院长胡志坚，中国技术经济学会理事长、中国社科院数量经济与技术经济研究所所长李平，中国科学学与科技政策研究会理事长、中国科学院战略咨询研究院党委书记、中国科学院创新研究中心主任穆荣平，中国运载火箭技术研究院副院长王国庆，浪潮集团 CTO 兼执行总裁王柏华等近 50 人在研讨会上作了精彩报告。

本论文集共收录研讨会近 40 篇论文，这些论文对创新驱动发展、科技评估、科学文化、科协系统深化改革与发展、智库建设等提出了一系列建设性意见，具有较高的决策参考价值，可供科协系统和相关管理部门、研究机构人员借鉴。

2017 年 2 月

>> 目录
CONTENTS

科学文化与学术环境优化

科技创新智库的发展模式与运行机制

大数据条件下的科技评估理论与科学计量

变革中的科协组织

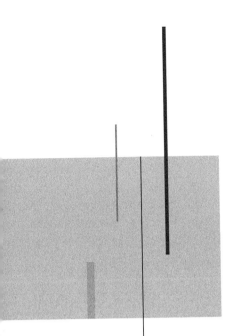

创新驱动发展探索实践

经济发展新常态下的科技与社会：科协组织的使命 ①

王春法
中国科学技术协会

【摘　要】　当前，我国经济社会发展面临着实现双中高、跨越中等收入陷阱的严峻挑战。与此相适应，科技与社会关系发生了重大变化：科技创新的地位大幅度提高，科学技术的社会影响不断增强，社会公众对科技的兴趣明显上升，科技与社会的互动强度达到空前水平，科技发展的社会环境更加复杂。实施创新驱动发展战略、增强自主创新能力，科技界在提高供给质量、优化供给结构方面责无旁贷。科协组织作为国家推动科技事业发展的重要力量，应充分发挥自身作用：面向科技工作者提供互益类公共服务产品，助推一流学科建设；面向社会提供科技类公共服务产品，积极参与政府购买服务；加强对科技界引领，营造良好科学文化软环境。

【关键词】　经济发展　新常态　科技　社会　科协组织　使命

Science & Technology and Society in the New Normal of Economic Development: The Mission of Associations for Science and Technology
WANG Chunfa
China Association for Science and Technology

Abstract: At present, Chinese economic and social development is facing grave challenges that the economy is going to maintain a medium-to-high speed of growth, achieve a medium-to-high level of development and overcome the middle-income trap.

---

① 全文根据作者在研讨会上的主题报告整理而成。

Accordingly, the relations between science, technology and society have been greatly
changed: the status of the scientific and technological innovation has raised, the vice
of science and technology has been expanded, the social public has become more
interested in science & technology, the interactions between scientists and the public
have been increased , the social environment of science and technology development
has been more complex. To implement Innovation-Driven Development Strategy, to
improve the capacity for independent innovation, the scientific community have the
responsibility to improve supply quality and optimize the structure of supply side. The
associations for science and technology, as the national important force to promote
the development of science and technology, should give full play to their roles, i.e. to
provide mutual benefit public service and products to workers in the field of science
and technology, to boost construction of first-class discipline, to provide products of
technological service to the public , to actively participate in government purchase of
services, to lead the direction of science and technology development, and to create
a good soft environment of science culture.

Keywords: economic development; new normal; science and technology; society, associations of
science and technology; mission

经历了近 40 年的高速发展，中国经济规模跨过 10 万亿美元大关，人均 GDP 超过 8200 美元，进入了以速度调整、结构优化和动力转换为特征的新常态，跨越"中等收入陷阱"成为紧迫而现实的严峻挑战。与此相适应，科技与社会关系发生了重大变化，实施创新驱动发展战略、增强自主创新能力成为中国科技界必须担负起来的重大历史使命，中国科协作为科技工作者的群众组织和党领导下的人民团体，必须积极行动起来，有所作为。

一、深刻认识、准确把握经济发展新常态下科技与社会关系发生的重大变化

科学技术与社会之间的关系是极为错综复杂的，存在着多个观察和思考的维度与界面，包括产业及企业界面、社会公众界面、政策制定者界面以及科学共同体界面等。其中，在产业及企业界面，科技与社会的关系主要表现为企业的技术创新活动，

即科技知识由院所高校向企业的单向流动以及企业的反馈效应。在社会公众界面，科技与社会的互动关系主要表现为科技教育以及科学技术普及活动，即科技知识由科研机构和高校向社会公众的单向流动。在政策制定者界面，科技与社会的关系主要表现为科技知识以决策咨询的形式由科技工作者向政府政策制定者的流动，这在很大程度上也是单向流动。在科学共同体界面，科技与社会的关系又可以细分为两个界面，一是社会与科学共同体之间的关系，主要表现为包括政府、企业和社会公众在内的整个社会对科技界的看法与期待；一是科学共同体内部，主要表现为同行之间的交流与认可。在经济发展新常态下，几乎在所有这些界面上，科技与社会的关系都发生了重大变化（图1—图5）。

（一）科技创新的地位大幅度提高，创新驱动发展由理念转化为行动

科技创新的重要性被提到了前所未有的高度，创新是引领发展的第一动力，人才是支撑发展的第一资源，要把科技创新摆在国家发展全局的核心位置。围绕实施创新驱动发展战略，党中央、国务院出台了一系列重要文件，包括对《中华人民共和国科技成果转化法》的修订、印发《国家创新驱动发展战略纲要》等。与此相适应，企业也更多地把资金投向研究开发活动，企业 R&D 支出在全社会的占比达到 78% 左右。

（二）科学技术的社会影响大幅度放大，科技界的话语权提升

随着创新驱动发展战略的实施，在成功科技型企业家的示范效应影响下，各地纷纷制定各种有利条件和制度引进科技人才服务地方经济，国家科研机构和大学也纷纷在异地成立分支机构，青岛、深圳成为得风气之先者。引进一个人、建立一家企业、带动一个产业成为许多地方政府追求的重要目标，千人计划不断扩大。科技界的职业

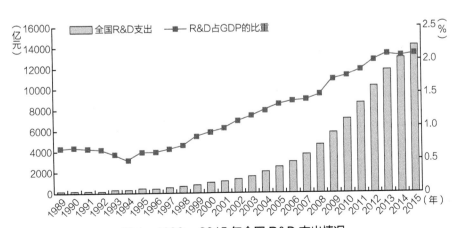

图1　1989—2015 年全国 R&D 支出情况

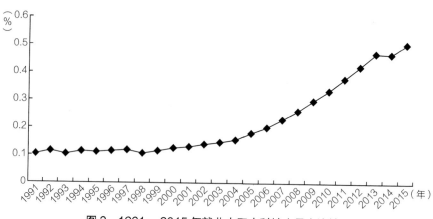

图2 1991—2015年就业人口中科技人员占比情况

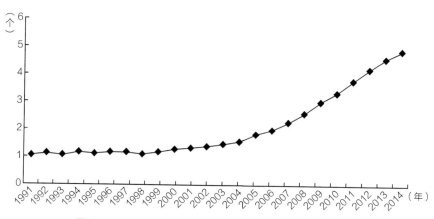

图3 1991—2014年每千名就业人口中研发人员数量

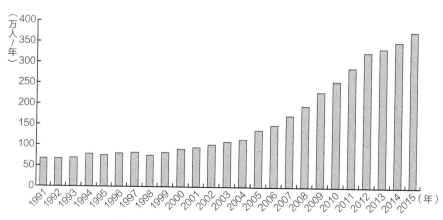

图4 1991—2015年R&D人员全时当量

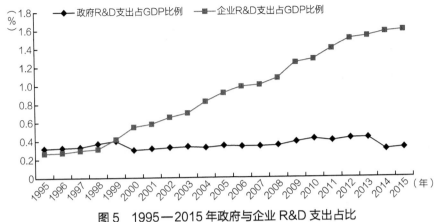

图5　1995—2015年政府与企业R&D支出占比

声望依然保持领先，科学家的社会公信力长期保持较高水平，在涉及经济社会科技发展的重大问题上，政策制定者越来越多地问计于科技专家，而科技专家也越来越多地成为政府部门的座上客，各地的专家、决策咨询等越来越制度化、规范化。在参与政策制定上，《国家科技计划管理暂行规定》《国家科技计划项目管理暂行办法》《关于加强国家科普能力建设的若干意见》等部门规章分别从国家科技计划的设立、计划项目的全过程管理以及公众参与科技重大决策等方面对强化专家咨询和鼓励公众参与做出了明确规定。在政府公共机构和机制层面，主要发达国家普遍设立了专门的科技咨询部门和机构，建立起较为完善的科技决策咨询机制。英国政府设有首席科学顾问，为首相提供科学、工程和技术方面的咨询，负责协调英国科学创新政策，主持科技委员会，领导政府科学办公室（图6）。在社会机构层面，发达国家很多著名的科技组织

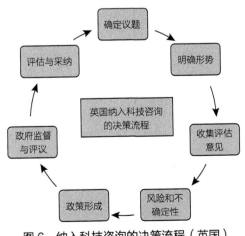

图6　纳入科技咨询的决策流程（英国）

和思想库，如英国皇家学会、俄罗斯科学院、美国科学院和兰德公司等，都承担着决策咨询的职能，在国家科技决策体系中发挥了重要支撑作用。

（三）社会公众对科技界的兴趣上升，希望了解科技进展、参与科技决策，科技与社会的互动达到空前的强度

社会公众对科技相关的重大决策和项目越来越关注，其中对 PX 项目的误解、核电站的选址争议，对撞机的讨论，以及科研经费使用的质疑等，很大程度上反映了社会公众从对科技成果应用等科技创新后端问题的关注转向对科技发展方向等前端的关注，科技界有责任也有义务为社会公众解答"科技到底会给公众带来什么？"的问题。在当今互联网环境下，公众参与科技创新全过程的渠道结构日趋多元，为公众参与科技相关决策提供了技术平台与文化基础。大型对撞机事件的争议、韩春雨事件的持续发酵、褚健事件的社会关注等，都反映了建设良好科学文化、正确引导社会舆论的必要性和紧迫性。随着社会公众对科学的兴趣、态度以及参与程度的普遍提高，公众与科技界的关系开始从"理解"范式向"参与"范式转变。社会公众关注的科技议题明显增多，对科技界的关注热情持续升温，科技馆的快速发展和参观人数的大幅度增长反映出社会公众对科技知识的渴求越来越强烈，公民科学素质水平快速大幅度提高。与此同时，社会公众的科学态度更加理性，虽然对科技成果及其应用的质疑和不信任现象仍时有出现，但越来越多的公众开始带着期待与挑剔的双重目光来观察关注科技界。为了营造和鼓励创新的社会氛围，迫切需要提高科技界面向社会公众解释和传播相关科技创新进展的信度和效度，因此科普活动越来越成为全社会的共同事业。

（四）科技发展面临更加复杂的社会环境

新常态下，科技创新面临越来越激烈的国际竞争，世界各国都将科技创新作为打造国家核心竞争力的最重要的环节，科学技术交流同行的范围由一国之内扩大到了全球范围；创新群体合作界面复杂化，国际合作、跨界合作、跨组织合作等多元合作网格形成；科研基础设施成本的增加，需要引入的科技投入机制复杂化；科研人才高度流动，跨国、跨地区、跨机构流动持续增速。这些科研组织方式的新常态为科技创新带来新机遇的同时也具有潜在的挑战。从以科学为基础的学科"模式 1"转变为以研究为基础的应用"模式 2"，并催生出新的组织形式，如产学研合作促成了 MIT 创业型大学，使大学、科研机构、企业研发实验室等相互合作，形成独特的交互式创新模式（图 7）。

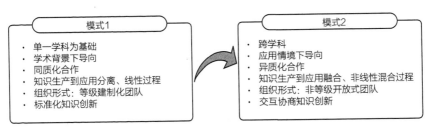

图 7　科技发展由模式 1 向模式 2 转变图

二、供给侧结构性改革要求科技界奋发增加科技供给

当前，我国经济社会发展面临着"实现双中高""跨越中等收入陷阱"的严峻挑战，供求失衡导致的非周期性结构性矛盾和外部性因素成为最大制约，因此必须依靠供给侧结构性改革加以解决，即通过改革促进创新、提高生产效率和产品市场竞争力的方式来促进经济增长。因此，习近平总书记在 2015 年 11 月 10 日的中央财经领导小组第十一次会议上突出强调"在适度扩大总需求的同时，着力加强供给侧结构性改革，着力提高供给体系质量和效率，增强经济持续增长动力，推动我国社会生产力水平实现整体跃升"。

（一）供给侧结构性改革要解决的突出问题是供给不能满足消费者的有效需求

当前经济运行的突出问题是低端和无效产能过剩、房地产行业库存大幅增加、非金融企业负债和成本不断提高、基础设施和高端供给还存在"短板"等，说明供给结构不能适应需求结构变化。民众千里迢迢跑到海外去购买国内能大量生产的消费品，典型地反映了国内制造业供给和消费者需求的错配。在新能源、新材料、风电、多晶硅、锂电池等新兴领域的基础零部件、核心元器件、关键材料等，仍然有 80% 依靠进口。解决这些问题，就是要通过"三去一降一补"推进供给侧结构性改革，减少无效和低端供给，扩大有效和中高端供给，增强供给结构对需求结构的适应性和灵活性，提高全要素生产率。实现这个宏观经济目标，归根结底要依靠科技创新。总书记强调"老路走不通，新路在哪里？就在科技创新上，就在加快从要素驱动、投资规模驱动发展为主向以创新驱动发展为主的转变上"，我国科技发展的方向就是创新、创新、再创新，在激烈的国际竞争中唯创新者进，唯创新者强，唯创新者胜。

（二）供给侧结构性改革主要是制度改革，最大限度激发微观主体的活力

当前，制约生产要素质量提升和技术创新的突出障碍是微观主体活力不足，原

因则在于政府行政体制、财税金融体制、科研教育体制、市场机制、企业体制等体制机制方面存在不足。供给侧结构性改革的核心是放松管制、释放活力、让市场发挥更大作用，激发企业和社会创新活力，通过技术创新提高全要素生产率，最大限度调动激发市场主体特别是科技工作者的积极性、主动性和创新性，提高供给体系质量和效率，提高潜在经济增长率，使中国经济保持中高速稳定增长。无论是中国制造 2025、"互联网＋"，还是大众创业万众创新，其意义都在于此。

（三）科技界在提高供给质量、优化供给结构方面责无旁贷

习近平总书记一再强调，我国发展到现在这个阶段，不仅不可能从别人那里拿到关键核心技术，就是想拿到一般的高技术也是很难的，西方发达国家有一种"教会了徒弟、饿死了师傅"的心理，所以我们的立足点一定要放在自主创新上。但是面向未来，新科技革命和产业变革是最难掌控，也是必须要面对的不确定性因素之一，究竟哪些世界科技前沿领域是必须紧紧抓住并且大有作为的战略必争领域，我们必须结合中国实际作出自己的战略判断。科技界要自觉顺应新一轮科技革命和产业变革，瞄准国家战略需求、消费升级方向和供给侧短板，部署创新链和产业链，创造新供给、打造新动能、发展新经济、催生新需求，把创新潜力转化成创造新供给的强大动力，集中突破核心关键新技术，提高供给体系技术含量，提高供给体系质量和效率，推动有质量的稳定增长和可持续的全面发展，更好地服务供给侧结构性改革，适应引领经济发展新常态。

（四）科研成果要走出实验室，创造经济价值

经过改革开放以来的不懈努力，我国科技发展取得了一系列重大成就，进步有目共睹。现在我国科技创新正在从外源性向内生性转变，过去三十多年主要靠引进国外上次工业革命的成果，利用国外技术，早期是二手技术，后期是同步技术，实现了"三跑"并存的局面。但与西方发达国家相比，我国科技创新的基础还不牢固，创新能力不强，科技发展水平总体不高，科技对经济社会发展的支撑能力不足，科技对经济增长的贡献率远低于发达国家，这是我国这个经济大个头的"阿喀琉斯之踵"。科技创新活动不能只以产生科研成果为目标，科技创新及其成果决不能仅仅落在经费上、填在表格里、发表在杂志上，不是发表论文、申请到专利就大功告成了，科研成果要走出实验室，面向经济社会发展主战场，转化为经济社会发展第一推动力，落实到创造新的增长点上，把创新成果变成实实在在的产业活动，最大化地创造经济价值、社会价值和技术价值。正如习近平同志所说，科技成果只有同国家需要、人民要

求、市场需求相结合，完成从科学研究、实验开发、推广应用的三级跳，才能真正实现创新价值、实现创新驱动发展。

（五）科技人员要把论文写在祖国大地上

从宏观数据看，我国科技产出成果数量非常显著。2015 年我国 R&D 人员已超过535 万人，连续 8 年位居世界第一；R&D 经费投入超过 2100 亿美元（14220 亿元人民币），R&D 投入强度提高到 2.10%；2014 年万名科研人员的科技论文数达 1643 篇，SCI 论文数及 2010 年以来发表的 SCI 论文累计被引次数均居世界第 2 位；国内发明专利申请量和授权量分居世界第 1 位和第 2 位。中国科技在全球的地位日益突出，成为世界第二研发大国（图 8、图 9）。从相对效果来看，科技竞争的国际地位和影响力还不突出，我国国家创新指数排名在全球 40 个主要国家中仅位列第 18 位，人均研发

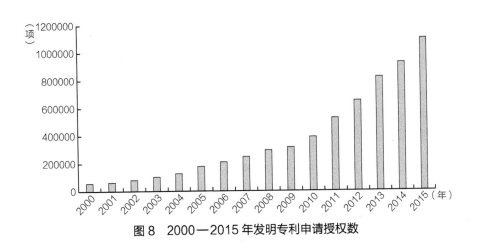

图 8　2000—2015 年发明专利申请授权数

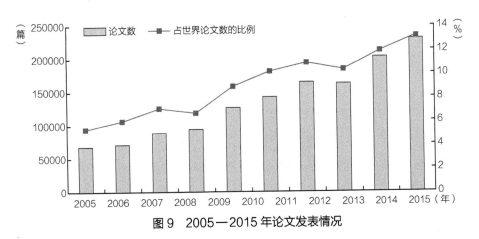

图 9　2005—2015 年论文发表情况

经费只有 5 万余美元，居世界第 7 位。这种情况说明，我国的科技成果还未能很好地服务于我国的经济建设和社会发展，广大科研工作者要到企业、到农村、到创新创业第一线，解决国民经济和社会发展面临的关键科技难题，把科技论文写在祖国的大地上，把科技成果应用在实现现代化的伟大事业中，为国家现代化建设做贡献。

三、经济发展新常态下科协组织如何发挥作用

科协作为科技工作者的群众组织，始终是科技与社会界面上的活跃要素，它既不是纯粹的科研机构，也不是政府机构，它通过活跃的学术交流等在科研体系之中扮演着重要角色，又通过推动科技知识的社会流动在科技创新和社会治理中发挥着重要作用。因此，《中国科学技术协会章程》将科协定义为国家推动科技事业发展的重要力量，《科协系统深化改革实施方案》称它是团结联系服务科技工作者的人民团体，提供科技类公共服务产品的社会组织，国家创新体系的重要组成部分。

（一）面向科技工作者提供互益类公共服务产品，助推一流学科建设

学科建设主要依托专业研究机构的专职研究与教学人员、专业学会、专业刊物三大要素，没有一流学会就没有一流学科，没有一流刊物也没有一流学科，三大要素中科协负责其二，责任重大、任务艰巨。为科技工作者提供互益类科技产品是学会的主要工作职能，要更大范围、更深高度地增强学术会议、科技期刊在创新启迪和知识传播中的重要作用，引导科技界关注聚焦供给侧结构性改革短板领域，发挥科协组织的桥梁枢纽作用。

（二）面向社会提供科技类公共服务产品，积极参与政府购买服务

中央批准的《科协系统深化改革实施方案》中指出，科协组织既是党领导下团结联系服务科技工作者的人民团体，也是面向社会提供科技类公共服务产品的社会组织。总体而言，科技类公共服务产品主要包括以下几大类：一是面向科技工作者的学术交流产品，包括学术会议、科技期刊、人才举荐等；二是面向企业提供的科技咨询服务产品，包括技术咨询、项目论证、成果转化等；三是面向社会公众提供的科普服务产品，包括科普报告、科普产品等；四是面向党委政府的科学决策服务，包括决策咨询、第三方评估等。这就要求科协积极搭建创新争先平台，为科技工作者提供创新创业服务舞台；积极进军政府购买服务市场，推动所属学会承接政府转移职能，在科技评估、工程技术领域职业资格认定、技术标准制定、国家科技奖励推荐等职能领域

提供关键独特服务。

（三）加强对科技界的政治思想引领，营造良好科学文化软环境

加强对科技工作者的政治思想引领，以学会党建工作为着力点，增强党组织在科技界的凝聚力，提升科协组织向心力，把科技工作者更加紧密地团结在以习近平同志为核心的党中央周围，听党话、跟党走。以科学道德和学风建设宣讲教育活动为主要抓手，围绕科学道德和学风建设开展活动，塑造科技界良好形象。定期开展学术环境评估，倡导科学精神与学术诚信，营造有利于科学创新的软环境，充分释放人才创新活力。培育科学文化，服务科学决策，引领社会思潮，引导践行社会主义核心价值观。

基于知识逻辑和构架的科技布局 ①

李静海

中国科学院

【摘　要】　本文探讨了科学与工程中知识体系的多层次、多尺度和介尺度的复杂性。提出基于知识体系的逻辑和构架来组织，不仅会提高创新体系和教育体系的效率，也将开创科学研究的新范式，这对于应对全球挑战至关重要。基于这一认识，讨论了规划能源研究的案例。本文呼吁科学和工程的研究人员摆脱惯性思维，理清知识体系的逻辑和结构，这比讨论科技的投入和回报更重要。

【关键词】　知识体系　学科交叉　多层次　多尺度　介尺度　介科学

Designing Layout of Science & Technology Based on the Logic and Landscape of the Knowledge System

LI Jinghai

Chinese Academy of Sciences

Abstract: This paper explores the possibility of mapping disciplines in science and engineering based on the logic and structure of the knowledge system, featuring multi-level, multiscale structure and mesoscale complexity. The author believes that organizing all disciplines in science and engineering into a logical framework of knowledge is not only crucial to improving the efficiency of innovation systems and education systems, but also to open a new paradigm of scientific research and to coping with global challenges. Based on this recognition, a case study of planning energy research

---

①　全文根据作者在研讨会上的主题报告整理而成，作者依据自己已发表在《工程》（*Engineering*）期刊上的研究成果做的主题报告，全文链接：http://engineering. org. cn/CN/10. 1016/J. ENG. 2016. 03. 001.

is discussed. This paper calls on all stakeholders in science and engineering to be open-minded and to embrace the new era of science, on an issue that is probably even more important than that of investment and rewards.

Keywords: knowledge system; interdisciplinarity; multilevel; multiscale; meso-scale; meso-science; national innovation system; transdisciplinarity; virtual reality

为迎接新的科学技术革命，应对全球性挑战并推动科研模式的变革，世界各国都纷纷出台各种重大研究计划，重构国家创新体系。为此，很自然地，各国科技界都呼吁各方面增加科技投入，而资助机构也比以往更期待科技界能够对投入予以更多回馈。与此同时，政产学研的关系也越来越成为各方面关注的焦点。

增加科技投入，促进政产学研结合，当然十分重要，但是，在这些议题之外，还有什么问题更为重要而还尚未引起重视呢？我们认为，可能确实存在着一些被忽视的科学技术本身发展的问题，而解决这些问题对应对全球挑战，加速科学技术进步和建立新的科研模式或许更为重要。

现代科学技术在发展过程中逐步形成了各种各样的学科和领域，也形成了相应的教育、科研和资助体系。据联合国教科文组织（英文缩写 UNESCO）的一份报告显示，可定义的学科领域就有 8000 余个。如此众多的学科领域积极地促进了相应独立的学科或领域知识的不断深化，但另一方面，伴随而来的负效应是不利于学科交叉和跨学科的研究。科学知识和应用技术领域的逻辑与结构及其相互之间的关系，决定了科学技术体系的布局，所以，理清知识体系的逻辑和结构，并以此为依据对科学技术各学科和领域进行布局优化和完善，促进学科交叉融合，才能极大地提升科研效率，加快科学技术进步的进程。

物质世界和人类自身的结构之间的逻辑关系具有多层次属性，每一层次又表现为多尺度的结构，建立每一层次多尺度之间的关系和不同层次之间的关联是现代科学的中心任务，其中突破每一层次介尺度的复杂性是实现这一中心任务的关键。

根据知识体系的逻辑和结构规划好各学科和领域的布局，不仅能够集成力量，避免重复，更为重要的是可以建立完整全面的创新能力。比如，物质加工领域的完整布局，不仅要包括针对具体物质加工过程的专业研究团队，也应当包括在不同层次上研究不同物质加工过程共同规律的交叉研究团队，更应重视在更高层面研究共性理论和方法的跨学科研究团队和平台建设。只有这样才能形成完整的创新能力，这就是世界各国为何要建立综合国立科研机构的主要原因。分散自由的研究固然重要，但难以形成一个领域的整体实力。

因此，在科学技术日新月异发展的关键时期，有必要通过知识体系逻辑和结构的深入研究，对科学技术布局进行优化和完善，同时应当采取措施引起科技界的高度关注。

关于军民融合深度发展的实践与思考 ①

王国庆

中国运载火箭技术研究院

【摘　要】　把军民融合发展上升为国家战略是着眼国家安全和发展战略全局的重要部署。"创新、协调、绿色、开发、共享"的发展理念，既是党中央治国理政的新理念，也是指引军民融合深度发展的新思想。本文阐述了对军民融合与科技创新发展的认识与思考，总结了中国运载火箭技术研究院在军民融合发展过程中的实践与创新，并提出了后续军民融合的发展设想。

【关键词】　军民融合　科技创新　实践探索　发展设想

Practice and Reflection on the Deep Development of Civil-Military Integration

WANG Guoqing

China Academy of Launch Vehicle Technology

Abstract: Civil-military integration became a national strategy was a significant deployment focusing on the overall situation of the situation of national security and development strategy. The concept of "innovation, coordination, green, development and sharing" was not only a new idea of the Party Central Committee governing the country, but also a new idea to guide the deep development of civil-military integration. This paper expounded the understanding and thinking of the development of civil-military integration and technological innovation, and then summarized the practice and innovation in the development of China Academy of Launch Vehicle Technology's civil-military integration, finally, put forward the further development of civil-military integration.

---

① 全文根据作者在研讨会上的主题报告整理而成。

Keywords: civil-military integration; scientific and technological innovation; practice exploration;
development assumptions

创新是引领发展的第一动力，创新驱动发展战略是综合国力的战略支撑，必须摆在国家发展全局的核心位置，军民融合的发展战略是着眼于国家安全和国家发展的重要的战略部署。如何把两个战略有效地落实好、结合好，是早日实现中国梦的一个重要支撑。

一、对军民融合与科技创新发展的认识与思考

军民融合发展战略是党和国家指导国防科技工业和武器装备建设的一个重要方针。党的十八大重申"两个一百年"的奋斗目标为铸就"中国梦"，对推动军民融合发展作出了战略部署，把军民融合发展提升为国家战略的高度，为军民融合后续发展指明了方向。军民融合是实现富国和强军相统一的必由之路，把国防和军队现代化融入国家现代化建设体系之中，筑牢安全和发展两大基石。军民融合总体要求是全要素、多领域、高效益发展，丰富融合形式，拓展融合范围，提升融合层次；发展路径是强化改革创新，强化战略规划，强化法治保障。军民融合从初步融合向深度融合阶段性发展。实施军民融合战略是着眼于国家安全和国家发展全局的一项政治任务，也是适应经济发展新常态和军事领域新变革，尤其是应对国际之间激烈竞争环境和周边严峻安全形势所采取的一项重要方略。它的核心实质是在社会主义市场经济条件下，将技术、人才、资本等市场要素相融合，军转民、民参军，军民高度融合，同时遵循市场规律。其难点在于体制机制如何破冰，如何激发人才的创新活力，顺畅技术、人才、资本等市场要素的按需流动，提升军、民两个产业的效率和效益。

科技是国之利器，国家赖之以强，企业赖之以赢，人民生活赖之以好；创新始终是一个国家、一个民族发展的重要力量，也始终是推动人类社会进步的重要力量。科技创新要坚持走中国特色自主创新道路，面向世界科技前沿、面向经济主战场、面向国家重大需求，加快各领域科技创新，掌握全球科技竞争先机。在航天领域，科技创新既是国家安全和利益拓展的战略需要，也是实现建设航天强国的目标的基础，是内外大势、时代潮流、自身发展的集约体现。维护国家安全和利益的拓展，科技创新能力和水平是一个战略的基点；实现航天强国战略目标，创新能力和水平是核心指标；

消除自身发展的短板与瓶颈，科技创新能力建设是重要抓手；弥补与国际竞争对手的差距与不足，科技创新能力建设是主要路径。

军民融合推动科技创新发展，如航天技术在国民经济主战场上的应用，带动了信息、通讯、材料、制造等新技术的快速发展，促进了天文学、地球科学、生命科学等基础科学的创新发展，改变了人类的生活方式。同时科技创新也引领了军民融合深度发展，战略性、前瞻性、先导性、颠覆性技术的发展方向为军民融合新兴产业的发展提供了重要导向。技术创新贯穿于军转民／民参军技术转移以及军民两用技术研发的全过程。科技创新体系的优化与完善能够提升军民融合效率，加快军民融合深度发展。开放的科技创新环境，具备独创和挑战精神的科技创新人才、创新型企业家，为军民融合向更广范围、更高层次、更深程度的发展提供了保障。

二、军民融合的创新与实践

中国运载火箭技术研究院，是中国航天事业的发源地，也是弹道导弹和长征系列运载火箭的摇篮，研制了火箭、战略导弹和战术导弹，积累了大量具有完全自主知识产权的技术成果，具备向国民经济主战场技术转移和支撑民用产业发展的能力，历经军民混线（1979—1992 年）、军民分线（1993—1998 年）、联合重组（1999—2004 年），不断实践探索如何将技术成果转移，形成了一系列面向国民经济主战场的成果，2004—2015 年实现了重点聚焦产业发展，到"十三五"期间非常明确地提出要军民融合整体提升。这个过程中构建与完善技术研发、项目孵化、产业发展链条，设立一院军民融合产业基金，提升一院航天技术应用与服务业的科技创新水平，加快技术优势向产业优势转化；举办学术论坛、搭建军民融合相关的学术交流平台；积极参加国际、国内知名的展览，通过新媒体及会议交流，扩大军民融合工作对外影响力。2016年 10 月 19 日，中国长征火箭有限公司在北京正式揭牌，中国长征火箭公司将推出面向商业市场的、快响应、低成本、高可靠的空间发射服务，并提供从搭载发射到卫星组网的全套系统解决方案。

中国长征火箭公司的成立标志着一院商业航天产业进入公司化运作阶段，将遵循市场经济规律，拉动产业链下游，促进高端制造、基础工业等发展；助推上游空间通信、遥感、导航等技术应用。在规划商业航天发展过程中，提出了太空的旅游、飞行体验、空间资源的利用以及航空班车、太空专车和太空顺风车等。现阶段航空航天技术在节能环保、特种技术应用、新材料、特种车辆、特种正能装备等领域的应用取得了一些成绩：航空发动机技术应用于节能环保方面；火箭的伺服系统经改进研究，应用于人工辅助心脏，救治心脏衰竭患者等；航空航天材料应用于弹体骨架、发动机燃料室、电子产品屏幕等；航天技术应用于特种车载指挥系统、车载集成音/视频设备、高铁客车热工试验室集成系统、高低温交变湿热试验箱等。

三、军民融合发展设想

创新驱动发展，军民深度融合，强化原始创新、基础创新、集成创新，重视颠覆性技术创新，加快新兴领域、新技术手段和新发展模式，释放军民融合新需求、扩展军民融合新空间、增强军民融合新动能，在节能环保、新能源、新材料、特种车辆、智能装备、新经济/服务业等领域拓展军民融合。搭建科技创新平台，形成产学研资用协同创新网络，加强国际化交流与合作。构建军民科技协同创新体系、完善体制机制和组织结构、强化技术基础和人才队伍。在机制创新上，创新决策机制、分类管理机制、投入机制、激励机制、成果转化机制、评价考核机制、资源共享机制等的建立基于国家战略和市场化的科技创新机制，形成充满活力的科技管理和运行机制，进一步激发军民融合创新激情与活力。构建开放包容的创新环境，培养以"崇尚科学、技术民主，包容个性、宽容失败，开放融合、敢为人先"为核心价值观的创新文化，倡导独立之精神、自由之思想的创新理念，激发创新热情的精神文化。培育科技创新人才队伍，人才是创新驱动发展的第一资源，以培养创新型科技人才为重点，建立系列创新团队。确立人才工作的战略地位，推进人才培养工程，锤炼系列人才方阵，构建不为所有但为所用的市场化用人机制，加强研发队伍建设，打造职业化研发团队。

用数据创明天

王柏华

浪潮集团 / 中国软件行业协会

【摘　要】 数据的资源化、商品化、生态化是大数据产业发展的三要素，其中资源化是基础，商品化是核心，生态化是保障。浪潮依托卓数云库（DBC）和天元数据网实现"数据释放""数据流通"和"数据聚合"，将让数据发挥更大的价值。浪潮创新性地提出了"公司＋创客"的大数据产业发展战略，并且进一步地把"创客"分为A、B"创客"，其中数据应用为A"创客"，数据生产为B"创客"。

【关键词】 数据资源　数据流通　数据聚合　A"创客"　B"创客"

Create Tomorrow with Data
WANG Baihua

Inspur Group Co., LTD/China Software Industry Association

Abstract: The resource, commercialization and ecology of data are the three essential factors for the development of big data industry, in which resource utilization is the foundation, commercialization is the core, and ecology is the guarantee. Wave relying on Zhuo number cloud Library (DBC) and Tianyuan data network to achieve data release, data flow and data aggregation, will allow data to play a greater value. The wave of innovation put forward the "company + create customer" big data industry development strategy, and further "hit customer" is divided into A, B creation, data applications for A creation, data production for B creation.

Keywords: data resources; data flow; data aggregation; A creation; B creation

---

① 全文根据作者在研讨会上的主题报告整理而成。

今天，大数据时代已经到来，不管是自然科学，还是社会科学，包括产业发展的每一个方面，每个领域都离不开数据，大数据本身就是一个万亿美元的产业。此外，大数据、云计算更是带来了产业维度的深度变革，一维产业（传统产业）正在推倒重建，二维产业（互联网产业）被划分完毕，但大数据产业正与互联网产业有机融合，将二维产业升级成三维的智能科技产业，如图1所示。

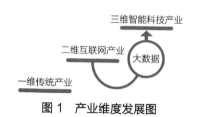

图1 产业维度发展图

如今，人类社会已经积累了 800 万 PB 的海量数据，但这些数据并没有得到有效的释放、流通和聚合，从而没有被有效利用而变得"无用"。释放是要将数据从虚拟系统里面取出，流通是要将数据拿来交换共享，聚合是要将组织内部以及组织之间的数据进行分析整合得出新的信息，数据只有聚合才能产生更大的价值。大数据产业要做的就是将数据释放、流通和聚合，进而应用，大数据产业的模型如图2所示。

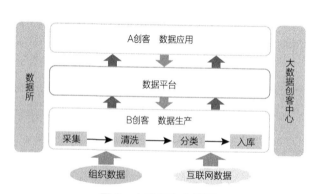

图2 大数据产业模型

大数据包含组织数据和互联网数据，组织数据包括企业组织数据、政府组织数据和专业机构数据。互联网数据是公开的，但我国组织数据释放和流通才刚刚起步，组织内部的数据没有实现开放和共享，在数据释放和流通上还有很长的路要走。只有未来产业发展、产业拉动才能实现数据共享或者是数据开放。

目前，大数据时代最大的问题是数据没有有效的释放，创客 B 做的就是进行数据释放。不同行业类别的数据由对应的数据所进行采集，对应领域的人对数据进行筛选、归纳、整理、分析，进一步细分成不同类别，分类放入数据库，浪潮的卓数云库正是专门收集和整理互联网数据的。此外，创客 B 产生的数据到创客 A 进行应用还需要一个对接的数据平台，该平台要解决数据的标准化、透明化和安全性的问题。数据如果没有标准，两个数据就无法聚合到一起。不同的数据要有相应的类目和标签，方便用户查找，实现透明化。大数据时代，我们最担心的是数据安全问题，两类数据聚合就能介入国家的经济秘密，要做到牵扯到安全性问题的数据针对部分用户开放，用户可以查看但拿不走。浪潮的天元数据网便是这样的数据平台。

现在全国都在做创客中心，双创基地。当前，双创是我们经济社会转型发展的一股重要的力量，大数据产业也需成立创客中心。大数据创客中心招募创客 B 产生数据，支持创客 A 应用数据，为大数据创客提供资金、场地、技术等支持。

大数据产业要释放数据正能量，不确定是否合法的数据一定不用，要用大数据为我们的社会理性发展提供可信的数据支撑。

探求创新驱动发展的制度与政策
—— 一个熊彼特者的努力

柳卸林

中国科学院大学中国创新创业管理研究中心

【摘　要】 中国经济发展进入新常态，正从高速增长转向中高速增长，从规模速度型粗放增长转向质量效率型集约增长，从要素投资驱动转向创新驱动。同样，我们也遇到了后发国家在追赶过程中必须面对的问题，如环境污染、能源枯竭、缺乏产业核心技术、创新体系结构的低效或失效，技术的变革和演进可以催生新业态，亚洲的日本、韩国、新加坡在追赶的不同阶段注重调整产业政策的差异性，中国已有的产业政策实施效果也表明，规划和干预并不能预测未来的新技术，政府要做的是在增加科技投入的同时注重研发的效率，做好服务，适当监督，适时退出，注重小企业的发展，注重经济动能的地区差异，实现包容性创新，构建各具特色的区域创新体系。

【关键词】 创新　科技　产业　政策

To Explore Systems and Policies of the Innovation-driven Development
—Efforts of a Schumpeterian

LIU Xielin

University of Chinese Academy of Sciences Research Center for Innovation and Entrepreneurship

Abstract: China's economic development has entered a new "normal", from high-speed growth to medium-speed growth, from the scale of extensive growth to mass-efficient intensive growth, from factor investment driven to innovation driven. In the same way, we have also encountered problems that must be faced in the process of catching up, such as environmental pollution, energy depletion, lack of industry core technology, inefficiency or failure of innovation system, technological transformation and evolution can give birth to new formats, Japan and South Korea in the pursuit of different stages of attention to adjust the differences in industrial policy, China's existing industrial policy implementation effect also shows that planning and intervention cannot predict the future of new technologies, the Government has to do is to increase investment in science and technology. At the same time pay attention to the efficiency of R&D, good service, appropriate supervision, timely exit, pay attention to the development of small businesses, pay attention to economic differences in regional energy, to achieve inclusive innovation, to build a unique regional innovation system.

Keywords: innovation; science & technology; industry; policy

一、中国模式成功的反思

（一）成绩与归因

改革开放 30 多年来，中国经济取得了巨大的发展，跃为世界第二大经济体。这是实用主义哲学的成功，得益于：一是引进市场经济，源自新古典经济学；二是加入了 WTO，强调经济的开放程度，引进外商投资，参与国际市场竞争，获得技术和知识的溢出，源自亚当·斯密思想；三是投资驱动发展模式，越是危机时刻，越需要政府的投资作用，源自凯恩斯思想；四是，重视科技和创新，源自熊彼特模式。

这种进步表现为四大成就，即 30 年内，通过政府投资完成了交通现代化，通过外国直接投资和参与全球分工实现了工业化，通过工业化、信息化战略和政府在科技方面研发投入实现信息化，同时，通过城乡统筹发展实现城镇化。中国过去 30 多年保持了中高速的增长，近两年 GDP 增速开始持续下降，我国的经济发展阶段已进入新常态，主要特征表现为"增长速度的换挡、增长动力的转换、经济结构的转型、发展方式的转变"，进入必须更多依靠创新驱动发展的阶段。

（二）新常态下的挑战

经济进入新常态阶段后，我国经济面临的挑战主要有：一是中国近 20 年要素型经济的消费结构以煤炭等能源为主，煤炭消费一直占 2/3 以上的份额，带来了能源枯竭和环境污染，二氧化碳等温室气体排放总量约占世界排放总量的 26.7%（2012 年数据）。二是产业缺乏核心技术，基本是追赶和模仿，通过利用他人发明和技术的外溢性为我们的增长服务，国内最具创新基因的华为也不是国际同行内真正具有突破性创新的企业，能在世界值得一提的是中国高铁。三是企业创新的主体地位没有真正确立，2015 年企业、政府属研究机构和高等学校经费支出所占比重分别为 76.8%、15.1% 和 7.0%，大量的科技投入在科研院所和高校，与产业的互动和引导很少，中国的大企业对研发重视程度不够，小企业的创新意识和能力不够，创新体系整体结构低效。这其中存在着一个悖论，就是高校和研究院所是科学技术创新的主体，科技投入的增加带来了科技与创新的分裂，大量的人才在高校和科研院所，如 2015 年中国工程院增选 70 名院士。新当选的工程院院士，更多来自企业和基层一线的工程科技专家。但只有 13 人来自企业，占比接近 19%。基本上是国有企业或国防部门。从科学技术到创新的效率非常低。四是经济的增长并不一定意味着社会的发展，自由竞争的增长导致了资源和环境的不可持续性。

如何在中国经济多年的追赶道路之后，成功跨越中等收入陷阱，转换经济增长的动能，熊彼特主义认为，破坏性创新是经济增长的源泉，只有重视创新才能维持经济的增长。

二、熊彼特主义与创新追赶

（一）熊彼特主义：技术变革催生新业态

科技的变化可以带来产业的变化，比如"互联网＋"、大数据、人工智能，产业的发展是动态的，这种动态的技术变革给后发国家有可以追赶的机会，越是技术变化快的产业，技术结构越多，追赶得越快，如现在的互联网涌现出好多新的业态恶化机会，而化学化工和医药等传统行业现在的差距还很远，熊彼特主义总结为，后发国家可以采用在更快的技术生命周期更短的产业里面实现追赶。破坏性创新是经济增长的源泉，产业变化的基础是技术变革及演化。

第二次世界大战后日本一段时期内赶超美国，到 20 世纪 90 年代，美国又再次赶超日本，因为原来的制造业被日本垄断，汽车和家电很多领域日本领先于美国，美国人在硅谷发明了软件，用软件改变了传统的制造业，根据汽车制造、航空医药依赖于软件越来越严重，美国人把这个产业改造成了以软件为基础，企业优胜劣汰，适应趋势生存，不适应新变化即被淘汰。

（二）追赶的体制与政策差异性

政府和官僚组织在追赶过程中的干涉作用是非常重要的，特别是在追赶的早期阶段。政府可以对经济政策、产业政策和贸易政策（贸易保护）发挥其干涉作用，但并不是所有的追赶都可以通过这种方式"点石成金"，甚至在有些时候政府作用（以某种很好的理由）会对私人企业的成长起到阻碍的作用。无疑，政府政策对于引导私营企业追赶西方是起到引导作用的，很多时候甚至不可或缺。这是因为，政府政策（以及政策的执行）可以快速而有秩序地推动追赶过程的结构变化，即推动"过时的"产业向更先进技术产业的转变、提高规模经济的效益、促进产品差异化和需求的快速增长，以及通过技术学习实现产品和工艺的创新和改进等。

通过这种方式，日本经济迅速在其追赶的产业领域中占据了领先地位，首先是在钢铁和造船工业中，接着是汽车和（消费）电子。虽然日本在追赶过程中的创新也包括大量的产品创新，特别是小的创新（以满足消费者的需求），但日本创新的重点更多是落在工艺创新，特别是在组织创新方面，以达到经济规模和灵活性的双重统一。这也造就了日本企业在单位时间的高产出（through-put）、高效率的存货管理、产品的高质量和可靠性，以及良好的贴近终端使用者需求的能力等方面，具有明显的竞争优势。

（三）中国已有产业政策的成与败

发达国家强调了制度的作用、市场的作用，发展中国家学者强调了政府的干预作用，而市场失灵是政府干预的基础。但什么是市场失灵的领域，意见不一。从经济学理论可知，仅当外部效应、自然垄断、公共品或信息不对称造成市场失灵时，政府干预才有可能（而不是必然能够）补充市场的不足，改进资源配置的效率。中国市场派经济学家许小年认为，产业政策是误导的，中国企业自身的经验也证明了一点，产业政策的效果起码是值得怀疑的。汽车行业长期执行向大厂倾斜的政策，今天能在国际市场上与外商竞争的，却并非重点扶持对象，而是当年无法享受优惠政策甚至受到限制的小型民营企业。再看家电、计算机、通讯设备、互联网等行业，在具有一定国际竞争力的企业之中，又有哪一家是产业政策扶持的结果？

在后追赶阶段，政府的干预需要减少，真正的发展是依靠人的创造性，而人的创造性靠市场竞争的激励和知识产权保护两个基本制度。技术进入无人区时，不知何种技术为最优，不确定性与风险给企业家带来的高风险需要物权和超额汇报作为回馈，难以通过政府干预手段来规划，需要知识创造、生产和扩散部门的合作，大学、企业与政府部门的协同促进。

三、追赶后新的创新体制与政策的思考

第一，转变强政府的干预观念，增加对基础研究的投入。随着与欧美发达国家的技术差距缩小，我国原有的强政府、重计划的干预模式需要转变，更需要一套适应产业发展趋势的创新工具，因为科学技术是一个不确定性的风险行为，市场失灵，政府不断增加科技投入是对的，要建设成创新型国家还是要增加科技投入，需要增强基础研究能力，而不是盲目的引进、消化、再创新这种循环，这样不会有颠覆性创新和产业的持续竞争力。在增加研究开发投入的同时，要注重提升研发效率。第二，减少计划与规划的作用。增加政府投入的同时减少政府的干预是当前最大的挑战，政府干预的传统思维于现在的创新模式有冲突，盲目地搞大项目，注重规划，过度的政策供给，并不能判断出影响未来的新型技术，政府需要的是营造环境，做好服务，对政策的执行实时监督，适时退出。第三，减少对大企业的优惠，重视小企业的作用。以往对国有大企业的管理投资、保值增值、规模经济的思维与开展新业务是冲突的，要重视人才激励和科技人员的待遇，鼓励中小企业的发展。第四，制度的变革，比如允许地方根据本土优势和产业基础来设立大学，允许大学的差异化，有些大学专做教学育人，有些大学专做基础研究，有些大学专注技术开发和成果转化等。注重人才、创造模式、产业结构、研究机构的多样性和差异化。第五，需要更多的包容性创新，实现包容性增长。过于强调经济效应不利于创新，一些技术创新可能会是社会负效应，如全球变暖、贫富差距扩大等，新熊彼特主义要兼顾创新的社会和可持续发展。第六，构建各具特色的区域创新体系。

分享经济下的医疗创新

苏 舒 吴 勇 阎 谧

上海创贤网络科技有限公司

【摘 要】 中国是一个人口众多、人均医疗资源较少的国家，再加上优质医疗资源分配不均，使
"看病难、看病贵"问题成为一个突出的社会问题。随着近年来，多点执业政策的颁布
和落地，以及商业保险的不断完善，医生可以合法地进行异地医疗服务，让珍贵优质的
医疗资源可以下沉到医疗资源匮乏的地区。于是在互联网的帮助下、在分享经济新理念
的影响下，新的医疗商业模式应运而生。新模式可以通过数据库匹配、远程沟通，重新
调配医生资源和医院空闲床位，提高医生工作效率，造福更多患者，建立起医患信任的
桥梁。

【关键词】 多点执业 分级诊疗 互联网医疗 资源优化配置

The Medical Innovation in Sharing Economy
SU Shu WU Yong YAN Mi

Shanghai Chuang Xian Network Technology Limited Company

Abstract: China is a country that has a large population and less per capita medical resources. With
high-quality medical resources mainly concentrated in big cities, expensive medical
bills and difficult access to quality medical services become a social problem. But
now, doctor could offer medical services all over the country legally with multi-sited
license and business insurance. A new business model was created by the influence
of Internet technology and sharing economic. This new model could match date
faster, communicate easier, and allocate the doctors and empty hospital beds. So the
doctor worked more efficient and save more patients.

Keywords: multi-sited license; hierarchical diagnosis and treatment; online medical care; optimize
the allocation of resources

一、众多医疗痛点有待解决

中国是一个人口众多、地域广阔的国家，庞大的人口基数及快速增长的老龄人口带来了庞大的医疗服务需求。根据现状，我们发现众多医疗痛点有待解决。优质医疗资源过度集中、人均医疗资源相对匮乏、分级诊疗推行效率较低、以药养医问题积重难返等问题导致了医院、医生、患者三方关系痛点极多，使"看病难、看病贵"问题成为一个突出的社会问题。

医疗问题一直是历届政府重点关注的方向。2016 年 8 月 19 日，全国卫生与健康大会在北京召开。习近平主席在会中指出："要坚持正确的卫生与健康工作方针，以基层为重点，以改革创新为动力，预防为主，中西医并重，将健康融入所有政策，人民共建共享。"随后在 2016 年 11 月 21 日，李克强总理在第九届全球健康促进大会开幕式中表示："中国医改已进入深水区和攻坚期。我们将以更大的勇气和智慧攻坚克难、深化改革，建立健全覆盖城乡的基本医疗卫生制度。要充分调动医务人员积极性，让他们得到社会的尊重和应有的报酬。"

过去，国家从卫生投入、医疗服务机构及医疗人员等三个层面增加供给，以满足日益高涨的医疗服务需求，但医疗服务需求持续增长下矛盾依旧存在。因为一个优秀的医生培养周期长，无法快速增加供给总量，于是在医疗服务能力存量不变的情况下，只有创新才能提供增量来应对日益增长的需求，解决"看病难、看病贵"的问题。

二、"互联网＋医疗"创新新模式

为解决问题、响应政府号召，多种新型执业形态陆续出现，如医生集团、个人诊所、家庭医生和互联网医疗。其中互联网医疗是基于智能手机的普及以及互联网技术的快速发展而产生的全新执业方式。同时，随着分享经济理念的影响，以互联网平台为载体整合海量、分散的专业化医疗资源，以便捷高效的方式满足多样化医疗服务需求的一类经济活动——医疗分享走入大家的视野。不同于分享经济的其他领域是将闲置物品分享，医疗分享是将优质资源进行分享，从而达到重塑医疗服务流程、优化医疗资源配置、提高医疗服务水平、助力医疗体制改革的目标。

名医主刀作为一家互联网医疗手术平台，专注于行业细分领域中的手术部分。名医主刀从成立之初一直积极响应国家多点执业政策，探索"互联网＋分级诊疗"的新模式，积极践行分享经济理念，努力打造医师多点执业的落地平台。并利用互联网思维，优化医疗资源配置，帮助患者及时入院进行手术。医生提供手术服务的方式是先通过互联网平台，了解患者病情及需求，并确定能够提供床位、设备的医院和日期，然后在约定的时间前往该医院为患者进行手术。相比于传统模式下医生"飞刀走穴"现象，互联网的引入能使信息更加对称，医生和患者都有了更多的选择，监管部门在监管层面也有迹可循。

通过这样的模式，使医院、医生和患者三方都受益。

首先，对于基层医院而言，患者数量增加，运营效率更大，增加医院收入。同时，院内的医护人员能够有更多机会与医疗专家一同工作、学习，从根本上提升整体医疗水平、增强医疗技术优势，间接减少因医疗资源紧张带来的医患冲突。

其次，对于医生而言，借助平台实现与患者的直接对接，不仅能够享受医师多点执业政策的红利，而且专业价值和个人价值也能得到最大化的体现。并且，抛开琐碎的杂务，只专注地做最擅长的治疗，是医生非常普遍迫切的需求。

最后，对于患者而言，通过平台预约专家，不仅能够享受全国知名医生的手术服务，而且手术等待时间和综合成本也大大缩减。与到大城市就医相比，留在当地或就近选择符合手术标准的医院就医，可以享受到更高的医保报销比例，节省患者本人及家属的一大笔交通和住宿费用，并且熟悉的环境和家人的悉心照顾更有利于病情恢复。

为了保证专家可以放心地进行多点执业，将自己珍贵的知识与技能分享出去，名医主刀在实践中探索了一套完善的保障措施，需要做好以下三点准备工作。

第一，对落地医院进行认证和考察，保证硬件设施水平优良，满足手术标准；医护人员配合到位，有能力配合专家完成手术。

第二，通过多方沟通协调，将多点执业政策落地，让专家虽然是在业余时间，但是也能合法合规地执业。

第三，引入保障医生外出多点执业的商业保险。如发生手术意外，让医生与患者不必纠结于责任划分及赔偿问题，从而减少医患纠纷。

为填补商业保险领域对于该方面的空白，名医主刀现已打通医疗保险，为医生及患者量身定制医师责任险和手术意外险。其中医责险可按次购买，最晚在手术前3小时投保，保额高达100万元；手术意外险被保险人医疗事故身故保险金和医疗事故伤残保险金累计给付金额以20万元为限。

三、合作共赢协同发展

名医主刀利用互联网共享、开放、连接的特点，不仅为医院、医生、患者三方提供资源对接服务，更是与行业内外多家企业展开合作，共同探索创新医疗模式。除了整合国内医疗资源外，名医主刀引入美国纪念斯隆·凯特琳癌症中心全球领先手术中心技术和经验，达芬奇手术机器人与 EDDA 等技术设备的合作，还与国内医疗器械公司、杏树林、优护家等行业上下游资源强强联合，更与多家医疗媒体进行深度合作，以"合纵连横"的理念团结大家的力量共同发展。

由于名医主刀每天都会接触到大量需要手术的患者，其中不少患者家境贫寒，难以承担手术费用。据此，名医主刀发起名医公益手术项目，通过互联网技术，整合各种资源，联合公益组织、医疗专家、企业家、公益明星等，共建一种可持续公益模式，让更多的贫困患者有机会得到资助及更好的治疗。

名医主刀这种独特的医疗服务模式，有利于提升医疗资源配置效率，有利于分级诊疗体系的建立，有利于多点执业政策的落实，有利于构建互联网驱动医疗服务新生态。

新的大科学研究视域下
我国知识创新生态演变

李 焱

中国科协创新战略研究院

【摘 要】 当今知识创新处于新的大科学时代，与 20 世纪 90 年代以高能物理研究学科为代表的旧大科学时代相比，它具有不同的生态属性，其知识创新的生态环境更加复杂，参与知识创新的行动者更加异质化。本文认为值得关注的是，新的大科学研究中多样化合作行动者构成的跨学科网络成为当代知识创新的趋势，由此带来分散的、开放的、多样的研究生态更加被强调，这也是我国提高知识创新能力和战略发展的机遇。我国生物医学领域知识创新生态的演化突出表现了当代知识创新的生态特征，本文以此为切入点，在新的科学研究视域下以生态学理论为依据，基于政策因子的延续性特征，分析改革开放以来我国知识创新生态演变，阐释知识创新体系及所处的环境之间的关系，得出我国知识创新生态发展的动因，为响应国家坚持创新驱动的战略布局提供支撑。

【关键词】 新的大科学研究 研究生态 科技政策 演变

The Evolution of Chinese Research Ecosystem
from New Big Science Perspective

LI Yan

Nation Academy of Innovation Strategy, CAST

Abstract: The new big science era, includes the more complicated innovation ecosystem, the more heterogeneous actor, is different from the old big science. It is a remarkable trend that the diversified actors constitute the interdisciplinary knowledge innovation network. Based on the ecosystem theory, the paper analyzes the evolution of Chinese research ecosystem with the policy factor, and elucidates the relationship between the knowledge innovation system and the policy environment.

Keywords: the new big science; research ecosystem; ST policy; evolution

一、新的大科学研究再认识

20 世纪 90 年代，学者们预测了知识生产环境的巨大变化。科学从 20 世纪 70 年代的稳定状态进入新的大科学研究，其有着"更多的管理和评估，更多的科研合作与关系网络，仪器更加精密化与专门化，资源更加集中，以及较低持久性的职业结构"[1]。20 世纪末大科学研究的趋势又如"mode2"所强调的凸显跨学科的、科学知识生产体系是开放和动态的；涵盖有应用情境、超学科研究、异质性主体互动和社会责任实现体制化以及多样的组织形式涌现等特征[2]。知识生产新模式意味着知识创新将在认知和社会实践应用目标下共同引导，知识从生产到被使用的距离缩短，因此在个人、机构和国家范围出现更加频繁的合作，日益形成了知识创新网络化。

（一）复杂的研究生态

值得强调的是，新的大科学研究生态的复杂性导致知识创新模式和变化的不确定。当代新的大科学研究的到来，以材料科学为主导的大规模研究的开始，区别于在 20 世纪 90 年代末以高能物理项目为代表的旧的大科学。在新的大科学研究中，研究生态更加复杂和延伸，高度的情境化和社会弥散分布反映了知识创新在更多的研究分支、研究机构和团队、研究资源之间流动，知识创新日益表现出系统性、开放性、非线性、网络化等特征。

（二）异质化的知识创新行动者

新的大科学研究过程中知识创新聚集了更广泛的技能和资源，科学共同体不再是具有垄断性的唯一主体[3]。在复杂的研究生态中融入了更多的尤其是更加异质化的主体，知识创新生态中包含着大学、科研机构、企业研发实验室、政府部门等，这扩大了关于科研质量和行为的评估团体。在分散式的知识创新中行动者之间有着复杂关系。

（三）开放的知识创新模式

在新大科学研究中，知识创新模式发生了转变，正如 Henry Chesbrough 提出的开放式创新范式，强调单个组织不可能进行孤立的创新，需要与不同类型的伙伴合作，从外部获取想法和资源。因此，知识创新模式从过去的封闭式走向开放式创新，如今更加以开放式创新 2.0 为代表，以相互依赖、多赢、跨学科等显著特征受人关注（表 1）。

表 1 传统与当代知识创新生态的差异

封闭式创新	开放式创新	开放式创新 2.0
依赖性	独立	相互依赖
单边	双边	生态系统
线性过程	线性、渗透	非线性混合
非输即赢	双赢	多赢
单一实体	单一学科	跨学科

二、分析策略——两个维度

随着新的大科学研究趋势，以及我国构建创新驱动发展的战略部署，知识创新的动力受到学术界和政策制定者的关注。更值得注意的是，当代的知识创新是包含了创新过程中建立起来的复杂关系的一个生态系统。

本文以生态学视角审视新的大科学研究，从两种策略维度阐释我国知识创新生态的演变，剖析知识创新体系与所处环境之间存在着的紧密关系（表 2）。

表 2 分析策略

分析策略	内　　容
维度 1	因子：宏观与中观层面的科技政策 因素：知识创新行动者与创新体系
维度 2	政策的延伸和映射特征 我国科技政策的不同阶段

第一个策略维度认为我国知识创新生态包含着因素和因子两部分。本文以参与知识创新的行动者为因素，构成了我国不同阶段的知识创新体系；以科技政策为因子，划分为宏观和中观两个层面，形成我国生物医学知识创新的政策环境。进一步而言，国家战略导向以及对科学的文化认知的表现为宏观层面的政策因子；将宏观层面政策的向下延伸，是将科学研究相关体制建设作为中观层面的政策因子。

第二个策略维度，基于不同层面的政策具有延伸和映射性，对科技政策因子进行语境化分析。在第三部分从演变视角阐释了我国知识创新生态的变化与特征。

以第二个维度为基准，以第一维度为着眼点，剖析我国知识创新生态中不同阶段所形成的政策环境与知识创新体系之间的关系，从而打开我国知识创新生态的构建过程。

三、我国知识创新生态的演变

本文将参与知识创新的组织视为知识创新行动者，它们作为创新体系的组成部分，也是知识创新生态中的因素。通过考察科技政策因子和知识创新体系，以反映我国不同科技发展阶段的知识创新生态演变。进一步，根据我国科技政策发展中重要的里程碑，以1956年"向科学进军"的《1956—1967年科学技术发展远景规划》，1978年"科学技术是生产力"的全国科学大会，1995年"攀高峰"《中共中央、国务院关于加速科学技术进步的决定》，以及21世纪初《国家中长期科学与技术发展规划纲要（2006—2020年）》为代表，划分为20世纪50—60年代、20世纪80年代前后至90年代，90年代末至今的三个分析阶段。

（一）20世纪50—60年代：重构与成长

20世纪50年代，我国社会整体处于恢复和缓慢发展时期，一切以国家经济和社会建设为中心，是当时主导知识创新生态的社会环境。

与之相应的科技政策因子集中于体制和思想建设整顿方面，围绕恢复经济、社会建设形成，如表3和表4所示。

这一时期随着我国强调计划性的制度安排，政策因子对知识创新生态的构建有着极大影响。一方面，从宏观层面的政策因子来看，科学的地位被视为一种工具性的，

表3　重构与成长时期的宏观层面政策因子

时　间	政　策	内容与影响
1940年	《在陕甘宁边区自然科学研究会成立大会上的讲话》	"自然科学是要在社会科学的指挥下去改造自然界。"[4]
1949年	《中国人民政治协商会议共同纲领》	"自然科学服务于工业、农业和国防的建设。"
1950年	《有组织有计划地开展人民科学工作》	将"为了学术而学术"的科学拉回群众中，赋予"人民科学"的社会意义
1956年	《1956—1967年科学技术发展远景规划》	标志着我国科技管理体制的规划科学模式的诞生

表4　重构与成长时期的中观层面政策因子

时　间	政　策
1950 年	第一次全国高等教育会议[5]
1951 年	《关于知识分子改造问题》[6] 《关于在学校中进行思想改造和组织清理工作的指示》[7]

形成科学为人民服务的导向。另一方面，从中观层面的政策因子来看，政策因子对知识创新行动者的地位和功能的建立，表现在改变了原有的大学理念和内涵，突出强调知识创新或科学研究的目标是理论联系实际。

我国"规划科学模式"[8]研究生态初步建立。一方面，我国第一个科学技术发展规划《1956—1967 年科学技术发展远景规划》[9]出台，国家计划委员会、国家科学技术委员会成立，计划科学模式的科技管理体制形成。另一方面，形成以中国科学院为中心，以其他科研机构和大学为辅助科研体系。其中实行高度集中的计划管理，严格限定了专业的狭隘知识领域和极度专业化的彼此疏离的院校[10]（图 1）。

知识创新生态形成相对封闭、高度集中型的科学管理方式，知识创新体系内部各个科技创新行动者相对独立。该体系结构上的刚性在一定程度上割裂了科学与技术、

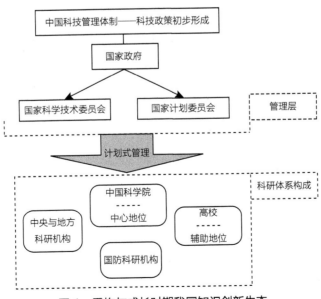

图 1　重构与成长时期我国知识创新生态

经济、社会之间应有的相互依存和促进的关系。

（二）20世纪80年代前后至90年代：扭转与重整

自党的十一届三中全会以及邓小平同志视察南方谈话以来，以《中共中央关于建立社会主义市场经济体制若干问题的决定》为标志，我国以社会主义现代化和经济建设为中心走向社会主义市场经济。此时科技体制环境进入一个扭转20世纪70年代旧格局的改革时期，分为两大阶段：1977—1985年和1985—1992年。

政策因子以规划和计划两方面，支持知识创新生态的整顿。从宏观层面来看，"科学技术是第一生产力"重新强调科学的地位，"依靠与面向"的方针。这一时期的科技政策因子特征逐渐由20世纪70年代之前的指令性转向指导性。从中观层面来看，科技政策理清了以基础研究与应用研究等为目标的不同知识创新活动之间的关系，形成了分别支持基础研究与技术开发的政策框架（表5、表6）。

表5　扭转与重整时期的宏观层面政策因子

时　间	政　策	内容与影响
1978年	党的十一届三中全会《中共中央关于建立社会主义市场经济体制若干问题的决定》	将工作重点转移到社会主义建设上来
1978年	全国科学大会	在我国建立生物医学工程学等新兴学科，以及遗传工程、应用遗传作为8个影响全局的综合性科学技术领域之一[11]
1981年	《关于我国科学技术发展方针的汇报提纲》	代表了对指导性特征的科技政策体系的探索
1982年	党的十二大	定位科学技术与经济的关系，即"经济建设必须依靠科学技术，科学技术工作必须面向经济建设"，以及"科学技术现代化是实现四个现代化的关键"[12]成为当时科技体制改革的总方针
1989年	《中国技术政策》	摆正基础研究、应用研究与开发研究之间的关系

表6　扭转与重整时期的中观层面政策因子

时　间	政　策
1978年	《1978—1985年全国科学技术发展规划纲要》——全国基础科学规划纲要
1982年	《"六五"国家科技攻关计划》
1984年	《国家重点实验室建设计划》
1986年	《国务院关于扩大科学技术研究机构自主权的暂行规定》
1986—1988年	"双放"政策
1992年	《关于分流人才、调整结构、进一步深化科技体制改革的若干意见》

这一时期知识创新生态在政策框架的支持下，在方向、地位与环境三方面进行了扭转和重整。

一是，在国家层面上设立领导和管理科学的专门机构，成为政策因子发挥影响的结构化渠道。如1979—1981年，国家恢复并成立国务院科学技术干部局、国家科学技术领导小组[13]。二是，对知识创新行动者的运行机制与结构化调整。政策因子突出了行政体制对知识创新自主权与运行机制的主导权。如1986年《国务院关于扩大科学技术研究机构自主权的暂行规定》[14]。政策因子和战略导向催生新的生态因素，包含科研机构和大学建立附属的成果转化机构、实验室和实验中心；推动建立大学—企业—科研机构多元的合作关系与实体。三是，政策因子恢复支持并强调基础科学研究的重要性，恢复高校和科研院所的研究能力，尤其是生命科学领域开展了新的分支并建立研究实验室[15]。四是，围绕科学研究类型建立相应的服务支撑机构和计划，如1983年中国生物技术发展中心成立。总之，这一时期形成了行政主导与构成因素多元化共存的知识创新生态，如图2所示。

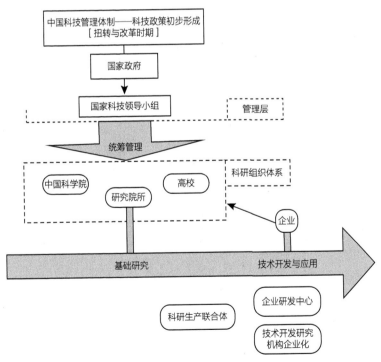

图2　扭转与重整时期我国知识创新生态

（三）20 世纪 90 年代末至今：生物医学知识创新体系发展与创新

2006 年是自 20 世纪 50 年代以来，我国科技政策发展的新起点。这一时期我国科技体制和知识创新体系均进入改革与深化的历史新阶段。

在我国进入改革与发展的阶段，一系列政策导向强调基础研究的重要性，提倡创新，并关注研究与应用之间的关系，见表 7、表 8。党的十六届五中全会和《国家中长期科学和技术发展规划纲要（2006—2020 年）》简称《规划纲要（2006—2020 年）》明确指出，自主创新是国家发展的战略导向，包含了技术创新和制度创新两方面，我国科学技术发展的指导方针是"自主创新、重点跨越、支撑发展、引领未来"[16]。知识创新体系由分立的三类体系构成，将研究到应用过程进行划分。包括了以企业为研发主体、产学研相结合的技术开发体系，以科研机构、高等学校为主的科学研究体系，以及社会化的科技服务体系。但是，知识创新生态中的各个行动者之间较为分立。不同类型科学研究活动建立相应的科学研究体系，处于研究到应用过程中的组织被划分在彼此分立的研究体系之中。由大学和科研机构与企业建立起的产学研关系被以上三类体系划分开，分属不同管理架构。某种程度上说，研究到应用的连接从结构上被打断。

由于认识到这一不足，《中共中央、国务院关于深化科技体制改革加快国家创新体系建设的意见》进一步指出"十二五"期间目标推进科研院所和高校的体制改革，建立适应不同类型科研活动的管理和运行机制，并完善以技术创新、知识创新、国防科技创新、区域创新、科技服务支撑共同协调构成的国家创新体系（图 3）。

表 7　发展与创新时期宏观层面政策因子

时　间	政　　策
1995 年	《中共中央关于制定国民经济和社会发展"九五"计划和 2010 年远景目标的建议》[17]
1996 年	《国务院关于"九五"期间深化科技体制改革的决定》
2001 年	第三次全国社会发展科技工作会议
2005 年	党的十六届五中全会、《国家中长期科学和技术发展规划纲要（2006—2020 年）》
2010 年	《知识创新工程 2020——科技创新跨越方案》
2012 年	《中共中央、国务院关于深化科技体制改革加快国家创新体系建设的意见》
2014 年	国家科技支撑计划

表 8　发展与创新时期中观层面政策因子

时　间	政　策
1996 年	《国务院关于"九五"期间深化科技体制改革的决定》
1993—1998 年	"211"工程（1993 年）、技术创新计划（1996 年）、"973 计划"（1997 年）、《迎接知识经济时代，建设国家创新体系》（1998 年）
1999—2001 年	《中共中央、国务院关于加强技术创新，发展高科技，实现产业化的决定》（1999 年）、《关于促进科技成果转化的若干规定》（1999 年）、《关于"十五"期间大力推进科技企业孵化器建设的意见》（2001 年）
2011 年	《国家"十二五"科学和技术发展规划》[18]
2011 年	《"十二五"生物技术发展规划》
2015 年	《关于深化中央财政科技计划（专项、基金等）管理改革的方案》

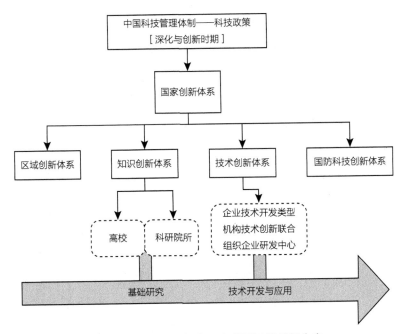

图 3　20 世纪 90 年代至今我国知识创新生态

这一时期的科技政策面向研究到应用的过程，采取的方式除了划分不同的阶段和子体系外，还有鼓励建立新的组织形式，促进资源集成。由此，将科研与应用阶段的主体分类归属于不同的创新阶段，促进了科研院所之间、科研院所与高等院校这些知识创新行动者之间的结合与资源集成。

四、结论

（一）知识创新的未来趋势

当代复杂化的知识创新生态意味着知识创新及创新主体之间关系发生巨大变化。从生态学的视角看，与传统相比，知识创新作为一种生态系统，其内部有着更加重要的变化。首先，知识创新具有开放式和复杂性特征，并且是跨越边界的过程，越来越多地创新发生在跨学科和跨组织边界。其次，知识创新组织作为涉及知识创新不同环节的行动者不仅在构成上多样化和异质化，更值得强调的是，行动者之间的联系更加紧密。最后，创新行动者跨边界的合作与关系逐渐在新的大科学研究模式中形成以关系为基础的知识创新网络。

复杂的知识创新生态成为知识创新网络常态化，它已不仅由知识生产主体构成，还有知识和技术的传递与应用主体。这样的特征多发生在交叉学科或领域中，尤其是生物医学领域，该领域的知识创新包含了知识和技术的产生以及知识的转化和应用。

综上，包含有越来越显著网络关系的知识创新生态，作为当代大科学研究与传统研究模式的典型差异，成为未来知识创新的趋势。

（二）我国知识创新生态变化分析

1. 科技政策环境对知识创新主体的形塑影响

科技政策因子所形成的政策环境对知识创新行动者以及创新体系会产生形塑影响。

我国知识创新生态进程中，知识创新体系的构建与变化受到包含计划、规划及相关机构的体制机制建设的显著影响。更加微观的是，这一来自宏观至中观层面政策自上而下的映射影响着异质化的知识创新行动者之间的关系。

2. 知识创新行动者嵌入政策环境中发生适应性变化

基于生态理论，认为环境及其资源对主体的活动方式及其组织结构有着深刻的影响。

我国知识创新行动者嵌入科技政策环境中，并随着不同阶段科技政策因子以及政策导向的改变而发生适应性变化。进一步表现为，知识创新行动者之间关系发生变化或重构，逐渐在适应与被形塑中构建起我国特有的知识创新体系。

3. 自上而下的政策映射与知识创新趋势并存

科技政策环境与知识创新体系之间的互动关系成为我国知识创新体系构建的主要动因。

随着新的大科学研究的发展，知识创新生态的复杂化和网络化特征将会更加凸显，值得注意的是，与之并存的是我国科技政策环境自上而下的形塑作用及其延续性。综上，自上而下的政策映射与知识创新的网络化常态共同对我国当代知识创新体系的发展有着不可忽视的影响。

参考文献

［1］ZIMAN, JOHN M. Prometheus bound［M］. Cambridge University Press, 1994.

［2］GIBBONS M, LIMOGES C, NOWOTNY H, et al. The New Production of Knowledge, The Dynamics of Science and Research in Contemporary Societies. Sage, London. 1994：137–141.

［3］HICKS D M, J S KATZ. Where is science going?. Science, Technology & Human Values. 1996, 21(4)：379–406.

［4］中共中央文献研究室. 建国以来重要文献选编［M］. 北京：中央文献出版社，1992（1）：1–11.

［5］中央教育科学研究所. 中华人民共和国教育大事记（1949—1982）［M］. 北京：教育科学出版社，1984.

［6］中共中央文献研究室. 建国以来重要文献选编［M］. 北京：中央文献出版社，1992（2）：439–452.

［7］何东昌. 中华人民共和国重要教育文献（1976—1990）［M］. 海口：海南出版社，1998：132–133.

［8］李真真. 1956：在计划经济体制下科技体制模式的定位［J］. 自然辩证法通讯，1995（6）：35–45.

［9］中共中央文献研究室. 建国以来重要文献选编［M］. 北京：中央文献出版社，1994（9）：504–505.

［10］庞守兴. 20世纪50年代初我国高校院系调整的几点辩证［J］. 河北：河北师范大学学报（教育科学版），2012，14（1）：35–40.

［11］胡维佳. 中国科技规划、计划与政策研究［M］. 北京：山东教育出版社，2007：77–82.

［12］中共中央文献研究室. 新时期科学技术工作重要文献选编［M］. 北京：中央文献出版社，1995：101–102.

［13］万钢. 中国科技改革开放30年［M］. 北京：科学出版社，2008：29–30.

［14］中共中央文献研究室. 新时期科学技术工作重要文献选编［M］. 北京：中央文献出版社，1995：183–186.

［15］陈实. 中国国家重点实验室管理制度的演变与创新［M］. 北京：冶金工业出版社，2011.

［16］中华人民共和国国务院. 国家中长期科学和技术发展规划纲要（2006—2020年）［EB/OL］［2016–10–10］. http://www.most.gov.cn/mostinfo/xinxifenlei/gjkjgh/200811/t20081129_65774.htm.

［17］中华年鉴编辑部. 中国年鉴：1996［M］. 北京：新华出版社，1996.

［18］万钢. 国家"十二五"科学和技术发展规划辅导读本［M］. 北京：科学技术文献出版社，2011：12.

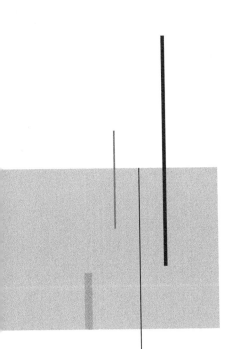

支撑创新驱动发展的科技人力资源

全球科技人才集聚和流动趋势及
我国引进人才政策建议

刘 云 杨芳娟

北京理工大学

【摘　要】 知识经济时代，在全球化进程中，科技创新人才作为知识和技术的载体，成为世界各国
竞相争取的战略资源。基于主要国家和区域组织发布的有关全球科技创新人才报告，可
以看出无论是国际学生、科研人员还是高影响力科学家，总量都在稳步增长，主要集聚
在发达国家和新兴经济国家；留学生跨国流动速度加快，人数不断攀升，科技精英以不
同形式向主要发达国家流动，与此同时，也有相当数量的科学家开始流向发展中国家和
新兴经济体国家。本文基于有效地发挥政府和市场两种引进和配置全球科技人才资源的
机制，针对现行的在引进和用好全球科技创新人才的体制机制和政策环境方面存在的问
题和障碍，提出了改进我国引进、留住和用好海外科技人才的政策建议。

【关键词】 科技人才　集聚　跨国流动

The Trend and Policy of
Distribution and Transnational Mobility for
Scientific and Technological Talent

LIU Yun　YANG Fangjuan

Beijing Institute of Technology

Abstract: In the era of knowledge based economy and economic globalization, scientific
and technological talent has become strategic resources for the world. Based on
the report of scientific and technological talent, it shows that both the international
students, researchers and high-impact scientists are growing steadily in developed
and emerging economies. The speed of transnational mobility of students and

scientists has been increasing and rising to the developed country. At the same time, a considerable number of high-level talents flow to developing countries and emerging economies. This paper puts forward some suggestions on how to improve the quality of introducing and using the global scientific and technological talents.

Keywords: scientific and technological talent; distribution; transnational mobility

当前，新一轮科技革命和产业变革正在蓬勃兴起，科技创新的国际化趋势日益明显，创新资源的跨国流动加快，研发投入持续增长，国际科技和人才竞争加剧。为抢占新一轮科技竞争制高点，欧美日等主要发达国家和新兴经济体开始加大创新投入，纷纷推出以科技创新为核心的发展战略，以争夺人才资源为核心的创新资源的国际竞争更加激烈。各国政府积极通过强有力的政策支持、放松管制等多种措施打造更加开放的创新环境，提升对高端科技人才、高端产业的吸引力，为本国发展释放活力、开拓空间，增强国家创新竞争力和国际影响力。近年来，全球科技人才跨国流动的规模日益增大，发达国家仍然是科技人才资源最集聚的地区，新兴工业国和发展中国家在全球人才环流中的吸引力不断提高，在很多国家实施的更积极的人才战略背景下，国际创新人才出现了回流的趋势。科技人才的跨国流动日益频繁，深刻改变了各国的科技和产业发展图景，推动了知识技术的共享、传播、扩散和使用。研究全球科技人才集聚和流动的趋势，对于我国更好地吸引和集聚全球创新要素，提升国家创新能力，具有重要的现实意义。

一、全球科技创新人才分布特征

全球科研人员的数量一直在快速增加，据经济合作与发展组织（OECD）统计，2000—2013 年，主要国家和地区的研发人员保持着 10% 以内的增长率，中国则连续 9 年增长率超过 10%。2013 年，按全时当量统计的欧盟 28 国研发人员总量为 272 万人年。从国别来看，研发人员数量最多的国家是中国，有 376.6 万人，其他国家研发人员数均不到 100 万人，其中，日本 86.6 万人、俄罗斯 82.7 万人、德国 60.5 万人、法国 42.1 万人、英国 36.2 万人，如图 1 所示。虽然中国研发人员总量世界第一，但是每千名就业人员中研发人员数不到 5 人，远远落后于其他国家。

从分布来看，研究人员主要集中在 OECD 区域组织等发达国家。截至 2013 年，按全时当量统计的欧盟 28 国研究人员总量为 173 万人年。从国别来看，中国的研究人员数量最多，为 162.4 万人，除了美国和中国外，其他国家研究人员所占的全球比重都较小，其中日本 66 万人、俄罗斯 44 万人、德国 36 万人、韩国 32 万人、法国 26.5 万人、英国 26 万人，如图 2 所示。2000—2013 年主要区域组织研究人员增长率都在 6% 以内。博士研究生是科技研究人员的后备军和新生力量，2010 年全球授予的科学与工程领域博士学位中，美国授予了大约 5.7 万人，中国紧随其后约 4.8 万人，俄罗斯 2.7 万人，德国 2.6 万人，英国 2 万人、韩国 1 万人，如图 3 所示。

在高影响科学家全球分布方面，汤森路透发布的《2014 年全球最具影响力的科研精英》报告，分析了 2002—2012 年全球论文引文数据，列出了 3215 位来自全球的"高被引科学家"，其中，位居第一的美国入选人次高达 1702 人，占入选总人数的半数以上，占比达 52.9%；其次是英国，306 人次，占比达 9.5%；紧随其后的是德国，162 人次，占比 5.04%，我国虽然处于第四位，但占比较低。

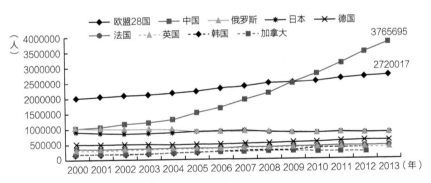

图 1　2000—2013 年主要国家和地区研发人员总量

数据来源：OECD 主要科学技术指标数据库（Main Science and Technology Indicators Full Database），http://www.oecd.org/sti/msti.htm. 2015 年 7 月。

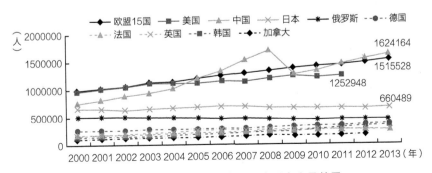

图 2　2000—2013 年主要国家研究人员总量

数据来源：OECD 主要科学技术指标数据库（Main Science and Technology Indicators Full Database），http://www.oecd.org/sti/msti.htm. 2015 年 7 月。

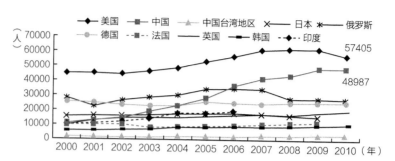

图3　2000—2010年主要国家和地区科学与工程领域博士学位授予情况

数据来源：2014年美国科学基金会《科学与工程指标》（Science and Engineering Indicators）。

二、全球科技创新人才流动特征

科研人员跨国家、跨机构的流动促进了世界范围内的知识环流，根据《OECD科学、技术和工业记分牌2013》的统计，1996—2011年，瑞士学者的流动率最高，近20%的学者有国外机构工作的经历，日本、巴西和中国学者的流动率则均低于5%，如图4所示。总体来看，有跨国流动经历的科学家要比从未出国交流的科学家的研究影响力高出20%。

根据世界知识产权组织（WIPO）的PCT专利统计数据，1985—2010年，PCT专利申请发明人的流动率稳定增长。其中，北美的发明人流动率最高（与所在洲发明人的数量相关），其次是大洋洲、太平洋地区和欧洲。具体来看，美国、加拿大、澳

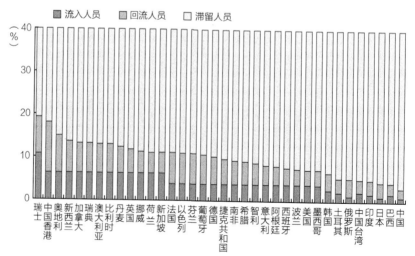

图4　1996—2011年科研学者的国际流动

资料来源：OECD（2013），OECD Science Technology and Industry Scoreboard 2013，based on OECD calculations applied to Scopus Custom Data，Elsevier，version5.2012，May 2013.

大利亚和新西兰这些国家的发明人流入率均较高，而欧洲国家在吸引人才方面较为落后。2006—2012年专利发明人的跨国流动Top20国家如图5所示。

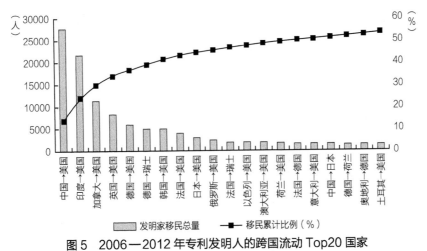

图5　2006—2012年专利发明人的跨国流动Top20国家

资料来源：Ernest Miguelez，Claudia Noumedem Temgoua. Highly Skilled Migration and Knowledge Diffusion：A Gravity Model Approach［J］. 2015.

三、主要国家和地区引进海外人才政策及中国引才政策

国际金融危机以来，为抢占知识经济发展的战略制高点，许多国家开始实施全新的人才战略，通过修改移民政策、开放人才市场、设立专项计划等一系列举措，面向全球吸引创新创业顶尖人才。当然，由于世界各国各自的发展情况不同，在全球科技人才流动中所处的地位以及面临的阶段性目标不同，相应的战略、政策也会存在很大区别。

一般而言，世界主要国家和区域组织吸引高端人才的战略与政策焦点主要集中在6个方面：①出台高额科研奖励和各种人才计划吸引高端人才。各国都设立了名目繁多的高额科研奖励制度和人才引进计划，如美国总统青年科学家奖、加拿大首席研究员计划等。②调整移民制度和政策吸引高技能人才。许多国家纷纷放宽移民政策，特别是放宽对高科技人才的移民限制，制定人才工作签证吸引高学历人才。③加大吸引国际学生，留住优秀留学人才。许多国家都把招收留学生当作补充人才资源的重要途径，在签证和移民等诸多方面提供便利。④建立海外人才联络机构延揽高端人才。政府成立各种搜寻国际人才的机构，鼓励并资助成立基金会、促进会、民间社团以及各

种协会等联络机构。⑤通过科技合作、双重国籍等措施促进高端人才环流。发达国家经常通过学术交流、人才培训、科技合作等方式建立专业人才信息数据库，进而挖掘人才。⑥建立高科技园区集聚顶尖人才。新兴经济国家和许多发展中国家也非常注重通过创建科技园、产业园、创业园区，给予其优惠政策，使科技园区产学研一体化，进而使其成为人才集聚区。

自20世纪90年代以来，我国高度重视智力引进，中央组织部、教育部、中国科学院、外国专家局等部门设立一系列人才引进支持计划，形成多层次、多渠道、相互衔接的国际化人才引进格局。为吸引海外高端科技人才来华创新创业，国家相关部委先后下发多个文件，内容涉及方方面面的政策，包括鼓励海外高层次人才回国工作的政策，鼓励海外人才多形式为国服务的政策，鼓励留学人员回来创办企业的政策，提供科研经费资助的政策，给予回来定居、工作的专家特殊的优惠政策，提供出入境及居留便利的政策及其子女入学和保险方面的政策等。目前国家已经搭建了海外高层次人才政策的基本框架，也推出了针对不同年龄层次和水平层次的引才计划，引才工作成效明显，带动并激励了地方政府的海外人才引进投入。总体来看，我国引进海外高端科技人才的政策和实施情况主要体现在以下4个方面：①引才工作格局形成，政策体系逐步完善。目前已经初步形成"中央引导、部委带动、地方行动"的引才工作格局。②引才数量显著增加，人才回流效果初显。2008—2015年，共引进5208余名海外高端人才，带动全国各地各部门引进海外高端人才超过3万人。③引才模式多样，人才载体不断创新。通过多年的引才实践，国内已经形成了多样化的引才模式。④更加注重高水平创新创业团队引进，以特区建设突破引进中的制度障碍。

四、中国引进人才和科技评价中存在的问题及政策建议

综合有关专家意见和调研发现，我国在引进和用好海外科技人才方面存在的问题和障碍主要体现在以下5个方面：①海外高端人才引进与国家发展需求相脱节。各地和各部门在执行海外高端人才引进计划的过程中出现了人才重复引进，人才引进与学科建设、产业发展脱节的现象。②引进海外高端人才的评审制度有待完善。我国现有的海外高端人才评价体系缺乏统一、科学、明确的标准，人才引进部门对引进岗位的界定不够清晰，目标不够明确。③海外高端人才引进制度法制化进程滞后。我国整个人才政策法规体系建设比较滞后，有些全局性的人才引进政策法规尚未制定，比如技

术移民法、双重国籍等。④引进海外人才与开发国内人才不协调。不少地方针对海外人才设置"超国民待遇"，一些国内本土人才认为"厚外薄内"。⑤海外引才政策执行落地难，相关服务不到位。在海外引才政策的执行方面，缺乏实施细则，导致操作性差，一些海外引进的人才，归国后不太适应国内的科研管理体制，也没有得到后续的指导和支持。

　　结合深化科技经济体制机制改革、加快实施创新驱动发展战略的任务和要求，基于有效地发挥政府和市场两种引进和配置全球科技人才资源的机制，我国需从3个方面突破：①加强海外科技人才的供需对接。一方面，紧密结合国家和地区科学研究、产业发展需要，建立人才供需网络平台，将海外科技精英吸纳到能够充分发挥其专业和特长的岗位；另一方面，采取"顾问制、短聘制"等灵活的方式柔性引进海外科技精英。②完善集聚海外高端科技人才的机制建设。一方面，增加政府部门对科研和教育的投入，与世界一流高校、科研院所等建立高层次合作机制，吸引在国际学术领域中知名的机构、学科以及具有影响力的学术大师；另一方面，根据国际惯例，建立政府推动、企业主体、社会参与的多渠道引进格局，共同促进海内外科技精英集聚。③营造海外高端科技人才创新创业的环境氛围。打破科研资源配置以行政管理为中心、科研经费管理干预过多、学术评价体系和导向机制不完善以及论资排辈等问题，打造"类海外"的学术体制和文化氛围。

我国科研人员跨国流动的现状与影响因素研究

周建中

中国科学院科技战略咨询研究院 /
中国科学院大学公共政策与管理学院

【摘　要】 科研人员的跨国流动是一个复杂的社会现象，其产生和发展是由外部和内部多种因素综合作用的结果。从外部层面看，它反映了人员流出国与接收国之间外交关系的变化；从内部层面看，它暴露了人员流出国在经济、科技以及其他方面与接收国相比存在的一些差距；从个人层面看，人员流动是由个别人的选择行为所形成的社会现象，涉及众多的社会原因和个人复杂的心理原因。改革开放以来，我国有大量高校毕业生及科研人员前往海外求学深造，多数在海外工作定居，在一定程度上造成了我国科技智力的流失。近年来，随着我国科技与经济的稳步发展，特别是 2008 年全球金融危机以来，我国一方面加大对科技的投入和基础设施的改造，另一方面也通过多项人才计划吸引全球高层次科技人才回国工作，人才外流（Brain Drain）逐步转变为人才回归（Brain Gain）。本研究在梳理和分析国内外已有相关研究的基础上，通过数据挖掘、履历（CV）分析和问卷调查等方法，重点针对当前我国科研人员跨国流动的现状与影响因素开展研究，并针对发现的问题提出相应的对策建议。

【关键词】 科研人员　跨国流动　现状分析　影响因素　政策建议

---

① 全文根据作者在研讨会上的主题报告整理而成，本文部分研究成果已在《科学学研究》2017 年第二期上发表。

A Study on Current Situation and Influence Factors of International Flow of Chinese Researchers

ZHOU Jianzhong

Institutes of Science and Development, Chinese Academy of Sciences / School of Public Policy and Management, University of Chinese Academy of Sciences

Abstract: The transnational migration of scientific researchers is a complex social phenomenon and its emergence and development is result from the combination of external and internal factors. From an external perspective, the transnational migration of scientific researchers reflects the changes in diplomatic relations between the researchers out flowing countries and the recipient countries; From an internal perspective, it exposes the gaps in economy, technology, and other aspects of the country's accumulated social conflicts between the researchers out flow countries and the recipient countries. At the same time, on the individual level, the migration of researchers is actually a social phenomenon formed by individual choices which involve many social reasons and complicated psychological reasons. Since the beginning of the reform and the opening-up in China, there are a large number of college graduates and researchers who went abroad for further study, and most of them work and settle down overseas. To some extent, it results in the loss of scientific and technological intelligence in China. In recent years, as the steady development of science and technology and economy in China, especially after the global financial crisis in 2008, On the one hand, China increases the investment in science and technology as well as the infrastructure improvement. On the other hand, China also attracts many high-level science and technology talents all over the world to work in China through a number of talent programs. As a result, the brain drain phenomenon gradually turns into brain gain phenomenon in China. In this research, based on the carding and analysis of the relevant research from Chinese and western literature, we carry out a focused study on the current situation and the influence factors of transnational migration of scientific researchers in China using the methods of data mining, CV analysis and questionnaire survey. In the end we provide corresponding strategies and recommendations targeting the problems found in this research.

Keywords: scientific researchers; transnational migration; current situation analysis; influence factors; policy recommendations

当今世界，随着经济全球化的迅猛发展，科技人才表现出很强的流动性，不论是在发达国家之间，还是发展中国家之间，科技人才的流动都非常频繁，科技人才的跨国流动呈现出全球化的发展态势。在此背景下，我国科技人才的跨国流动从早期的"智力外流"，到现在的大量海外人才回流，在不同的历史阶段科技人才对我国的科技发展以及经济进步都有重大的影响。

一、科研人员跨国流动的概念与内涵

科研人员的跨国流动包括两层含义，一方面指我国科研人员通过各种形式前往其他国家的流动，包括获得博士学位、开展博士后工作、访问学者、项目交流等；另一方面也指外籍科研人员来我国工作、交流考察以及项目合作等。我们界定跨国流动主要可以从时间维度来进行区分，短期的学术交流、考察以及会议研讨并不在我们的研究范围内，一般的科研人员跨国流动我们认为至少应超过 3 个月时间。

通常情况下，科研人员的跨国流动主要包括以下几种：在国外获得攻读硕士或博士学位，在国外做博士后，在国外项目合作超过 3 个月，在国外做访问学者超过 3 个月，在国外工作超过 3 个月等。

二、科研人员跨国流动研究概述

改革开放以来，我国大力促进科研人员的跨国流动，当前科技人才外流现象已逐步缓解，特别是 2008 年以来，我国大力吸引海外高层次科技人才，有力地促进了我国科技事业的快速发展。我国对科研人员跨国流动的研究历来十分关注，20 世纪 90 年代，陈昌贵（1996）对我国人才外流与回归进行了系统的研究，他采用调查研究的方法，在国内和前往美国访谈调查了大量科研人员，采集到了一手数据和资料，分别从个人层面、社会层面、政策层面和国际层面对我国人才外流的成因进行了分析，并从实际出发，对吸引留学人员回国工作提出了诸多政策建议[1]。魏浩等（2009）介绍了世界人才跨国流动的基本情况，从个人动机和外部因素对人才跨国流动的原因进行了分析，也分析了人才流动对流入国和流出国的效应情况，最后提出了中国应对全球人才跨国流动的政策选择[2]。高子平（2010）对农业经济时代零星的跨国人才流动的群体研究范式和工业化时代主要基于经济目的的国际人才流动的回归研究范式进行了介绍，提出自冷战结束以来，全球化和信息化加速推进，在世界范围内深刻地改变了人才跨国流动的方向、方式和方法，需要基于全新的经济社会形态背景，探寻国际人才流动全新的研究范式[3]。魏浩等（2012）对国际间人才流动及其影响因素开展了实证研究，他们利用 1999—2008 年全球 48 个国家和地区的统计数据，深入研究了不同类型国家（地区）吸引人才（留学生）的影响因素[4]。

随着我国大量引进海外人才，针对引进的海外高层次人才特征研究也逐渐开展起来。这方面既有对引进高层次人才群体的总体特征的描述研究，如牛珩和周建中（2012）基于科技人员的履历信息对百人计划入选者、长江学者和杰出青年获得者的社会特征进行分析，结果发现：我国高层次人才队伍中女性占比偏少，入选年龄逐渐偏高，出生地以江浙为主，留学国家以美、日、德、英为主，且不同人才计划之间的关联度较高，马太效应明显[5]。同时也有针对某个特定群体的高层次科技人才开展的案例研究，如田瑞强（2013）等以 ESI 高被引作者库中的华人科学家为研究对象，结果发现在职业生涯初级阶段获得博士学位的国别对科技人员的职业成长具有显著影响，而博士后经历则降低了助教和教授阶段的生存风险，从而减缓了成长速度[6]。刘晓璐等（2014）以 183 位"千人计划"入选者为例，利用履历信息分析法，从科技人才的年龄特征、学科分类、来源国家和学校、流动特点、流入地区、现职情况几个方面，分析了国际科技人才的回流规律。研究结果表明，海外回流的科技人才大多具有较长的学术生涯和丰富的海外经历；回流的科技人才集中在理学和工学；科技人才来源国家广泛；科技人才回国前在海外大都经历过多次工作流动；科技人才回国后主要流向北京和上海等东部沿海地区，流入中西部地区较少；大多数回国的科技人才在多个高校身兼数职[7]。Xiao Lu 和 Wenxia Zhang（2015）则是基于问卷调查数据，对中国的海外归国人才开展了研究，在他们的样本中，50% 的海外归国人才是由国家资助的，23.6% 是自费的，还有 21.6% 是作为短期交流前往海外学习的。他们比较了海外归国人才和本土人才的学术绩效，结果发现，海外归国人才的学术产出要明显优于本土学者，他们也提出海外归国人才作为连接国际与中国本土科学界的一个渠道，通过国际网络以及个人作用等在知识扩散中发挥了重要作用[8]。

在国际上，科研人员的跨国流动也是科技界和管理界关注的热点问题。Ludmila

Ivancheva 和 Elissaveta Gourova（2011）对欧洲奥地利、保加利亚、塞浦路斯、捷克、希腊、匈牙利、斯洛伐克和瑞士8个国家的高层次人才跨国流动状况开展了调查研究。他们采用问卷调查的方式，准备两份不同的调查问卷在上述 8 个欧洲国家发放，一份是面向科研人员（博士、博士后、经验丰富的研究人员、大学讲师等），另一份是面向可能获得利益的相关机构人员（企业、调查机构、非政府组织、公共机构等）。最后，共收到了 869 名研究人员和 313 名利益相关者的反馈问卷。结果发现，影响科研人员跨国流动的前三位因素分别是未来职业发展（Future career development）、有趣的研究主题（Interesting ）和参与合作研究（Participation in a collaborative research project），并且发现跨国流动的科研人员的满意程度较高[9]。Brendan Cantwell（2011）则对美国和英国 2008—2009 年生命科学和工程科学领域的博士后的流动状况开展了定性研究，探讨了博士后人员在国际之间流动的一些政策障碍问题[10]。

Laudeline Auriol（2013）研究了影响科研人员国际流动的因素，发现 3 类因素最为突出：第一，学术原因；第二，工作或经济因素；第三，家庭或个人原因。这三方面的重要性主要取决于流动性是向内还是向外。外流方面（出国），学术原因导致 43.9% 的博士学位持有者打算出国，工作或经济原因占 30.9%，家庭或个人的原因占 15%。内流方面（回国），比例分别为 20.6%，23.6% 和 27.5%。各国课程和学术的差异似乎在国际流动性方面发挥了重要作用，决定出国的博士学位持有人中葡萄牙占 64.1%，土耳其占 57.1%，西班牙占 54.1%[11]。

Sonia Conchi（2014）研究了德国、奥地利、法国和英国科学家的国际流动（人才外流）。人才外流表明有知识，高素质的科研人员的流失，而另一个术语是智力循环（brain circulation），其使用频率比人才流失更频繁，它描述了本国和外国利益交换的概念。他们的研究旨在寻找经验证明智力循环的概念，因此应用基于文献计量数据的方法来跟踪研究的动向。主要研究的问题是："Do scientists leave Germany for good when they migrate？"为了回答这个问题，他们从 Scopus 收集文献计量学数据（bibliometric data of Scopus），并通过线上调查了解他们去过的国家和停留时间的长短，网上调查还给出了关于移动动机的附加信息。研究的第二个关注点是德国的科学流动性如何衡量？结果发现：在相同的研究领域，拥有国际经验的德国科学家的出版物的引用率比没有国际经验的德国科学家的出版物的引用率高。在对德国科学家迁徙有吸引力的国家方面，2000—2010 年前 10 名最受欢迎的移民国家，第一是美国，其次是英国和瑞士，最后是法国、奥地利等。从问卷调查的结果看，留在国外的科学家和无回国意向的科学家的主要矛盾点是工作交流，他们希望得到更好的职业。无意回国的科学家被问及回国的条件时，一半的科学家希望得良好的职业前景和充足的就业机会，以及提高德国公共科研体系的工资，改善科研条件和科研基础设施等[12]。

Silvia Appelt 等（2015）通过分析 1996—2011 年全球发布的相关学术出版物研究了哪些因素影响科学家的国际流动性。使用以引力为基础的经验框架（gravity-based empirical framework），研究表明，地理、社会经济和科学距离与两个国家之间的科学家流动性呈负相关，而科学合作似乎是与科学家的流动性相关的一个重要因素。分析表明，科学家的流动性特别地依赖于第三级学生（tertiary-level students）的反向流动，即从目的地国到原产地国。对于多数国家而言，科学家的流动性一般呈现对称的两个方向，而不是一个占主导地位。分析还表明，科学家的流动性与经济条件和资源，研发投入，以及减少与签证相关的限制正相关。他们还对欧洲各国有博士学位的科学家在国际流动时间上进行了分析，发现学术原因在国际流动性方面发挥着重要的作用，而且博士学位持有者的流动比一般人更明显[13]。

三、我国高层次引进人才的学科领域定量分析

通过选取我国"长江学者""百人计划""千人计划"等人才计划从海外招聘回国工作的高层次科技人员群体为研究样本，对 5000 多名海外回国的高层次人才样本进行了定量分析。从学科领域分析看，三个人才计划的入选者都是生物学领域人才所占比例最高，特别是"千人计划"中的青年千人和百人计划入选者占到了 1/4 以上。

博士海归的主要学科有生物学、化学、计算机科学、机械工程、材料科学、物理学、应用经济学、电子科学与技术、基础医学、临床医学。留学专业集中在管理、经济、计算机等应用学科。对通过海外高层次人才计划引进回来的群体分析表明，引进人才主要集中在基础研究领域，尤其以生物学领域为主。对 1755 名青年千人的学科领域分析发现，前三位的学科领域是生物学、化学和物理学，这三个学科领域的青年千人约占总数的 50%，其中生物学所占比例更是高达 27%（表 1）。

表 1　青年千人计划入选者学科领域分布表

学科领域	人数（名）	比例（%）	学科领域	人数（名）	比例（%）
生物学	468	27	数学	124	7
化学	255	15	计算机科学技术	22	1
物理学	125	7	信息科学	100	6
材料科学	116	6	工程与材料	15	1
电子与通信技术	81	5	环境与地球科学	57	3
地球科学	77	4	其他	92	5
工程与材料科学	223	13	总计	1755	100

同样，对 2037 名"百人计划"的学科领域分析表明，前三位的学科领域分别是生物学、物理学和化学，这三个学科领域"百人计划"入选者约占总数的 52%，生物学的比例也达到了 26%（表 2）。

表 2　百人计划入选者学科领域分布表

学科	人数（名）	占总数比例（%）	学科	人数（名）	占总数比例（%）
生物学	525	26	数学	35	2
物理学	276	14	计算机科学技术	38	2
化学	242	12	药学	25	1
地球科学	208	10	力学	24	1
材料科学	176	9	临床医学	24	1
电子与通信技术	93	5	动力与电气工程	19	1
环境科学技术及资源科学技术	71	3	机械工程	12	1
基础医学	61	3	农学	17	1
天文学	50	2	能源科学技术	15	1
化学工程	59	3	其他	26	1
核科学技术	41	2	总数	2037	100

"长江学者"由于涵盖了社会科学等学科领域，相对来说入选者的学科领域较为分散，但是对 1256 位"长江学者"的学科领域分析表明，前三位的学科领域还是生物学、化学和物理学，三者所占比例为总数的 30%（表 3）。

表3　长江学者回国后学科分布表

学科	人数（名）	占总数比例（%）	学科	人数（名）	占总数比例（%）
生物学	158	13	计算机科学技术	29	2
化学	109	9	管理学	26	2
物理学	97	8	环境科学技术及资源科学技术	22	2
数学	77	6	交通运输工程	22	2
材料科学	71	6	化学工程	21	2
地球科学	61	5	农学	21	2
临床医学	59	5	基础医学	20	2
自然科学相关工程与技术	48	4	土木建筑工程	18	1
动力与电气工程	39	3	工程与技术科学基础学科	13	1
机械工程	38	3	哲学	11	1
经济学	38	3	矿山工程技术	10	1
电子与通信技术	35	3	文学	10	1
力学	35	3	其他	136	11
信息与系统科学相关工程与技术	32	3	总数	1256	100

　　基于美国《科学与工程指标》（2016）报告分析得出，2000—2012年，美国在生物学领域的博士研究生呈快速增长趋势，一直稳居第二位，这也从侧面反映出生物学领域人才市场供应充足。当前，我国引进的海外人才中，绝大多数来自美国，正是因为美国有巨大的生物学领域的博士研究生市场，才为我国引入大量生物学领域的高层次科技人才提供了基础。从美国《科学与工程指标》（2016）报告中还可以看到，美国当前科学与工程劳动力职业中学科领域方面最多的是计算机和数学科学家，其次是工程学领域的专家。同时，从报告中对未来10年科学与工程领域未来职业的需求分析也可看到，健康领域的技术人员、计算机科学家以及高级科研管理人员在美国的需求量巨大。

　　从我国的经济社会发展情况来看，我国急缺的高层次科技人才在很多领域中都存在。我国现阶段人才资源与经济社会发展需求不相适应的问题还很突出，产业领军人才、高层次技术专家和高技能人才严重匮乏。例如，在电信行业，现有高级人才占全行业专业技术人员比例仅有0.14%；在海洋领域，我国在世界海洋专家数据库中登记的专家不足百人，不到全球总量的1%，仅为美国的1/20；在电子信息产业中，技师、高级技师占总技术工人的3.2%，而发达国家一般占到20%～40%。同时，研发力量相对薄弱。在装备制造业，我国研发人员占从业人员的1.26%。

四、我国科研人员跨国流动的影响因素

通过对面向全国高等院校、科研机构和企业研发机构中的具有跨国流动经历的科技一线工作者进行问卷调查，发现影响科研人员跨国流动的主要因素如下（图1、图2）。

关于出国流动的影响因素，调查结果显示排在首位的是科技水平，78.5% 的被调查者认为国外较高的科技水平对自己的出国流动影响很大，这也反映出当前我国的科技水平与国外科技发达国家相比还有一定差距；其次是科研管理规范，64.6% 的被调查者认为这也是影响出国流动的一个重要因素，我国的科研管理问题一直为科技界所诟病，在

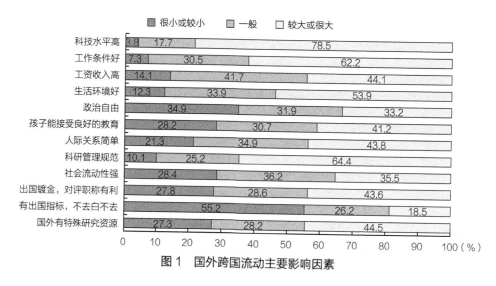

图1 国外跨国流动主要影响因素

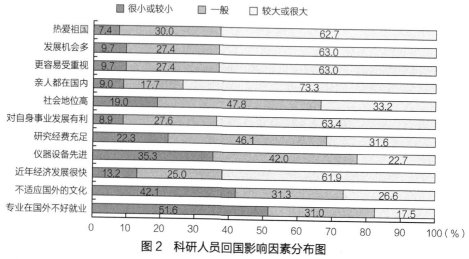

图2 科研人员回国影响因素分布图

科技投入快速增加的背景下，一套能够提高效率、激发活力的科研管理体系尤为重要。

大量科研人员以及高校学生前往国外留学或访学，必然有其内在原因。问卷结果表明，在选择去国外跨国流动主要考虑因素中，除了国外的科技水平高科研管理规范外，还有一些其他因素，如社会流动性强、政治自由、有出国指标不去白不去等低因素。

因此，科研人员选择去国外流动的首要因素是科技水平高，这是无法回避的事实因素，改革开放以来，我国科技实力有了明显提升，但是与发达国家特别是美国相比，还是存在一定的差距，多数科研人员跨国流动就是为了前往科技发达国家进一步深造学习，提升自我能力。此外，国外科研管理规范，科研人员基本不受太多无关事务干扰，可以潜心科研，这也是一个重要因素。还有就是国外的工作环境和生活环境相比国内较好，这也是一些科研人员考虑的因素，特别是一些有孩子的科研人员，更加注重外部的生活环境因素。

关于回国的影响因素，可以看到是亲人都在国内因素排在首位，73.3%的被调查者认为此因素影响较大，其次是对自身事业发展有利、国内发展机会多以及更容易受重视三个因素。

近年来，随着国内的经济快速发展以及科技实力的不断提升，大量国外留学的人员准备回国创新创业。问卷结果表明，跨国流动人员选择回国的主要因素中，亲人都在国内排在首位，由此可见，受中国传统文化的影响，多数海外人才回国主要是由于亲情因素，亲人在国内成为他们选择就业的首要考虑因素。其次是对自身事业发展有利、更容易受到重视以及发展机会多等因素，这也表明国内稳定的社会环境以及良好的发展势头，对国外人员也有较大的吸引力。

将上述调查结果（2015）和陈昌贵（1996）的调查结果对比可以发现[14]，经过近20年的发展变化，科研人员跨国流动的影响因素既有相似之处，也有不同之处。我们分别选择被调查者排在前四位的因素进行对比，具体结果对照参见表4。

表4 科研人员跨国流动影响因素对照表

出国影响因素		回国影响因素	
陈昌贵（1996）结果	本研究调查结果	陈昌贵（1996）结果	本研究调查结果
1. 政治自由	1. 国外科技水平高	1. 家庭纽带的作用	1. 亲人都在国内
2. 工作选择机会多	2. 科研管理规范	2. 国内能得到较高的社会地位	2. 对自身事业发展有利
3. 生活水平较高	3. 工作条件好	3. 对自己的事业发展更有利	3. 发展机会多
4. 工作条件好	4. 生活环境好	4. 爱国	4. 更容易受重视

从表4可以看出，在科研人员出国影响因素方面，前后20年两次调查的结果存在一定的差异：在20世纪90年代排在首位的影响因素是政治自由，而现在，在本研究列举的12个因素中排在倒数第二位。由此可见，随着时代的发展，科研人员出国已不再重点考虑政治方面的因素。目前科研人员出国主要考虑的是国外科技水平高和科研管理规范，其他的因素为生活水平和工作条件，虽然过去了20年，但还是属于较为主要的影响因素。从回国影响因素看，前后两次调查的结果比较类似，都是家庭关系和对自身的发展排在前面，另外，爱国因素在我们的调查中虽然没有排到前四位，但是也有62.7%的被调查者认可，和发展机会多以及更容易受到重视等因素差别不大。可以说，海外学子对祖国的热爱之情始终是影响海外人才回国的一个重要因素。

五、政策建议

人才的国际流动对各国的经济发展都有影响，同时也促进了世界经济的整体发展和增长。在此背景下，我国科技人才的跨国流动从早期的"智力外流"，到现在的大量海外人才回流，在不同的历史阶段给我国的经济发展带来了重大影响。在这些流动的人才中，科研人员作为科技人才中最具创新意识、创新能力、创新潜力及流动性最强的群体，其在国际间以及在国内不同区域和机构间的流动状况对于我国国家创新体系的建设，新时期创新驱动发展战略的实施都有着十分重要的作用。基于此，我们提出如下建议。

一是要做到按需引进，真正满足国家经济建设发展需求。应当认真分析影响我国当前科技经济发展的重点领域的急需人才状况，真正按照需求，同时注重质量，使得引进的人才能真正发挥作用。建议在国家层面顶层应设计好各类人才计划，避免出现为了完成指标而引进，应根据自身单位发展需求，优先引进我国经济社会发展领域急需的科技人才。

二是引进真正一流水平的国际科学家，现在人才引进的仍然是以华裔为主，其实大部分是我国科研人员的回流，国际一流真正的人才引进还是较少，基于对"千人计划"还有"长江学者"群体的国际地位分析发现，如国际重要组织任职的分析，引进的人才在各自领域虽然较有影响，但还不是各个领域最顶尖的人才。下一步人才的引进，应该真正要把国际上最顶尖的人才引进到国内。

三是外部软实力对人才跨国流动有重要影响。影响我国高层次人才跨国流动的因素不仅仅是科技投入与基础设施，科研管理的规范性、科研范围与环境以及外部体制机制等诸多因素都有重要影响。现在我国的科技投入也很高，基础设施也很强，影响人才引进已经不是早期的经费、设备的问题，科研管理的问题也很重要，其他如环境问题等都有很大的影响。

参考文献

［1］陈昌贵. 人才外流与回归［M］. 湖北：湖北教育出版社，1996：6.

［2］魏浩，赵春明，申广祝. 全球人才跨国流动的动因、效应与中国的政策选择［J］. 世界经济与政治论坛，2009（6）：19-26.

［3］高子平. 跨国人才流动：研究范式的演进与重塑［J］. 探索与争鸣，2010（12）：106-108.

［4］魏浩，王宸，毛日昇. 国际间人才流动及其影响因素的实证分析［J］. 管理世界，2012（1）：33-45.

［5］牛珩，周建中. 基于CV分析方法对中国高层次科技人才的特征研究——以"百人计划""长江学者"和"杰出青年"为例［J］. 北京科技大学学报，2012，28（2）：96-102.

［6］田瑞强，姚长青，袁军鹏，等. 基于履历信息的海外华人高层次人才成长研究：生存风险视角［J］. 中国软科学，2013（10）：59-67.

［7］刘晓璨，朱庆华，潘云涛. 国际科技人力回流规律研究——以"千人计划"入选者为例［J］. 现代情报，2014，34（9）：24-30.

［8］XIAO LU, WENXIA ZHANG. The Reverse Brain Drain: A Mixed-method Study of the Reversed Migration of Chinese Oversea Scientists［J］. Science, Technology & Society, 2015, 20：3, 279-299.

［9］LUDMILA IVANCHEVA, ELISSAVETA GOUROVA. Challenges for career and mobility of researchers in Europe［J］. Science and Public Policy, 38（3）, Apnl 2011, 185-198.

［10］BRENDAN CANTWELL. Transnational Mobility and International Academic Employment: Gatekeeping in an Academic Competition Arena［J］. Mierva, 49, 2011, 425-445.

［11］LAUDELINE AURIOL, MAX MISU, REBECCA A FREEMAN. Careers of Doctorate Holders analysis of labour market and mobility indicators. OECD Science, Technology and Industry Working Papers 2013, 4.

［12］SONIA CONCHI, CAROLIN MICHELS. Scientific mobility An analysis of Germany, Austria, France and Great Britain. Fraunhofer ISI Discussion Papers Innovation Systems and Policy Analysis. 41. 2014, 3.

［13］SILVIA APPELT, BRIGITTE VAN BEUZEKOM, FERNANDO GALINDO-RUEDA, et al. Which factors influence the international mobility of research scientists? OECD Science, Technology and Industry Working Papers 2015, 2.

［14］陈昌贵. 人才外流与回归［M］. 湖北：湖北教育出版社，1996.

学会工程科技人才培养的实践与思考 ①

栾大凯

中国机械工程学会

【摘　要】 人才是支撑发展的第一资源。中国机械工程学会在工程科技人才培养方面具有悠久的历史。本报告主要通过介绍学会人才工作的历史，阐述新的时期，学会在建立工程教育专业认证、工程师资格认证和继续教育三位一体的人才培养体系方面的做法，探讨在全面深化改革和中国科协推动全国学会承接政府转移职能背景下，学会关于做好工程科技人才培养工作的思考。

【关键词】 科技社团　人才培养　实践　思考

Practice and Thinking on Engineering Science & Technology Talent Cultivation of CMES

LUAN Dakai

Chinese Mechanical Engineering Society

Abstract: Talent is the first resource to support the country development. Chinese Mechanical Engineering Society has a long history in the field of Engineering Science & technology talent cultivation. This report mainly introduces the history of talent cultivation of CMES, elaborated the practice of establishing a three-in-one system of higher engineering education accreditation, accreditation & certification for mechanical engineer, and continuing engineering education, and finally puts forward the thinking and suggestion for the scientific-and-technical social group to do the talent cultivation work well under the background of comprehensively deepening reform and the transfer of government functions of China.

---

① 全文根据作者在研讨会上的主题报告整理而成。

Keywords: scientific-and-technical Social Group; talent cultivation; practice; thinking

《国家中长期人才发展规划纲要（2010—2020年）》中指出："人才指具有一定的专业知识或专门技能，进行创造性劳动并对社会作出贡献的人，是人力资源中能力和素质较高的劳动者。"这个定义体现了人才的专业性、价值性和时代性。按照这个定义，运用专业知识和技能从事工程科技工作的人员都应归属于人才范畴。培养从语义上指按照一定的目的长期地教育和训练。因此，本文主要从教育培训工作的角度，谈谈学会在工程科技人才培养方面的实践和思考。

一、学会在工程科技人才培养方面具有悠久的历史

中国机械工程学会成立于1936年。学会创立之初提出了"联络机械工程同志，研究机械工程学术，并努力发展机械工程事业"的宗旨，充分体现了学会作为学术共同体的基本属性和以人为本的发展理念。教育培训是学会的一项重要工作，在学会现行章程所规定的业务范围内，有三项与人才培养有关。

学会在人才培养方面具有悠久的历史。继续教育是学会服务社会、服务会员的有效形式。1983年，学会举办了机械工程师进修大学，采用合作教育模式开展机械工程师的系统教育和短期教育培训，至今接受系统继续教育的人数近20万人，短期培训约5000人。20世纪90年代，学会响应国家创办新兴学科和培养社会需求的复合型人才的需要，通过自学考试委托开考形式，在国内首创"机电一体化"和"工业工程"专业，为国家培养自学考试本科生约15000名。专业人员资格认证是学会人才培养的另一项重要工作。从80年代起，学会就启动了焊接、无损检测人员资格认证工作，目前焊接和无损检测的培训和资格认证工作已实现了与国际接轨。90年代，学会受原人事部、机械部的委托，开展了"机械工程、电气工程和工业工程专业中、高级技术资格（职称）评审条件"编制和"机电一体化继续教育科目指南"课题研究。进入21世纪，为适应经济全球化，特别是全球服务贸易需要，学会提出了技术资格认证与职业发展教育相互衔接的工作思想。

二、建立"三位一体"工程科技人才培养体系

2001 年，学会承担中国科协《我国加入 WTO 后机械制造业专业技术人员知识更新对策的研究》课题，建议"应建立一套与国际接轨的工程师评价体系和管理制度"，"资格认证一定要和继续教育挂钩，通过不断的继续教育保持工程师的能力和水平"。在此基础上，经过十余年发展，逐步形成了工程教育认证、工程师资格认证和继续教育（或称为职业发展教育）三位一体的人才培养体系（图1）。

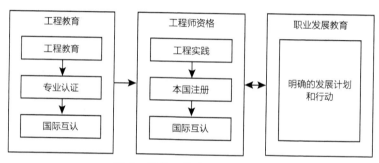

图 1　三位一体人才培养体系

（一）机械类工程教育认证

2016 年 6 月，中国科协代表我国加入了工程教育本科学位国际互认协议——《华盛顿协议》，这在我国高等教育历史上具有里程碑式的意义，标志着我国工程教育质量标准实现了国际实质等效，工程教育质量保障体系得到了国际认可，为我国工程专业毕业生的国际流动奠定了良好的基础。

中国机械工程学会从 2006 年我国工程教育专业认证工作启动之初就参与此项工作，是中国科协系统首批参与试点工作的学会，在我国工程教育认证标准体系建立过程中，承担了许多开创性和试点性的工作任务，多次圆满完成接待《华盛顿协议》正式成员组织观摩考察的任务，是首个获得政府认可，承担分委会秘书处的学会。截至 2015 年底，共认证了 44 所高校 63 个专业，约占到全国认证总数的 10%。

（二）工程师资格认证

2003 年，中国科协批准学会开展机械工程师资格认证试点工作，采取"培训—考试—认证"三分立的工作机制。在学会理事会教育培训工作委员会的领导下，发动专

业分会和各省、自治区、直辖市机械工程学会共同参与此项工作。在28个省区市建立了机械工程师资格认证分中心，组织10个专业分会开展了相应专业的工程师资格认证工作。制定了《机械工程师资格考试大纲》和《机械工程师技术能力要求》，编制了《中国机械工程师资格认证管理体系文件》《机械工程师资格考试指导书》等管理文件和考试辅导材料。承担了多项中国科协委托的关于国际注册工程师制度研究课题。积极推动企业认可和社会认可，目前有100多家企业以书面形式对机械工程师资格认证工作表示认可。为了建立国际等效的工程师认证标准，学会与英国工程技术学会、英国营运工程师学会签订了工程师资格互认合作协定，开展互认试点。截至2016年11月，已经认证了不同层次和类型的工程师30000余人。

（三）继续教育

学会总部及专业分会每年按计划开展各种各样的教育培训活动，为广大会员和机械行业科技工作者职业技能、知识的持续发展提供教育服务。各省区市机械工程学会每年也面向所在地区开展大量的教育培训活动。主要通过函授、短期面授、网络培训辅导等方式，开展工程师专业技术资格认证考前培训、岗位技能培训、专业技术高级研修班、专题培训、科普教育等多种类型的教育培训活动。据不完全统计，2012—2014年，举办各类培训班近千次，培训人数近万人次。

三、对学会工程科技人才培养工作的思考

（一）站在供给侧改革的高度看待学会的人才培养工作

从供给的角度来看，工程教育认证是提供高水平、高质量的高等教育供给，工程师资格认证是提供多元化人才评价方面的供给。继续教育是提供工程科技人员职业发展渠道的供给。三者之间形成了有机联系，总体是为提高工程科技人才队伍质量提供供给。因此，要站在供给侧改革的高度，进行学会人才培养工作的顶层设计。

（二）找准人才培养工作的抓手

1.业界参与

学会"三位一体"人才培养体系的核心是产业界的参与。关于这一点，可以从马车模型的角度进行理解。工程科技人才的教育和质量评价是教育界和产业界共同合作开展的，在这里，可以把教育界和产业界看作是马车的两个轮子，这两个轮子不一样大，马车就跑不快，甚至容易跑偏。比如现在，高等教育主要是教育界自己的事情，

企业虽然对高校毕业生质量不太满意，但其本身对高等教育参与不多，因此，要发挥学会在工程科技人才培养中的作用，重要的是调动更多企业参与到人才培养工作中来。此外，为了使马车按照正确的道路行驶，需要驾驶者把握正确的方向，这就要求政府、企业、科协、学会协同起来，制定正确可行的政策。

2. 承接职能

2015 年 7 月，中共中央办公厅、国务院办公厅出台了《中国科学技术协会所属学会有序承接政府转移职能扩大试点工作实施方案》，其中工程技术领域职业资格认定为学会可承接的四项职能之一。从这项工作的实施情况看，目前国家主要按照改革和规范两条主线在推进。在改革这条线上，2003—2016 年，国家发布很多关于职称制度改革、科技体制改革和人才体制改革的重大政策。另外一条线是规范，2007 年底国务院办公厅发布了关于清理规范各类职业资格相关活动的通知，2014 年以来分 7 批取消职业资格许可和认定，国务院设置的职业资格已取消 70% 以上，2015 年新版职业分类大典发布。从这两条线来看，已经能够看出人才评价改革路线图，清理规范先行，逐步建立清单，最终实现市场化和社会化，发挥政府、市场、专业组织、用人单位等多元评价主体作用。其中，评价方式和评价标准是工作重点，要建立以能力和业绩为导向，有国际同行评价标准的评价体系。对此，科技社团要清醒地认识到，承接的是如何真正把人才的能力评价出来，如何以评促建，通过评价引导人才队伍的建设，提升人才队伍的总体水平。在这个时期，应该更要坚持学会的学术共同体属性，以我为主，在人才评价方式、评价标准方面的建设做大量的工作。

3. 标准建设

学会对于工程科技人员最大的支持是从一个标准的角度，对科技人员的职业发展进行引导。工程教育有认证标准，提出对于本科毕业生的 12 条能力要求。资格认证有资格认证的标准，这个标准对工程师能力建设具有指导性的作用，工程技术人员能够通过能力标准明确自我职业发展方向。科技社团的最大优势是人才优势、智力优势，应该把这些优势发挥出来，从标准上做到专业认证、资格认证和继续教育三个体系之间的衔接。

4. 平台建设

习近平总书记在 2016 年"科技三会"的重要讲话中指出，中国科协要推动开放型、枢纽型、平台型科协组织建设。学会本身就是一个平台型的组织，在当前应该要进一步发挥枢纽型的作用，打造大平台。目前，学会已经逐步在向这个方向迈进，比如，学会近年来持续开展机械行业人才状况调研，以"校企会合作"的方式参与到职业教育专业办学，以及组织各类大学生专业技能大赛等。2016年，受教育部的委托，学会联合有关高校和企事业单位，发起成立中国机械行业卓越工程师教育联盟，按照"共建共享，互惠共赢，优势互补，共同发展"的方针，以大平台的思路来推进这项工作。此外，针对"中国制造2025"等国家重大发展战略的需要，学会系统继续教育工作也在转型升级，出台了关于加强学会系统人才工作的意见，希望能够整合全学会系统的资源，打造学会的继续教育品牌。

四、小结

2015年政府工作报告指出"把亿万人民的聪明才智调动起来，就一定能够迎来万众创新的浪潮"。从这个角度上讲，学会做好工程科技人才培养工作，可能是对国家创新驱动战略的最大支持。

目前，我国正处于一个深化改革和发生质变的时代。学会作为一个具有80年历史的学术团体，要在工作思路和工作方式上进行创新。创新文化培养的6大要素是深挖需求、充满好奇、独立思考、异想天开、甘愿冒险和坚韧不拔。学会应该按照这6大要素，深挖工程科技人才成长需求，更新工作理念，创新工作模式，弘扬长征精神，脚踏实地地做好每一项工作。

应用最小二乘法基于 k 最临近分类数据挖掘技术科技人才评价方法研究

王寅秋 罗晖 石磊

中国科协创新战略研究院

【摘　要】　如何进行客观公正合理的科技人才评价，近几年越来越得到广泛的重视和研究。本文通过 k 最临近分类数据挖掘技术设计一套科技人才评价的方法，对参与评价的科技人才进行分类。而 k 最临近分类数据挖掘技术中最大的困难就是如何选取评价方法中的参数，为了解决这一问题，本文所设计的评价方法应用系统辨识中的最小二乘算法，自动获得参数，进一步保证了方法的客观和公正。

【关键词】　科技人才评价　分类数据挖掘　k 最临近分类方法　最小二乘法

Scientific Talent Evaluation by k-nearest-neighbor Classifiers with Least Squares Method

WANG Yinqiu　LUO Hui　SHI Lei

National Academy of Innovation Strategy

Abstract: The importance of objective and reasonable evaluation for scientific talent has received much attention in recent years. Therefore, in this paper, we investigate this problem with the tool of k-nearest-neighbor classifiers—a kind of data mining methods, and propose the corresponding evaluation method. The major problem how to choose the parameters of k-nearest-neighbor classifiers is solved by exploiting Least Squares method (LS). Scientific talents can be classified objectively and reasonably by using the proposed evaluation method.

Keywords: scientific talent evaluation; classification; data mining; *k*-nearest-neighbor classifiers; least squares method

一、引言

关于如何定义科技人才，目前国内外并没有权威的说法。根据1987年出版的《人才学辞典》中的定义，科技人才是科学人才和技术人才的统称，是社会科学技术劳动中，以自己较高的创造力、科学的探索精神，为科学技术发展和人类进步做出较大贡献的人。科技人才一般具有专业性和创造性的特点。同时，科技人才也应该具有稀缺性和相对性的特点，即可以认为科技人才具有地域和学科的相对性和稀缺性。由于地域的差异和需求的不同，每个地方可能对于科技人才都会有自己的界定，这个地方的科技人才在另外一个地方可能就不属于科技人才。并且科技人才的水平认定在某种程度上也具有相对性，即同一个人才，在某一地区或是某一类专家评审组被认为是高水平科技人才，但是在其他的地区或另一类专家评审组可能就不被认为是高水平的科技人才了。

随着经济全球化的深入发展和知识经济的初步形成，综合国力的竞争越来越表现为科技创新能力的竞争，而科技人才是科技创新能力的核心，能够从根本上决定一个国家科技创新能力的强弱，是科技资源中的第一资源，是推动科技进步的最重要财富，是建设创新型国家的依靠力量。科技人才也是支撑一国科技知识的生产、扩散和应用的重要载体，体现在创新过程的各个环节、各个方面，在促进一国国民经济社会发展方面发挥着举足轻重的作用，在驱动科技发展和增强国家竞争力中的价值为所有国家所公认。因此，当今世界的科技竞争，在某种程度上，就是科技人才的竞争，并且已经成为各国关注的焦点问题。任何一个国家如果拥有充足的科技人才，必然能够在知识和科技创新方面占据主动。习近平总书记在庆祝中国共产党成立95周年大会上讲到"功以才成、业由才广"，这就更进一步说明人才在我国各项事业发展中所起到的重要作用。

正是因为科技人才对于我国的创新驱动发展具有极其重要的作用，同时，科研管理部门也需要通过一套科学的评估方法，充分客观了解科技人才的能力与知识水平。在对科技人员的科研行为进行考核时，可以发现科技人才在科研活动的存在的各种问题并提出改进方法，通过改善个人的工作表现，以达到组织的共同目标，提高个人的满意程度和取得科研成果的成就感，实现个人与组织的共同发展。由此，建立一套科学可靠、公平合理的科技人才评估方法，正是我国科研管理部门所迫切需要的。

但是，目前对科技人才的评价基本上都是采用专家或专家组根据科技人才的教育经历、科研经历、发表论文情况、主持或参与项目情况、职称职务、所获奖励荣誉以及其他相关信息，通过个人的主观判断，对科技人才进行评价。但是这种评价方法过于依赖专家个人判断，评价结果主观性较强，可能过分看重某一项或是某几项人才属性，而忽视其他的属性，进而导致评价结果的不准确。因此，迫切需要设计一套利用计算机来进行科技人才评价的方法，保证对科技人才评价结果的公平公正。针对这一问题，目前已经有不少学者进行了研究。王寅秋等利用科技人才信息的量化和 k 最临近分类数据挖掘分类方法实现了对科技人才的分类评价，具有较好的效果。[1]Robert 等对存在的几种重要并且常用的科技人才评价方法进行了综述，分析了各自的优点和缺点，讨论了适用范围。[2]李敏通过分析旅游业人力资源的特点，构建了一种基于模糊逻辑的人力资源评价指标体系结构，建立了评估因素集、权重集和模糊矩阵，说明了模糊评价法是科技人才指标体系评估的最适宜评估方法之一。[3]王媛、马小燕认为传统线性人才评估方法存在缺点，并将模糊理论与神经网络应用到人才评估中，首先制定出一套评估指标，而后利用模糊变换将分层指标的模糊评估转换为总体模糊评估，又利用 BP 神经网络计算，总体得出对应的最终评估结果，使人才评估得以精确量化。[4]Jantan H 等设计了一个分类模型，并运用这个模型对科技人才进行分类评估。[5]Meng J 等应用相关性矩阵衡量科技人才之间的相关性，进而对科技人才进行分类，并对分类结果进行了讨论和分析。[6]

本文根据目前科技人才分类评价中存在的问题，利用数据挖掘方法中的 k 最临近分类和系统辨识理论中的最小二乘算法，依据量化后的科技人才信息（包括教育经历、科研经历、科研成果、职称职务以及其他相关信息），设计了科技人才分类评价方法，对科技人才进行公正合理的评价。首先，依据科技人才的属性，对科技人才的基本信息进行量化，得到计算机可以识别的形式。随后，设计类别已知的科技人才样本库，作为科技人才分类评估的学习基础，并将样本库中的样本进行随机划分，分为测试组和标准组，并按照分类的结果对分类评估方法中需要的参数进行最小二乘辨识和估计。最后，计算待评估科技人才的量化信息与各个预设类之间的加权欧几里得距离，应用 k 最临近分类方法，对科技人才进行归类。

二、预备知识

本文首先对科技人才的科研成果进行量化，之后应用数据挖掘技术中的 k 最临近分类理论对科技人才进行分类评价，再采用系统辨识理论中最小二乘参数辨识方法对分类评价方法中的参数进行确定。因此，本节主要对科技人才的科研成果和科研背景量化方法、k 最临近分类理论和最小二乘参数辨识方法进行简要介绍。[7, 8]

（一）科技人才相关信息预处理量化

本文应用计算机、数据挖掘以及系统辨识技术来处理科技人才分类评估的问题，而科技人才的相关信息一般都是直观的，文字性或叙述性的，而计算机及相应的智能算法只能处理数字化的信息。因此，在正式对科技人才进行应用本文提出的科技人才分类评价方法之前，需要对科技人才的各种背景信息进行量化，转化为计算机能够识别和处理的数据，这一步是应用大数据进行科技人才分类评价方法设计的基础。

基于科技人才评估的具体要求，数据量化之前应该先去除无关信息，包括行政级别、行政职务、通讯地址和联系方式等，进行这一步骤的目的是减少计算机内存的使用，加快数据处理速度，避免对无效数据的分析和挖掘所造成的系统资源浪费。之后，根据科技人才评估的要求，可以将科技人才信息分为两个方面：人事信息和科研信息。其中，人事信息包括科技人才的姓名、籍贯、年龄、职称职务、工作单位以及学术荣誉等；科研信息包括科技人才所发表的论文和高水平论著，主持或参与的科研项目，获得的学术奖励以及获得授权的发明专利等。本文具体选择科技人才的下列属性进行量化：年龄、支撑、最高学历、学术荣誉、论文论著、主持或参与的项目、发明专利、所获奖励。

针对以上每个属性，根据其级别和人才本人的贡献程度，分别对各个属性进行赋值，得到属性量化值。由此，可以建立某一科技人才（用符号 X 表示，选取相关人才属性总个数为 n）的相应的元组 $X = (x_1, x_2, \cdots, x_n)$，其中该元组的每一个元素代表科技人才的一个相应的属性。通过此方法，可以将科技人才的各种信息综合并量化成 n 维空间中的一个点。这部分研究的内容是后文设计相应的科技人才分类方法的基础。

（二）k 最临近分类理论与 k 最临近科技人才分类评价方法

k 最临近分类法是一种得到广泛应用的数据挖掘分类方法。这种方法是基于类比学习，即通过给定的检验元组与和它相似的训练元组进行比较来学习。训练元组用 n 个属性描述。每个元组代表 n 维空间中的一个点。由此，所有的训练样本都存放在一个 k 维空间中。当给定一个未知元组，k 最临近分类法搜索相应的 k 维空间，找出最接近未知元组的 k 个训练元组。这 k 个训练元组是未知元组的"最临近"元组。本文应用欧几里得距离最短来定义"最临近"这一概念。两个点或是元组 $X_1 = (x_{11}, x_{12}, \cdots, x_{1n})$ 和 $X_2 = (x_{21}, x_{22}, \cdots, x_{2n})$ 之间的欧几里得距离定义为：

$$dist(X_1, X_2) = \sqrt{\sum_{i=1}^{n}(x_{1i} - x_{2i})^2}$$

未知元组被分配到 k 个最临近训练元组中最公共的类。

应用以上算法对科技人才进行分类，需要以下几个步骤。

（1）在已经通过专家分类的样本中选取标准元组、训练元组和测试元组。

（2）计算测试元组和训练元组之间的欧几里得距离。

（3）计算测试元组与预先所定义类别之间的欧几里得距离。

（4）通过调节参数组 $\alpha_1, \cdots, \alpha_n$ 和 $\beta_1, \cdots, \beta_{m_j}$，保证测试元组的分组与实际情况相符，得到最优或次优参数组 $\alpha_1, \cdots, \alpha_n$ 和 $\beta_1, \cdots, \beta_{m_j}$。

（5）基于已得参数组 $\alpha_1, \cdots, \alpha_n$ 和 $\beta_1, \cdots, \beta_{m_j}$，通过计算未知元组与标准元组之间的欧几里得距离，进而得到未知元组与各预先所定义类别之间的欧几里得距离，其中，最短距离所对应的类别就是待分类科技人才所属类别。

以上算法存在的最大的问题就是待定参数组 $\alpha_1, \cdots, \alpha_n$ 和 $\beta_1, \cdots, \beta_{m_j}$ 需要手动选取的问题，本文将通过引入系统辨识理论中的最小二乘法方法估计出待定参数组。

（三）系统辨识与最小二乘参数辨识

系统辨识是根据系统地输入、输出函数来确定描述系统行为的数学模型。系统的数学模型是系统输入、输出及其他相关变量的数学表达式，主要描述系统输入、输出以及其他相关变量之间的相互影响和变化规律。系统辨识方法目前有许多种，最小二乘法是自然科学研究及工程实践中应用最为广泛的一种方法。最小二乘法的优点在于概念简单明了，不需要高深的统计学知识，易于理解；使用范围广，在许多其他辨识方法无法获得正确辨识结果的情况下，最小二乘法得到的结果相对较好；最小二乘法已经在数学上被证明是一致的、无偏的和有效的。因此最小二乘法在自然科学研究、工程技术试验以及管理统计中得到了广泛的应用。最小二乘法具体内容如下。

设一个线性系统的数学模型为 $z = \theta u + \varepsilon$，其中 z 为系统的输出；u 是系统的输入；

θ 是系统矩阵，一般认为是确定的并且不随时间的变化而变化的；ε 是系统所受到的有界扰动，是随时间变化的并且是随机的，主要包括系统建模不准确以及外部噪声等。考虑到系统的实际情况，同时为了简化计算，通常认为 θ 是一维参数向量。由此，上述方程的最小二乘解如下。

结论 1：设线性数学模型为 $z=\theta u+\varepsilon$，其中 $\theta = [\theta_1, \theta_2, \cdots, \theta_n]^{\mathrm{T}}$ 是 n 维待辨识的参数向量，为更加简化，设 z 为标量，n 为 n 维列向量。如果矩阵 $U^{\mathrm{T}}U$ 是正则的，其最小二乘解为

$$\hat{\theta} = (U^{\mathrm{T}}U)^{-1}U^{\mathrm{T}}z$$

证明：线性数学模型为 $z=\theta u+\varepsilon$ 时，输出 z 和输入 u 是可测的。在进行 N 次试验的过程中，设第 i 次试验中测量得到的输出为 z_i，输入为 u_i，选取最小二乘目标函数

$$J(\theta) = \sum_{i=1}^{N}(z_i - \theta u_i)^2$$

如果令 $Z=(z_1, z_2, \cdots, z_N)$，则 $J(\theta)$ 的矩阵二次型可以表示为

$$J(\theta) = (Z-U\theta)^{\mathrm{T}}(Z-U\theta)$$

其中矩阵 U 的表达式为

$$U = \begin{bmatrix} u_1^{\mathrm{T}} \\ u_2^{\mathrm{T}} \\ \vdots \\ u_n^{\mathrm{T}} \end{bmatrix}$$

$U\theta$ 是系统输出的预报，最小二乘目标函数 $J(\theta)$ 则可以用来衡量模型输出与系统输出的接近情况。通过极小化 $J(\theta)$，求得参数向量估计 $\hat{\theta}$，会使模型的输出最好地预报系统的输入。即存在最优 $\hat{\theta}$ 使 $J(\theta)$ 值最小，即

$$\left.\frac{\partial J(\theta)}{\partial(\theta)}\right|_{\hat{\theta}} = \left.\frac{\partial}{\partial\theta}(Z-U\theta)^{\mathrm{T}}(Z-U\theta)\right|_{\hat{\theta}} = 0$$

将上式展开，并考虑以下两个不等式

$$\begin{cases} \dfrac{\partial}{\partial x}(a^{\mathrm{T}}x) = a^{\mathrm{T}} \\ \dfrac{\partial}{\partial x}(x^{\mathrm{T}}Ax) = 2x^{\mathrm{T}}A \end{cases}$$

则有

$$(U^{\mathrm{T}}U)\,\hat{\theta}=U^{\mathrm{T}}z$$

上式称为正则方程。如果矩阵 $U^{\mathrm{T}}U$ 是正则的，有

$$\hat{\theta}=(U^{\mathrm{T}}U)^{-1}U^{\mathrm{T}}z$$

又因为 $U^{\mathrm{T}}U$ 必然是正定矩阵（正则矩阵的性质），所以有

$$\left.\frac{\partial^2 J(\theta)}{\partial^2 \theta}\right|_{\hat{\theta}}=2U^{\mathrm{T}}U$$

为正定矩阵。因此，$\hat{\theta}=(U^{\mathrm{T}}U)^{-1}U^{\mathrm{T}}z$ 使 $J(\theta)$ 最小，并且 $\hat{\theta}$ 是唯一的。
证明完毕。

三、主要结论

目前对于科技人才的评估方法，大多采用主观评价的方法，即专家或是专家组通过科技人才的教育背景、科研经历、发表论文与专利、主持或参与科研项目对科技人才进行评估和分类，过程可以用如图1所示。

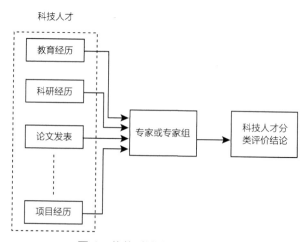

图 1　传统科技人才评价机制

本研究主要的任务就是通过大数据分析、数据挖掘、系统辨识让计算机和人工智能代替专家对科技人才进行客观公正地分类评价。前面已经解决了如何利用数据挖

掘方法中的 k 最临近分类理论进行分类评估，但是结果中存在一个重要的问题是参数如何选取，之前的方法是采用人工试凑的方法，效率较低，并且结果也不一定是最优的。因此，本论文结合系统辨识理论中的最小二乘法，根据专家或专家组对科技人才的分类评价结果，对算法中的参数进行辨识，进而提高算法的效率，降低人工干预的程度，保证分类评估方法的准确性和公正性。

通过相关资料分析，本文需要将部分已知分类的元组设置为标准元组，元组中含有经过量化的科技人才的信息，维度为 n，进一步对标准元组构成的集合进行划分，分为测试元组集合和训练元组集合，分别用符号 U 和符号 V 来表示，用 $u=[u_1, u_2, \cdots, u_n]^T$ 代表 V 中的任意一个元素；如果 V 含有 N 个元素，可以用 $v_i=[v_{i1}, v_{i2}, \cdots, v_{in}]^T$ 代表 V 中第 i 个元素，并假设训练元组中第 m 个类含有的标准元组个数为 m_j。之后，可以得到 u 与 v_i 之间的加权欧几里得距离

$$d_i=\sqrt{\alpha_1(u_1-v_{i1})^2+\alpha_2(u_2-v_{i2})^2+\cdots+\alpha_n(u_n-v_{in})^2}$$

与 u 的第 m 个类训练元组类之间的加权欧几里得距离

$$d^m=\sqrt{\beta_1 d_1^2+\beta_2 d_2^2+\cdots+\beta_{m_j} d_{m_j}^2}$$

其中 $\alpha_1, \cdots, \alpha_n$ 和 $\beta_1, \cdots, \beta_{m_j}$ 是待定的正参数集合。对 d_i 的表达式两边取平方，并代入 d^m 的表达式，可得

$$
\begin{aligned}
(d^m)^2 &=\beta_1 d_1^2+\beta_2 d_2^2+\cdots+\beta_{m_j} d_{m_j}^2 \\
&=\beta_1\alpha_1(u_1-v_{11})^2+\beta_1\alpha_2(u_2-v_{12})^2+\cdots+\beta_1\alpha_n(u_n-v_{1n})^2 \\
&\quad+\beta_2\alpha_1(u_1-v_{21})^2+\beta_2\alpha_2(u_2-v_{22})^2+\cdots+\beta_2\alpha_n(u_n-v_{2n})^2 \\
&\quad+\cdots+\beta_{m_j}\alpha_1(u_1-v_{m_j1})^2+\beta_{m_j}\alpha_2(u_2-v_{m_j2})^2+\cdots+\beta_{m_j}\alpha_n(u_n-v_{m_jn})^2
\end{aligned}
$$

所以，可以得出上式仅有一个参数组 $\beta_1\alpha_1, \cdots, \beta_{m_j}\alpha_n$，并且其中所有元素都是正实数，$u$ 和 v_i 都已知，所以任意一个组合 $u_i-v_{m_j}$ 的值都已知。进一步，为了将 $(d^m)^2$ 的表达式写成矩阵表示的形式，设测试元组中第 l 个元素所对应的标准元组向量为 $u_l=[u_{l1}, u_{l2}, \cdots, u_{ln}]$，那么对应第 m 个类的加权欧几里得距离为 d_l^m，相应的组合 $u_i-v_{m_ji}$ 所对应的为 $u_{li}-v_{lm_ji}$。

由于 d_l^m 为测试元组与每个类之间的加权欧几里得距离，且测试元组中每个元组的分类实质上是已知的，因此可以通过专家或专家组给出每个测试元组距离标准类之间的距离，记为 $\hat{d}_l^m=d_l^m+\delta_l$，其中 δ_l 是因为各种主客观因素评价所产生的误差，一般可以认为是有界的随机变量。因此，令 $\varepsilon_l=2d_l^m\delta_l+(\delta_l)^2$

$$(\hat{d}^{\,m}_l)^2 = (d^{\,m}_l + \delta_l)^2 = (d^{\,m}_l)^2 + 2d^{\,m}_l \delta_l + (\delta_l)^2 = (d^{\,m}_l)^2 + \varepsilon_l$$

ε_l 同样也是有界的随机变量。记 $\hat{D}$ 为所有 $(\hat{d}^{\,m}_l)^2$ 所组成的列向量，$\theta = [\beta_1\alpha_1, \cdots, \beta_{m_j}\alpha_n]^{\mathsf{T}}$ 是由待辨识的参数所组成的列向量。定义矩阵 U 如下

$$U = \begin{bmatrix} (u_{11}-v_{11})^2 & (u_{12}-v_{12})^2 & \cdots & (u_{1n}-v_{m_jn})^2 \\ (u_{21}-v_{21})^2 & (u_{22}-v_{22})^2 & \cdots & (u_{pn}-v_{m_jn})^2 \\ \vdots & \vdots & \ddots & \vdots \\ (u_{p1}-v_{p1})^2 & (u_{p2}-v_{p2})^2 & \cdots & (u_{pn}-v_{m_jn})^2 \end{bmatrix}$$

其中所有的元素都是正数。之后，$(\hat{d}^{\,l}_m)^2$ 的矩阵形式 $\hat{D}$ 可以表示为

$$\hat{D} = U\theta + \varepsilon$$

这里 ε 是为所有 ε_l 所组成的列向量。因此，根据结论1，如果矩阵 $U^{\mathsf{T}}U$ 是正则的，$\hat{\theta}$ 的最小二乘法估计结果 $\hat{\theta}$ 为

$$\hat{\theta} = (U^{\mathsf{T}}U)^{-1}U^{\mathsf{T}}\hat{D}$$

注1：根据系统辨识理论和概率统计理论，如果测试组和标准组的数量足够多，且测试组的所属类别分布足够均匀，条件矩阵 $U^{\mathsf{T}}U$ 正则通常情况下能够得到保证。由于严格条件形式以及数学证明过于复杂，本文此处省略。

首先，通过测试组和标准组确定了待定参数。随后，根据辨识出来的参数，对任意一个待进行分类的科技人才 $x = [x_1, \cdots, x_n]^{\mathsf{T}}$，计算 x 与每个类别之间的加权欧几里得距离，其中与第 m 个类别的加权欧几里得距离为

$$\begin{aligned}(d^{\,m}_x)^2 = &\ \beta_1\alpha_1(x_1-v_{11})^2 + \beta_1\alpha_2(x_2-v_{12})^2 + \cdots + \beta_1\alpha_n(x_n-v_{1n})^2 \\ &+ \beta_2\alpha_1(x_1-v_{21})^2 + \beta_2\alpha_2(x_2-v_{22})^2 + \cdots + \beta_2\alpha_n(x_n-v_{2n})^2 \\ &+ \cdots + \beta_{m_j}\alpha_1(x_1-v_{m_j1})^2 + \beta_{m_j}\alpha_2(x_2-v_{m_j2})^2 + \cdots + \beta_{m_j}\alpha_n(x_n-v_{m_jn})^2 \end{aligned}$$

根据计算结果，比较 x 与每个类别之间的加权欧几里得距离，其中最小距离所对应的类可以认为是科技人才归属类别。本方法具体流程如图2所示。

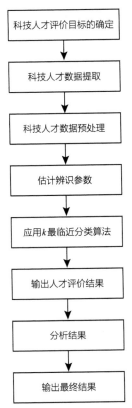

图 2　应用最小二乘法基于 k 最临近分类数据挖掘技术科技人才评价方法流程图

四、总结

本文基于数据挖掘理论中的 k 最临近分类理论和系统辨识中的最小二乘法，依据科技人才的教育背景、科研背景以及科研成果等信息，实现对科技人才的水平进行分类评价。本文的最主要一个创新点是评估方法中所涉及的参数选择完全从已有的大量专家对科技人才分类评价结果中来，通过最小二乘系统辨识算法估计所得，不是依赖于个人的选择，所以得到的评价结果能够尽可能地公正合理地反映科技人才的真实情况和真实水平，为科研管理机构做出正确的决策提供支撑，保证科技人才能够在合适的岗位上发挥最大的作用。

目前，本文研究结论还存在计算量比较大，科技人才评价算法无法根据评价的具体要求进行更新，缺乏更多的实例检验等问题，这些问题会在今后得到深入研究。

参考文献

［1］王寅秋，罗晖，李正风. 应用最小二乘法基于最临近分类数据挖掘技术科技人才评价方法研究
［C］. 2016 年中国社会学年会科学社会论坛，2016.

［2］LEWIS R E, HECKMAN R J. Talent management：A critical review［J］. Human Resource Management
Review, 2006, 16（2）：139–154.

［3］李敏. 基于模糊逻辑的人力资源评价指标体系在旅游管理中的应用研究［J］. 重庆：重庆工学
院学报，20（2）：143–146.

［4］王媛，马小燕. 基于模糊理论与神经网络的人才评价方法［J］. 佳木斯大学学报，2006,
24（3）：408–410.

［5］JANTAN H, HAMDAN A R, OTHMAN Z A. Classification and Prediction of Academic Talent Using Data
Mining Techniques.（Vol. 6276, pp. 491–500）. Springer–Verlag. 2010.

［6］MENG J, CHEN X, ZHU T Y, et al. Data mining approaches in manpower evaluation［M］. Applied
Mechanics and Materials, 2014, 513–517.

［7］JIAWEI HAN, MICHELINE KAMBER, JIAN PEI. 数据挖掘：概念与技术：Concepts and Techniques
［M］. 北京：机械工业出版社，2012.

［8］萧德云. 系统辨识理论及应用［M］. 北京：清华大学出版社，2014.

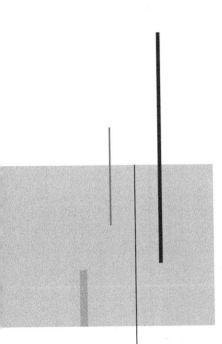

新经济形态下的产业协同创新

促进我国专利转化的供给侧改革 ①

朱雪忠

同济大学知识产权学院

【摘　要】　我国专利的转化率低，主要原因是专利数量虚高、专利权人获取专利的动机不是为了市场需要，导致这些专利无法转化。因此，要强化市场导向的专利获取政策。

【关键词】　专利转化　供给侧改革

Promoting Supply-side Reform of Patent Commercialization in China

ZHU Xuezhong

Intellectual Property Institute of Tongji University

Abstract: China's patent commercialization rate is low, mainly due to the fact that the number of patents is too high, and the motivation of the patentee to obtain the patent is not for the market demand, which leads to these patents can not be transformed. Therefore, we must strengthen the market-oriented policy of the patent application.

Keywords: patent commercialization; supply-side reform

一、中国专利申请量多而不优

据相关资料介绍，我国高校专利的许可率只有美国斯坦福大学的 1/80。根据教育部的统计数据，我国高校的专利转化率低于 5%，而国家知识产权局 2016 年公布的我国专利实施率在 60% 左右，可能是二者对转化率概念的界定不同而引起的差异。

---

① 全文根据作者在研讨会上的主题报告整理而成。

二、专利的有效转化推动可持续创新

所谓转化，应该是最终转化为产品进入市场。如果只是转手，倒来倒去而最终没有转化为产品，就是泡沫。专利如果不转化，前期的成本就无法收回，无法维持可持续创新。如果说专利是资产，那么一直没转化的专利很可能成为负资产，因为要维持专利有效，每年需要交专利年费。

所谓专利转化率指在某个时期内已经转化的专利数量除以当时有效的专利数（已经转化的专利数／有效专利数）。因此转化率应该是动态的，因为专利有效量是变化的。从知识产权战略的角度来看，转化率并非越高越好。专利除了具有直接排除竞争对手或者垄断的作用外，还有国家战略储备的作用。

三、我国专利低转化率的现状分析

目前我国的专利转化率过低，仅为百分之几甚至百分之零点几，已经影响到专利制度的正常运转。一般来讲，专利转化率低首先会给专利权人带来负面影响，因为如前文所述，专利不转化，专利权人就没有收益甚至前期的成本都无法收回。目前我国的情况却是专利权人不着急，政府在着急，政府不断地出台各种转化政策、提供财政资金等，但成效并不明显。很显然，如果没有真正搞清楚专利转化率低的内在原因，就盲目地出台政策和投入资金，效果自然不会好。

提高专利转化率，其实就是想办法提高前述分数的分子或减少分母。但是目前我国的各种专利政策都是在简单地增大分母。这种政策如果持续下去，分母继续增大，转化率还会更低。总结导致专利转化率低的原因，一是我们的政策盲目追求专利数量。如高校为评职称鼓励申请专利、学生升学可通过专利加分、犯人有专利可以减刑等，这样的专利从一开始就不是以转化为目标的；二是我国很多的转化政策都没有针对源头，盲目资助，这样下去可能会导致金融风险。

四、提高我国专利转化率的建议

提高专利转化率要从以下两个方面考虑：一是政策导向要明确，要从"供给侧改革"入手；二是强化市场的驱动作用。专利本来就是为市场服务的，而现在很多人获取的专利都是跟市场没有关系的。

除此之外，建议将实用新型、外观设计保护制度单独立法，专利仅限于发明专利。国际上讲的专利通常是发明专利，而我国的专利分为发明专利、实用新型专利和外观设计专利三种，跟国际不接轨，尤其实用新型专利不经过实质审查就可授权，很多人都钻这个漏洞，有时甚至成为腐败的手段。

构建支撑供给侧结构性改革的创新体系研究

盛朝迅　黄汉权

国家发展和改革委员会产业经济与技术经济研究所

【摘　要】 构建开放高效的创新体系是推进供给侧结构性改革的重要内容，在推进供给侧结构性改革"三去一降一补"等主要任务中具有重要作用。深入推进供给侧结构性改革必须加快构建开放高效的创新体系。我国目前已基本形成政府、企业、科研院所及高校、技术创新支撑服务体系等相互支撑的创新体系，但仍存在关键核心技术受制于人、企业创新动力不足、科技人才队伍大而不强、支撑体系建设滞后、体制机制有待完善等问题，亟须明确思路、找准痛点，以务实的改革措施推进开放高效的创新体系的构建。为此，建议完善激励制度，激发各类创新主体活力，推进创新基础设施，夯实人才要素支撑，培育鼓励创新的社会环境，形成有利于创新的制度安排。

【关键词】 创新体系　供给侧结构性改革　激励制度

Research on the Innovation System of Constructing the Supply Side Structural Reform

SHENG Chaoxun　HUANG Hanquan

Institute of Industrial and Technological Economics of National Development and Reform Commission

Abstract: Building an open and efficient innovation system is an important part of promoting the structural reform of the supply side, and it plays an important role in promoting the structural reform of the supply side, "three to one reduction and one fill" and so on. To further promote the structural reform of the supply side, we must speed up the establishment of an open and efficient innovation system. At present China has basically formed the government, enterprises, research institutes and universities, technology innovation service system of mutual support innovation system, but there are still the key technology of enterprise innovation, lack of motivation, heteronomy of technology talents but not strong, supporting system construction is lagging behind, institutional mechanisms and other issues need to be improved urgently, clear thinking, identify pain points, to promote the construction of an open and efficient innovation system in a pragmatic reform measures. To this end, it is recommended to improve the incentive system to stimulate the vitality of various types of innovation, promote innovation and infrastructure, and lay a solid foundation for the elements of talent, nurture and encourage innovation in the social environment, the formation of institutional arrangements conducive to innovation.

Keywords: innovation system; supply side structural reform; incentive system

一、构建开放高效的创新体系是推进供给侧结构性改革的重要内容

深刻认识和准确把握创新体系与供给侧结构性改革的内涵，是我们分析构建开放高效创新体系与供给侧结构性改革关系的逻辑起点。根据 OECD 等相关机构界定，创新体系是由创新主体、创新基础设施、创新资源、创新环境、外界互动等要素组成的相互联系的生态系统。其中，制度设计和连接机制是提升创新能力和创新效率的关键。而供给侧结构性改革的实质是通过改革降低生产成本和交易成本，矫正市场扭曲，促进创新，提高供给体系的质量和效率。根据课题组的理解，供给不仅仅是提供产品或服务，还应包括更加集约化配置的生产要素供给和有效的新制度供给。2016 年党中央国务院推出的"三去一降一补"五大任务就是供给侧结构性改革内容的具体体现。由此可见，构建开放高效的创新体系本质上是供给侧结构性改革的重要方面，能够在多个维度为供给侧结构性改革提供支撑（图 1），特别是对推进供给侧结构性改革"三去一降一补"等主要任务具有重要作用。

（一）做好"去产能"的加减法要求构建开放高效创新体系

"去产能"是当前我国经济发展中的重要议题，也是 2016 年中央经济工作会议提出的供给侧结构性改革五大任务的首要任务。但"去产能"不等于"去产业"，在部分产能出清的基础上，要积极通过创新驱动开发新产品拓展新领域，提升产业竞争力。美国在应对金融危机带来的产能过剩时，综合应用产业深化创新和培育产业竞争

力、结构调整等供给侧政策，优化新兴产业发展的竞争环境，促进清洁能源、信息、生物、空间技术等优先领域加快突破，将创新的人才、科学研究、基础设施等基础作为化解产能过剩的重点，通过创新驱动发展化解产能过剩等。这些经验值得我们学习借鉴。我国在"去产能"的过程中，也要把提高产业的创新发展能力作为主要目标，加快构建开放高效的创新体系，鼓励企业通过发展新技术、开发新产品、延伸产业链，以及走精品高端路线等方式达到"去产能"的目的。

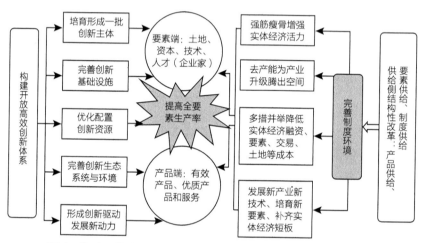

图 1 构建开放高效创新体系与供给侧结构性改革的内在关联图

（二）"降成本"的最大潜力是通过创新提高供给侧效率

近年来，受劳动力供需变化、资源环境约束增强、金融服务实体经济能力不足和市场体系不完善等诸多因素影响，我国制造业各项主要成本迅速上升，较先行工业化国家和地区的综合成本优势正在逐步丧失，对我国制造业转型升级和竞争力培育形成较大制约。其中，成本上升最快的是人工成本（表 1）和土地成本，2011—2014 年，城镇制造业就业人员年平均工资从 3.67 万元提高到 5.14 万元，年均增长 13.5%，比同期制造业主营业务收入增速高约 1 个百分点，比利润总额增速高约 7 个百分点。但从未来发展态势看，劳动力成本上升趋势难以逆转，唯有通过创新提高劳动生产率，对冲成本上升压力。由此可见，简单依靠压缩成本增长的空间有限，降成本的最大潜力还是通过创新提升供给侧的效率。为此，应坚持降成本与提效率"双管齐下"，切实鼓励企业加大研发投入、推动"人口红利"向"人才红利"转变，提高要素产出效率，以效率提升降低相对成本，促进制造业转型升级。

表1 近年来我国规模以上工业企业成本相关指标及变化

年份（年）	指标值（单位：亿元）			年均增长（%）	
	2005	2010	2014	2005—2010	2011—2014
利润总额	14803	53050	68155	29.1	6.5
主营业务收入	248544	697744	1107033	22.9	12.2
主营业务成本	209863	585257	943370	22.8	12.7
城镇工业人员工资总额	6830	15068	33705	17.1	22.3
负债合计	141510	340396	547031	19.2	12.6
主营业务税金及附加	2997	11183	16961	30.1	11.0
应交增值税	8521	22473	33979	21.4	10.9
成本费用利润率（%）	6.4	8.3	6.5		

数据来源：国家统计局，2006年、2011年、2015年《中国统计年鉴》，经计算。

（三）"补短板"在产业方面的着力点是提升创新发展能力

经过多年的发展，我国产业取得了举世瞩目的成就，在全球500种主要工业产品中，我国有200多种产量位居世界第一，钢铁、水泥、电解铝、造船等产量占全球比重的45%以上。但是，我国制造业大而不强的问题较为突出，进入世界500强的100多家企业大部分是资源型产业和金融、房地产企业，创新型企业较少。根据世界知识产权委员会最新公布的2015年全球创新指数（Global Innovation Index），我国在知识产出规模、创新基础设施、人力资本状况等方面的指标全球领先，但在制度、营商环境等方面排名较为落后，如在投资者权益保护这一指标上，我国在141个样本国家中仅排第114位，在产学研结合、创新集群、政府和私人部门合作等指标上，也处于较低水平。而这些，正是供给侧结构性改革在产业方面"补短板"所需要加强的，也是下一步完善创新体系，提升创新发展能力的重要着力点。

（四）完善创新驱动发展的制度安排是构建创新体系的重点

未来的竞争很大程度上是制度的竞争，科技创新成果和新兴产业能否源源不断地涌现很大程度上取决于是否拥有良好的产业创新生态。但由于长期以来我国经济发展主要依靠要素驱动和投资驱动，导致我国经济发展大而不强的同时，也造成了我国在体制机制上有不少适应要素和投资驱动等不利于创新驱动的制度性藩篱。通过供给侧结构性改革，着力解决制约我国经济发展方式转变的"增长速度崇拜"和"要素和投资驱动依赖"等深层次矛盾和问题，完善创新驱动发展的制度安排，构建有利于创新成果涌现的高效创新体系，激发全社会的创新活力，有助于落实创新驱动发展战略，推动创新驱动发展。

二、我国创新体系现状评价及需要突破的瓶颈障碍

我国已基本形成政府、企业、科研院所及高校、技术创新支撑服务体系等相互支撑的创新体系，但整体效能仍然不高，主要表现在以下几个方面。

（一）企业创新的主体地位逐步确定，但企业创新动力和能力仍有待加强

近年来，我国加大企业技术研发支持力度，企业研发投入积极性不断提高，研发能力得到增强，重点产业领域创新成果不断增多，以企业为主体、市场为导向、产学研相结合的技术创新体系建设取得了积极进展。但我国企业创新能力依然薄弱，许多领域缺乏具有自主知识产权的核心技术，企业在创新决策、研发投入、科研组织和成果应用等方面的作用亟待加强。如被称之为电子信息产业"心脏"的芯片和集成电路需要大量进口，自 2013 年起连续三年成为我国第一大进口商品，2015 年进口额达2299 亿美元。技术和关键核心产品的高度依赖导致产业发展受制于人，2016 年 3 月美国对中兴公司发起制裁，禁止中兴公司采购美国芯片，给中兴公司和相关产业发展带来重创。此外，我国企业研发投入明显偏低，目前大中型工业企业平均研发投入仅占主营业务收入比重的 0.9%，尚不到 1%，与主要发达国家 2% ~ 3% 的平均水平差距巨大，这直接制约了企业创新能力的提升。

（二）创新人才队伍不断壮大，但大而不强的问题较为突出

近年来，在科教兴国战略的引领下，我国教育、研发投入不断加大，科技创新人才队伍也快速壮大，目前已成为世界上拥有科技人力资源数量最多的国家。根据科技部发布的《中国科技人才发展报告（2014）》，我国已成为世界第一科技人力资源大国，2013 年科技人力资源总量达 7105 万人，其中科技活动核心的研发人员总量高速增长，2013 年达到 501.8 万人，按照全时当量统计，R&D 人员总量达到 353.5 万人年，超过美国居世界第一位。2014 年，中国从事研发活动人员全时当量达到 394 万人年，占世界总量的 28%。据中国科协发布的《中国科技人力资源发展研究报告 2014》，截至 2014 年底，我国科技人力资源总量约 8114 万人，继续保持世界第一人力资源大国地位。但也面临着人均产出效率低、高端创新型人才稀缺和人才流失三大问题的制约，多而不优的问题较为突出。根据世界经济论坛（WEF）公布的《2016 年人力资源报告》，我国人力资本指数在 132 个样本国家中排名第 71 位，仍有很大提升

空间。我国每万人拥有研发人员 38 人，远低于日本（133 人 / 万人）、韩国（135 人 / 万人）、德国（132 人 / 万人）等国家。据科技部统计，我国真正高端人才总数在 1 万人左右，而美国是我国的十倍以上，在航空、尖端汽车等领域院士数量寥寥无几，在诺贝尔奖、鲁斯卡奖、伽德纳奖、沃尔夫奖、菲尔茨奖、图灵奖等国际科技大奖中获奖者也是寥寥无几。在 SCI 统计的 22 个学科排名前 250 位顶尖科学家中，全世界超过 6000 人，我国不足 100 人。企业高层次创新人才不足现象非常突出，根据科技部的调查，我国工程领域博士生愿意到企业工作的比例不足 15%，而美国则高达 80%。此外，人才流失现象也较为突出，以留学生为例，近年来留学生的回国率为 30% ~ 40%，低于国际 40% ~ 50% 的一般水平，其中回国的多为硕士，博士的回国率仅为 5%。

（三）创新基础设施日益完备，但相关技术创新支撑服务体系建设滞后

改革开放以来特别是近几年，国家不断加大投入，包括重大科技基础设施、科技基础条件平台、产业创新基础平台等创新基础设施规模持续增长，覆盖领域不断拓展，技术水平明显提升，综合效益日益显现。目前，我国在核物理、生命科学、载人航天、资源勘探等领域建设的重大科技基础设施，为提升相关产业技术水平提供强有力的支撑。大型科学仪器设备、设施的共建共享也为创新能力的提升提供有力支撑。目前，国家种质资源库、国家实验材料和标准物质资源库等科技基础设施建设稳步推进，国际科学数据中心群和科技文献资源库建设步伐加快，逐步形成了全国性的共享网络。高水平的科研机构和研究型大学建设步伐加快，科研机构和大学的创新源头作用增强，初步建成一批具有国际影响的科学研究基地。国家大力推动产业创新中心等新型研发平台建设，产学研用相结合的国家工程实验室和国家工程研究中心建设成果显著。但相关技术创新服务支撑能力相对不足，还存在创新支撑服务机构建设不健全、服务内容不全面、尚未形成网络化高效服务体系等问题，制约产业技术创新能力提升。特别是我国创新系统在多年来一直存在的老大难问题，制约相关服务支撑体系建设。例如，我国事业单位改革的滞后，使中国大学和科研院所的人事及薪酬制度远远落后于创新发展时代的要求，阻碍了科技人力资源的流动和有效配置，压抑了科技创新巨大潜力的发挥。科研项目和经费管理的不合理限制和约束，也严重地挫伤了广大科技人员创新发展的积极性。

（四）创新环境不断优化，但仍需要进一步改善

创新环境是创新主体所处空间范围内各种要素结合形成的关系总和，包括保护创

新的法治环境，培育开放竞争的市场环境、浓厚的社会氛围等。近年来，随着国家及地方一系列优化创新环境的政策得以实施，我国创新环境不断优化，呈现较好的发展态势。比如政策越来越注重鼓励市场导向的创新，市场对创新的正向激励作用在增强。但总体而言，还存在严重制约创新能力提升的诸多问题，激励创新的市场环境和社会氛围仍需进一步培育和优化。一是知识产权保护力度不足。国民的知识产权意识还比较淡薄，侵犯知识产权的案例时有发生，对侵犯知识产权者处罚不严，起不到威慑作用，导致"侵权成本低、维权成本高"等问题较为突出，不利于激发创新主体的创新激情。二是教育体制抑制创新。我国目前的教育体制重视知识传承，轻视科技创新；重视标准化教育，轻视个性化教育。在这种教育体制下，学生的创新思维和创新能力在一定程度上被抹杀，不能全面满足社会对专业化创新型人才的需求。三是知识和技术协同创新不够。科学家的科学研究和企业家的计算创新衔接还不够紧密，市场需求不能立即反馈到知识创新上，知识创新不能为技术创新提供良好的服务，科研成果市场转化率低。

（五）科研体制改革深入推进，但以市场为主导的体制机制仍需完善

自 1978 年邓小平同志在全国科学大会上提出科学技术是第一生产力以来，我国科技体制改革取得了重大进展和显著成效，科技事业快速发展，取得了一大批重大科技成果。2015 年 9 月，中共中央办公厅、国务院办公厅印发了《深化科技体制改革实施方案》，为更好地贯彻落实中央的改革决策，打通科技创新与经济社会发展通道指明了方向。但同时，科技体制方面仍然存在一些弊端，以市场为主导的科技体制仍需完善，主要表现为"三不"：科技与经济结合不紧密，产学研协同创新机制不够健全和有效；科技投入与成果产出不对称，一些科研项目和经费安排分散、重复、封闭、低效，管理不够科学等，难以产出重大成果；科技评价机制不科学，科研诚信和创新文化建设薄弱。这些束缚了科技生产力发展，制约着自主创新和科技支撑引领经济社会发展能力的提升。

三、构建支撑供给侧改革的创新体系的总体思路

当前，我国构建支撑供给侧结构性改革开放高效创新体系的总体思路可以概括为"一个体系、五大支柱"。"一个体系"指着力构建"市场主导、企业主体、人才支撑、制度保障、各类创新主体协同互动，政产学研用相结合"的创新体系。"五大支柱"指以企业主体，以人才支撑，以新型科研机构、中介组织、联盟和服务机构等为基

础，以良好的创新环境为依托，以体制机制创新为保障（图2）。通过5年左右的努力，到2020年基本建成中国特色国家创新体系，有力支撑供给侧结构性改革。企业创新主体地位进一步确立，企业和企业家在国家创新决策中的作用明显增强，企业研发投入大幅增加，规模以上工业企业研发经费支出与主营业务收入之比达到1.1%。创新型人才规模质量稳步提升。规模宏大、结构合理、素质优良的创新型科技人才队伍初步形成。创新基础设施步伐加快，初步建立世界一流重大科技基础设施集群。知识产权、技术中介、创新联盟等服务机构逐步完善，创新创业服务更加高效便捷。创新环境更加优化，激励创新的政策法规更加健全，知识产权保护更加严格，有利于创新创业的价值导向和文化氛围加快形成。科研体制改革进一步深化，人才、技术、资本等创新要素流动更加顺畅，创新活力进一步迸发，创新链条有机衔接，创新体系协同效应更为显著。创新体系在供给侧结构性改革中的作用显著增强，加速推动传统产业整合和新兴产业成长，对扩大有效供给和中高端供给、减少无效供给和低端供给、提高供给体系质量和效益的作用进一步凸显。再通过5年左右的努力，到2025年创新体系更加完备，各创新主体的协同作用进一步发挥，有力支撑发展动力的根本转换。

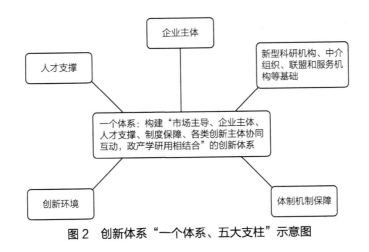

图2 创新体系"一个体系、五大支柱"示意图

（一）以企业为主体

企业是创新的主体，也是创新体系的主要构建力量。要通过大幅增强企业创新能力，着力构建以企业为主体、市场为导向、产学研紧密结合的国家技术创新体系。通过改革科研项目管理体制，推动科技创新由技术供给导向型为主向市场需求导向型为主转变，真正建立以企业为主体的产业技术研发体制，努力打造一批具有较强研发实力和国际竞争力的创新领军型企业，推动一大批科技型中小企业健康发展。

（二）以人才为支撑

人才是创新的第一推动力，构建开放高效创新体系必须增强人才创新活力，推动一大批创新创业人才脱颖而出。要从战略高度重视领军人才、复合人才和专业人才的引进、培养、开发和使用，瞄准经济社会发展和增强创新动力的需求，牢固树立人才是第一资源的理念，结合研究、教育培训和移民等政策创新，努力形成集聚人才、提升人才、用好人才和有利于人才分层发展的体制机制和政策环境。要推进教育体制和人才评价使用体制改革，认真落实教育优先发展战略，借鉴发达国家专业人才队伍建设经验，以职业教育改革为突破口，加快发展职业教育、创业教育和终身教育。

（三）以新型科研机构、中介组织、联盟和服务机构等为基础

创新服务支撑体系是当前我国支撑供给侧结构性改革开放高效创新体系建设中的短板。要紧密围绕企业创新发展需求，努力打造汇集创造—就业—经营于一体的创新服务平台，把基地建设、人才培训、技术市场、专利维护、过期专利再开发、金融创投支持、创新方法引进、市场开拓等融为一体，加快推进创业孵化、知识产权服务、第三方检验检测认证等机构的专业化、市场化改革，构建面向企业创新发展的社会化、专业化、网络化技术创新服务平台。

（四）以良好的创新环境为依托

创新体系的竞争力不仅取决于资金、人才等资源投入，还取决于创新环境。这其中，完善的市场环境是创新的基础支撑，要形成优胜劣汰的市场机制，让市场做创新的裁判员，激发创新的原动力。顺畅的合作环境是创新的必要条件，在创新资源全球化、创新人才国际化、创新组织网络化的新形势下，支持创新必须营造顺畅的产学研合作环境，推动基于市场导向各种资源整合。有效的投融资环境是创新的"催化剂"，是解决创新体系中"死亡之谷"难题的重要途径，要着力构建高效便利的投融资体系。有利的社会文化环境是创新的沃土，要着力形成"勇于创新、敢为人先，鼓励竞争、崇尚合作，追求成功、宽容失败"的社会共识和氛围，营造开放、公平的创新创业环境。

（五）以体制机制创新为保障

体制机制创新是构建开放高效创新体系的重要保障。坚持科技面向经济社会发展的导向，积极发挥市场对技术研发方向、路线选择、要素价格、创新要素配置的导向作用，围绕产业链部署创新链，进一步探索产学研协同创新机制，消除科技创新中的

"孤岛现象"，提升国家创新体系的整体效能。加强知识产权运用和保护，破除制约科技成果转移扩散的障碍，健全技术转移机制，促进科技成果资本化、产业化。加强科研管理体制改革，建立主要由市场决定技术创新项目、经费分配和成果评价的机制。

四、有关政策措施建议

把完善激励机制作为开放高效创新体系建设的关键和重中之重，多措并举激发各类创新主体活力、推进创新基础设施、夯实人才要素支撑、培育鼓励创新的社会环境，形成有利于创新的制度安排。

（一）激发各类创新主体活力

激发企业、大学和科研机构、新型研发机构、各类专业化服务机构等创新主体活力，使各类主体在创新体系中各归其位，系统提升各类主体创新能力，增强创新源头供给。

强化企业创新主体地位和主导作用，鼓励企业开展基础性前沿性创新研究，提高企业对国家科技计划、应用导向的科技重大专项方案等决策参与度，建立需求导向、企业牵头、企业采购高校和科研机构研发服务的关键领域产业技术攻关体系。突出重点，通过典型示范等方式支持企业创新能力建设，深入实施创新企业百强工程，加快培育一批拥有自主知识产权和知名品牌、具有国际影响力的创新型领军企业，培育一批国际竞争力居世界前列的创新型企业和一大批富有创新活力的中小企业集群。

推动科教融合发展，促进高等学校、职业院校和科研院所全面参与国家创新体系建设，支持一批高水平大学和科研院所组建跨学科、综合交叉的科研团队。在若干战略领域，加快建设一批企业主导、院校协作、多元投资、军民融合、成果分享新模式的产业创新中心和创新网络，大力发展市场导向型的新型研发机构，推动跨领域跨行业协同创新。围绕国家战略需求和目标，瞄准国际科技前沿，布局建设一批高水平国家实验室，提升国家战略领域的科技创新能力。

加强信息资源整合，鼓励建设技术转移和服务平台，发展众扶、众筹、众创、众包等新兴技术服务业态，为新技术转化、新产品发展和新模式打造提供技术支撑和有关创新的服务。完善包括各级政府、金融机构、行业协会、产业联盟、产业园、专业服务组织等在内的创新服务支撑体系，聚集创新要素和资源，提升创新服务的支撑能力。

（二）推进各类创新基础设施建设

加快能源、生命、地球系统与环境、材料、粒子物理和核物理、空间和天文、工程技术等科学领域和部分多学科交叉领域国家重大科技基础设施建设，积极推进北京、上海、合肥三大综合性国家科学中心建设，努力构建科技创新的新设施和新平台，提升国家重大科技基础设施系统集成能力和水平。针对重大科技基础设施的基础性、公益性特征，建立完善高效的投入机制、开放共享的运行机制、产学研用协同创新机制、科学协调的管理制度，推动高校、科研院所开放科研基础设施和创新资源，提高设施建设和运行的科技效益。

适应大科学时代创新活动的特点，加快建设大型共用实验装置、数据资源、生物资源、知识和专利信息服务等科技基础条件平台，研发高端科研仪器设备，提高科研装备自给水平。建设超算中心、国家基因库和云计算平台等基础设施，形成基于大数据的先进信息网络支撑体系。在完善创新基础设施的基础上，着力推动创新基础设施的共建共享，整合跨区域创新资源，以新的机制和模式推动创新要素互联互通、协同攻关。

（三）夯实人才等要素支撑

人才是创新体系建设中最宝贵的资源，无论是企业创新主体作用的发挥，还是科技研发、重大科技基础设施建设、产学研服务机构发展和创新环境的营造都需要高水平人才队伍的支撑。

为此，要把完善人才评价激励机制和服务保障机制作为提升人才发展活力的重点。坚持价值导向，针对我国科研人员实际贡献与收入分配不完全匹配、股权激励等对创新具有长期激励作用的政策缺位、内部分配激励机制不健全等问题，明确分配导向，完善分配机制，使科研人员收入与其创造性劳动的科学价值、经济价值、社会价值紧密联系。实施灵活高效、人尽其才的选人用人政策，按照创新的规律培养和吸引人才，为人才成长提供有竞争力的薪酬和软硬环境支持。推动科研成果收益分配、股权激励、产权处置等向优秀人才倾斜，建立充分体现智力劳动和服务劳动价值的分配导向，让科技人员的智力劳动得到合理回报，赋予科研人员更大的科研自主权、人财物支配权和技术路线决策权。支持体制内科研人员停薪留岗创业，允许科研人员和教师依法依规适度兼职兼薪。实施更积极、更开放、更有效的人才引进政策，完善外国人永久居留制度，放宽技术技能型人才取得永久居留权的条件，增加中国"绿卡"的含金量。

着力围绕开放高效创新体系建设发展的人才需求，进一步夯实基础教育、高等教育、职业教育和创新教育基础，培养和造就一大批科技创新人才队伍。加快实施创新人才推进计划、青年英才开发计划、企业经营管理人才素质提升工程、专业技术人才知识更新工程和国家高技能人才振兴工程等重大人才工程，着力发现、培养、集聚建设高水平人才队伍。

（四）培育鼓励创新的社会环境

有利的社会文化环境是创新的沃土，创新能力强弱与社会价值理念、思维习惯、行为方式等社会文化环境密不可分。为此，首先要健全和保护创新的法治环境。加快创新薄弱环节和领域的立法进程，修改不符合创新导向的法规文件，废除制约创新的制度规定，构建综合配套精细化的保障体系。其次是培育开放公平的市场环境，强化完善市场环境对创新体系的基础支撑作用，形成优胜劣汰的市场机制，激发创新的原动力。最后要营造崇尚创新的文化环境。大力弘扬创新精神，加强科学教育，激发青少年科技兴趣，培养具有创新意识和实干精神的创新者。大力宣传科技工作者中的杰出典型和感人事迹，在全社会形成鼓励创造、追求卓越的创新文化。倡导百家争鸣、尊重科学家个性的学术文化，增强敢为人先、用于冒尖、大胆质疑的创新自信。推动营造鼓励竞争、崇尚合作，追求成功、宽容失败的社会文化氛围，着力营造开放、公平的创新创业环境。

（五）形成有利于创新的制度安排

深化体制机制改革，破除不利于创新体系建设的制度障碍，推动形成有利于创新成果迸发、创新体系完善的制度安排。首先要切实加强知识产权保护，实施更加严格的知识产权保护和执法制度，大幅度提高权利人在被侵权案件中的胜诉率、判赔额，从根本上改变目前"侵权易、维权难"的状况，在全社会营造尊重知识产权的氛围和环境。其次要实施技术转移行动计划，通过完善知识产权许可和管理、加强技术转移机构建设等政策法规和措施，推进财政资金支持的技术成果转移和产业化，大幅度提高科技成果转化率。最后要完善创新导向的评价制度。推进高校和科研院所分类评价，把技术转移和科研成果对经济社会的影响纳入评价指标，形成绩效导向的科学评价体系。完善人才评价制度，进一步改革完善职称评审制度，增加用人单位评价自主权，形成有利于创新发展的人才评价体系。

全国各省双创政策工具
对驱动创新创业的绩效分析 ①

封凯栋　李君然　赵亭亭

北京大学政府管理学院

【摘　要】　自2014年开始推行的"大众创业万众创新"政策显著地推动了国内的创新创业发展。各地方政府纷纷推出了具体的鼓励创新创业和就业的政策，其具体效果有待科学的检验。本文对全国各省级行政单位的双创政策工具进行统计，并利用新增民营企业数据来衡量各地在创新、创业和就业方面的量化指标，以此来检验各类政策工具的有效性，从而为"双创"政策的发展推进提供理论基础。

【关键词】　"双创"政策　新设企业　政策绩效

On the Policy Performance at Promoting Innovation and Entrepreneurship: Analysis of Provincial Data

FENG Kaidong　LI Junran　ZHAO Tingting

School of Government, Peking University

Abstract: The national strategy of "mass entrepreneurship and innovation" has evidentially promoted the domestic innovation and entrepreneurship since 2014. Policy instruments have been launched by not only the central government but also regional governments. Their effects need to be assessed in a scientific way. This paper quantizes the policy instruments of provinces and the analysis is carried out with the data of new private firms. By doing so, it aims to highlight the effective instruments and provide aids for further policy exploration.

---

① 全文根据作者在研讨会上的主题报告整理而成。

Keywords: policy of mass entrepreneurship and innovation; new enterprise; policy performance

对创新创业的鼓励一直是我国的重要政策。为加快实施创新驱动发展战略，2014年我国正式提出"大众创业万众创新"政策作为推动经济发展方式转型的重要战略。本文以全国各地2013—2015年新设民营企业的发展情况为核心，围绕"双创"政策前后地方落实开展"双创"政策所进行的制度建设，对"双创"政策的政策效果进行分析，在地区和产业层面分析2013—2015年间民营企业新增趋势，分析政策要素和资源要素在其中的扮演的角色，分析新设企业和新设企业的创新要素的发展趋势，并讨论目前在创业环境中主要存在的问题。

本文运用了政策文本分析方法，对全国各省级行政单位的"双创"政策工具进行统计，同时，将新增民营企业数量作为衡量"双创"政策效果的主要量化指标，结合各地经济发展水平、科技发展水平和政策变量对"双创"政策结果进行统计分析，以此来推断促进新增企业数量及从业人员增长的驱动因素。

结果显示，由中央政府所推动的商事制度改革大大释放了企业的创业热情。各地新设民营企业数量及其所容纳的就业人口，与各地的经济发展水平、科技发展水平有显著的正相关，与各地方政府的补贴类、投资类的"双创"政策有着比较显著的正相关。但这一发现同样意味着我国地区发展的不均衡可能会在"创新创业"浪潮中持续存在，这需要政策制定者从整体上考虑下一步的政策举措，以激活更多地区的创新创业活力，保证各地区的持续发展。与此同时，在新兴战略型产业等科技密集型产业中的新设企业的增长还依然有待发展推动。从总量上看，以知识产权为重要资产的企业绝对数及新设企业的此类企业数量依然较少，不过增速很快。受到经济发展全局的影响，新设企业盈利比例正在逐年下降。这要求我们进一步调整政策导向，有效地激励新设企业发展，进而撬动整体企业的成长趋势。

产品空间网络视角下
我国产业创新升级路径探究

周 密[1] 孙浬阳[2, 3]

1 南开大学经济与社会发展研究院 2 南开大学经济学院

3 中国特色社会主义经济建设协同创新中心

【摘 要】 本文基于 Hausmann 等近期提出的产品空间与比较优势理论以及结合网络分析方法，通过对 1980—2014 年各国微观企业主体生产与贸易的产品所形成的宏观国家层面贸易产品数据的研究，得出以下结论：①根据网络分析结果，产业创新升级在一定程度上遵循渐进式产品生产力集比较优势。②既有的产品生产能力集对产业创新升级的解释能力有限，未来产业创新升级的不确定性在增加，产业创新升级一定程度上具有跳跃性地偏离具有比较优势集的特性。③通过对产品空间网络的结构机制分析，发现重工业制造业是根本，不同产业的交融地段具有较高的中间中心度，表明促进产业间的相互融合是未来产业创新升级的方向。

【关键词】 产品空间网络 产品生产力集 产业交融

Research on the Path of Industrial Innovation and Upgrading in China from the Perspective of Product Space Network

ZHOU Mi[1] SUN Liyang[2, 3]

1 College of Economics and Social Development, Nankai University

2 College of Economics, Nankai University

3 Collaborative Innovation Center for China Economy

Abstract: The paper is based on the theory of product space and comparative advantage recently proposed by Haussmann et al., and combined with network analysis methods. Through the study of macro-national trade product data, which was formed by the micro-enterprises' production and trade with different countries from 1980 to 2014, here come the findings: (1) According to the results of network analysis, the industrial innovation and upgrading follow a comparative advantage of the product productivity set. (2) The existing product productivity set has a limited explanation of industrial innovation, and the uncertainty of future industrial innovation and upgrading is increasing, then Industrial innovation and upgrading has the characteristics of deviation from the existing comparative advantage set. (3) Through the analysis of the structural mechanism of product space network, it is found that the heavy manufacturing industry is fundamental, and the blend of different industries has a high Betweenness, indicating that the promotion of inter-industry integration is the future direction of industrial innovation and upgrading.

Keywords: product space network; product productivity set; inter-industry integration

一、问题提出

随着中国经济由高速增长过渡到中高速增长，传统的简单增加要素投入、模仿产品生产技术等形式的经济增长模式已经逐步落后，在未来的经济增长中势必要依据中国所特有的产业结构来形成其独具特色的产业发展模式。传统的比较优势理论以及增长理论认为，国家根据比较优势实现分工与专业化生产，其中专业化生产主要针对自身具有比较优势的产品，通过"干中学"实现生产技术的进步与创新，实现产业结构的转型和经济增长。然而，随着一部分经济体产业结构的逐步转型成功，如美国、日本等经济体的产业结构的顺利转型，但近些年来其经济增长却基本处于停滞状态，说明过往的比较优势以及增长理论的理论框架下已经难以对此种经济现象进行合理的解释。为此，伍业君、张其仔等（2012）认为，当经济理论与现实经济现象发生冲突时，就有必要重申已有的经济理论，放松经济理论的基本假设，或者是构建新的理论，寻求对现实经济现象合理的解释。

针对既定的产业基础，寻求其未来产业升级以及经济增长的突破点，一直是困扰着各国产业政策制定者的难题，也是学者感兴趣的研究领域。一个国家或一个地区的产业升级应该以本国或地区的既有产业为基础，在此基础上寻求未来的产业发展方向，否则不切合实际的产业发展政策很可能是"空中楼阁"，会导致产业升级失败，陷入中等收入陷阱，经济徘徊不前，人均收入及生活条件不能进一步实现质的提高。依据 Hausmann、Klinger（2006）及 Hidalgo 等（2007）提出来的产品空间与比较优势演化理论，该理论认为产品是知识和能力的载体，反映了一国或地区的具有显性比较优势的产品生产力集的大小。产品空间与比较优势演化理论认为，微观企业主体在选择新产品时将面临成本、风险以及技术外部性等挑战，即产品空间是高度异质性的不连续性的，这为产业政策的制定者预留了较大的发挥空间。既有产品空间在比较优势的演化过程中发挥着很重要的作用，影响着一个国家或地区的产业在将来升级和发展的路径。

针对产业升级是遵循产品空间理论所指定的最优路径还是在一定程度上偏离产品生产力集所指向的最优升级路径，有许多学者在这方面做了很多研究。邓向荣、曹红（2016）通过运用产品空间理论在全球商品贸易的基础上，论证了全球产业升级偏离比较优势程度与经济增幅相关，中国 50 余年的产业升级具有适度偏离比较优势的特征。张亭、刘林青（2016）以全球产品贸易数据库数据为基础，从产品空间理论的角度对比分析中美产业政策的路径选择，认为中国的产业升级更多的是依赖于现有资源要素的积累，遵循比较优势的产业升级路径，而美国的产业升级是具有遵循偏离比较优势的跨越式发展路径。可见，针对中国的产业升级是遵循比较优势所指向的最优路径，还是适度偏离比较优势所指向的最优路径还需要进一步的研究分析。

综上所述，目前的关于国际贸易产品空间的研究领域停留在国际层面，且较为宏观，难以深入单个国家层面，难以做到"对症下药"。研究结论所指向的产业升级路径较为宏观，没有针对中微观层面的产业建议升级路径，对我国的产业政策的指导意义有限。我国产业升级最优路径是遵循还是适度偏离产品生产力集所指向的最优升级路径，在不同的学者研究结论中存在不统一性，因此还需要多种研究方法的相互论证。

本文将通过国际贸易数据得到的国际产品空间网络中抽取我国自身所特有的产品空间网络，从而实现以下突破。一是，针对我国产业现状，研究我国产业问题，给出我国产业升级思路。二是，本文将运用较为新颖的网络分析方法，实现我国产品空间网络的研究，提出相对中微观层面的产业建议升级路径，对我国的产业政策具有很大的指导意义。三是，寻找与相互论证实现我国产业升级的路径是遵循还是偏离产品生产力集所指向的最优升级路径。本文写作的逻辑结构顺序是：第二部分为模型的设定，第三部分为产品空间网络机制分析，第四部分为产业创新升级路径。

二、理论模型

显性比较优势（RCA）是基于国家进出口产品的能够很好衡量产品国际竞争力的研究指标（Kerels，2006），其衡量某国某种产品占该国全部产品的比重与全球所有国家生产该中产品占全球所有产品的比重的比值，其计算公式如下：

$$RCA_{c,i,t} = \frac{x(c,i,t)}{\sum_i x(c,i,t)} \bigg/ \frac{\sum_c x(c,i,t)}{\sum_c \sum_i x(c,i,t)}$$

公式中，$x(c,i,t)$ 代表在 t 年份 c 国的第 i 种产品；$\sum_i x(c,i,t)$ 代表在 t 年份 c 国所有产品；$\sum_c x(c,i,t)$ 代表在 t 年份世界所有国家的第 i 种产品；$\sum_c \sum_i x(c,i,t)$ 代表在 t 年份世界所有国家生产的所有产品。

通过 RCA 引进变量 $x(c,i,t)$：

$$x_{c,i,t} = \begin{cases} 1, & \text{当 } RCA_{c,i,t} > 1 \\ 0, & \text{其他} \end{cases}$$

用两种产品 i 和 j 的值 $x_{i,t}$ 的条件概率测量两种产品的空间邻近性：

$$\Phi_{i,j,t} = \Phi_{j,i,t} = \min\{P(\sum_c x_{c,i,t} \mid \sum_c x_{c,j,t}), P(\sum_c x_{c,j,t} \mid \sum_c x_{c,i,t})\}$$

上式中，$x_{c,i,t}$ 代表在 t 年份 c 国的第 i 种产品的 x 变量值；$\Phi_{j,i,t}$ 代表第 i 种产品与第 j 种产品的空间邻近最小概率值，即最小距离。

在构筑全球贸易产品的空间网络基础上，本文剔除掉中国不具有显性比较优势的产品，留下中国具有显性比较优势的产品，以此构筑中国具有显性比较优势的产品空间网络。

三、产品空间网络机制分析

（一）显性比较优势产品统计分析

为了能够清晰地展现出近几十年来中国产品的竞争力，本文将所研究的 8 个时期的具有显性比较优势的产品种类进行了统计（图1）。从整体上看，随着时间的推进，中国在出口贸易方面所具有的显性比较优势的产品数量呈现出递增趋势，表明中国产业结构与贸易产品的竞争力不断得到优化与提升。

1980—2000 年，中国具有显性比较优势的产品种类在 1985 年有小幅度波动，但总体上处于相同水平状态，说明这期间，中国设立特区等相对开放的贸易形式并没有给予中国产业结构以质的提升，更多地停留在量的增加；并且中国贸易产品停留在低技术粗放型的生产模式，产品附加值低，在国际舞台上难以形成具有规模经济效应的多产品、多产业链、完备型生产能力的集聚型竞争力。由图1所示，2000—2014年，中国具有显性比较优势的产品数量呈现上升趋势，这主要基于，中国加入世界贸易组织（WTO），形成了强深度、多领域、更加开放的贸易形式，中国更加深刻地融入世界经济体系当中来，这为中国经济增长与产业升级带来诸多机遇。并且在中国经济高速增长转变中速增长之时，中国政府提出以创新引领科技、以科技促进产业结构升级的新经济发展方针，强化了创新带动经济增长的模式。同时微观企业主体在融入世界经济体系时，由于自身产品生产技术的低端处于产业链低端，仅得到正常利润。且对超额利润的追逐迫使微观企业主体加大对产品技术的开发升级，带来低端产品到高端产品的升级，形成由微观层面到宏观层面的产业结构升级。

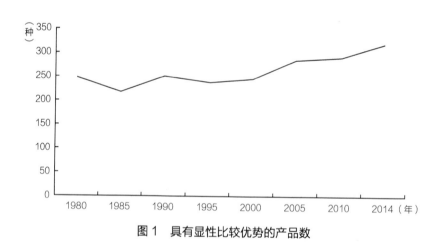

图1　具有显性比较优势的产品数

（二）产品空间网络的中心性分析

综合分析，产业升级必定是在既有的产业结构基础上的优化调整，未来更优的产业结构不可能是凭空创造，而是需要遵循一定的产业基础。本文研究认为近两期内的产品生产力集对未来的产品升级路径具有最直接和最有效的影响作用，因此本文将2014年和2010年的产品空间结构作为未来企业从低端产品跳跃到高端产品的研判基础，并在本文最后结合确定的影响因素分析，以此确定产业升级最优路径。

1.度数中心度分析

根据网络分析方法，运用 Ucinet 软件运算出 2010 年及 2014 年中国具有显性集比较优势的产品空间集，其中最主要的如表 1 所示。从运用度数中心度的 2010 年产品空间网络显示，产品网络疏松可达性良好，整体上化学产业基础比较薄弱，处于边缘位置，如中氨基化合物、非金属化合物等；中国的电子产业基础实力也相当薄弱，如半导体器件、其他电气设备等，并没有形成一个良好的产业基础，未来产业升级的难度较大；中国的重工业拥有相对较好的基础，如另类钢铁制品、烹饪金属器具、另类铝制品、五金器具等具有相对较好的度数中心度（表 1），是位于产品网络中连接化学、电子、纺织等产业的基础性产业，是制约其他产业发展的关键产业领域。

中国的纺织服装类产品拥有比较大的度数中心度（表 1），排名靠近前 30 位的产品基本均是纺织服装类，如服装用品和棉连裤袜的度数中心度达到最高为 23，男外衣、女外套、针织服装、其他针织服装及内衣的度数中心度达 22，说明中国在纺织服装行业具有明显的比较优势，产品之间的联系比较紧密，拥有比较好的产业基础，处于比较有利的空间位置，为未来纺织服装产品向更高层次的产业链跳跃提供了很好的基础。

2014 年的产品空间网络显示（表 1），纺织服装类产业仍然具有比较高的度数中心度，与此同时其他家具零件、另类金属制品、另类钢铁制品等重工业制造业较前一期具有明显的提升，说明中国在保持传统纺织服装产业比较优势的同时，制造业开始表现出一定的优势特点。

通过运用网络分析中的度数中心度指标并综合 2010 年与 2014 年两阶段的分析，本文得出如下观点。一是，中国在纺织服装产业具有很强的比较优势，在未来的产业发展战略方向上，中国应该继续延续这一产业优势，争取在具有高科技创新的高附加值产业链上游占领制高点，引领世界纺织与服装产业发展。二是，中国制造业开始显现出比较优势，中国应注重引导和培养制造业的比较优势，使其服务于中国经济的增长。三是，从网络关联的分析来看，重工业制造业是根本，重工业制造业是连接纺织服装业、电子产业等的纽带，只有把重工业制造业发展好，才能促进和带动其他产业的发展。

2.中间中心度分析

在 2010 年产品空间网络中间中心度指标中，一方面，五金器具、烹饪金属器具的中间中心度分别为 2324 和 1799，居于最高，并且从整体上看金属加工行业均具有相对较高的中间中心度，说明重工业制造业位于重要的节点位置，制约着其他产业的发展。另一方面，在不同用途的产品相互交融的地段，如其他家具零件、电绝缘设备、另类钢铁制品等具有相对较高的中间中心度，说明整个中国的产业的发展是一个不断相互融合的过程，产业的相互融合能够有效促进中国经济的发展。

在 2014 年产品空间网络中间中心度指标中，一方面，在不同用途的产品相互交融的地段，如另类金属制品、其他陶瓷制品、其他合成长丝等行业产品的中间中心度不断攀升并逐步超越金属加工业，位于整个产品空间网络的关键位置，严重影响和制约着其他产业的快速发展。因此，在未来产业发展中，促进产业交融发展是推动整个产业界发展的关键。另一方面，重工业制造业依然是推动整个产业发展的基础，这一点从其相关产品具有相对较高的中间中心度可以分析出，因此重工业制造业依旧是推动其他相关产业发展的基础产业。

通过运用网络分析中的中间中心度指标并综合 2010 年与 2014 年两阶段的分析，本文凝结以下观点。一是，运用中间中心度指标得出的中国 2010 年产品空间网络显示，在不同产业的交融地段，或是通用性比较强的产业具有相对较高的中间中心度（表 1），如五金器具，指包含多种器具并可以运用在多产品中的产业，其中烹饪金属器具、其他家具零件等均具有相似的特征。在 2014 年的产品空间网络中，处在产业交融地段的如其他合成长丝、其他家具零件、另类金属制品等具有相对较高的中间中心度，表明产业间的交融是产业间相互促进发展的基础。为提高国民经济的整体实力，促进产业间的相互融合是未来发展的趋势。二是，重工业制造业依然是推动整个产业发展的基础，其他产业发展以及进行生产的机器设备等生产工具均需要重工业制造业供给，重工业制造业的发展好与坏直接影响着其他产业发展的快与慢。

表 1　中国产品空间网络中心性分析

2010 年		2014 年		2010 年		2014 年	
名　称	度数中心度	名　称	度数中心度	名　称	中间中心度	名　称	中间中心度
服装用品	23	针织服装	26	五金器具	2324	另类金属制品	1606
棉连裤袜	23	其他家具零件	24	烹饪金属器具	1799	座具椅子	1417
男外衣	22	另类金属制品	23	其他家具零件	1207	其他陶瓷制品	1192
女外套	22	女裙子	23	男整套服装	881	投影机	1115

续表

2010年		2014年		2010年		2014年	
名　称	度数中心度	名　称	度数中心度	名　称	中间中心度	名　称	中间中心度
针织服装	22	男夹克运动衫	22	座具椅子	783	铁钉钢钉	1084
其他针织服装	22	男外衣	22	金属片衬垫	758	车用收音机	1080
内衣	22	另类铁钢制品	21	绝缘电线缆	744	洗衣设备	1048
男整套服装	21	鞋皮革制品	20	电绝缘设备	588	其他合成长丝	979
男夹克运动衫	21	绝缘电线缆	20	铁链	540	其他家具零件	756
男外套	21	女礼服	20	投影机	534	五金器具	721
女礼服	21	女衬衫	20	非电机械零件	469	办公外围设备	566
女裙子	21	防风衣	20	录像机	452	家用电热设备	556
女衬衫	21	其他针织服装	20	洗衣设备	450	绝缘电线缆	546
男外套大衣	20	纤维连裤袜	20	醛酮醌化合物	396	皮革服装品	501
男外套大衣	20	盥洗塑料品	20	电阻器	386	针织服装	471
防风衣	20	座具椅子	19	另类钢铁品	375	室内玻璃容器	448
纺织服装	20	女外套	19	蔬菜	357	棉毛织物	421
鞋类	19	服装用品	19	男外衣	345	男外套大衣	405
套装服装	18	棉连裤袜	19	半导体器件	303	金属片衬垫	393
纤维连裤袜	18	另类塑料品	19	空调配件	273	金银首饰	378
另类钢铁品	17	另类铝制品	18	服装用品	268	另类铁钢制品	355
皮革服装品	17	男外套大衣	18	陶瓷卫生设备	268	家用冷冻设备	342
其他家具零件	14	男整套服装	18	棉连裤袜	264	安全玻璃	327

2010 年		2014 年		2010 年		2014 年	
名　称	度数中心度	名　称	度数中心度	名　称	中间中心度	名　称	中间中心度
蔬菜	13	另类钢铁品	17	电风扇配件	223	盥洗塑料品	324
烹饪金属器具	13	男外套大衣	16	蒸汽机零件	221	服装用品	312
另类铝制品	12	其他合成长丝	15	男外套大衣	205	洗衣机类	298
五金器具	12	烹饪金属器具	14	卡车轮胎	202	办公机器零件	292
盥洗塑料品	12	安全玻璃	13	床垫坐垫	170	女裙子	286
鞋皮革制品	11	铁网栅篱	13	盥洗塑料品	164	另类塑料品	281
陶瓷卫生设备	11	电动机零件	13	其他皮革制品	155	针织服装配料	255
均值	18	均值	19	均值	537	均值	625

四、产业创新升级路径

本文基于 Hausmann 等近期提出的产品空间与比较优势理论及结合网络分析方法，通过由各国微观企业主体生产与贸易的产品所形成的宏观国家层面贸易产品数据的研究，本文认为：①前几期所具备的产品生产能力禀赋对当期的产品空间结构的形成起到了显著的促进作用。②产业结构升级在一定程度上遵循渐进式产品生产力集比较优势，也具有一定程度上跳跃性地偏离既有比较优势集。③中国在纺织服装产业具有很强的比较优势，中国制造业开始显现出比较优势，重工业制造业是连接纺织服装业、电子产业等产业的纽带，只有把重工业制造业发展好，才能促进和带动其他产业的发展。综合以上的研究分析，未来在中国产业创新的升级路径上提出以下建议。

（一）营造更加开放的经济发展环境，增加显性比较优势产品数量

随着中国特色社会主义市场经济体制改革的不断深化，中国经济融入世界经济体系的步伐也在不断地加快，这将使中国在全球化不断加快的环境保持独特的竞争优势，主要体现在：一是，更加开放的经济环境意味着更加深入融入世界经济体系，世

界经济体系也将更加依赖于中国经济的发展，中国在世界经济发展中的话语权增大，影响力增加。二是，更加开放的经济发展环境，便于微观企业主体向其他国际知名成功企业模仿与学习其成功经验，掌握未来经济发展趋势。三是，微观企业主体融入世界经济体系，由于自身产品生产技术的低端处于产业链低端，仅得到正常利润，对超额利润的追逐迫使微观企业主体加大对产品技术的开发升级，带来低端产品到高端产品的升级，形成由微观层面到宏观层面的产业结构升级。四是，增加具有显性比较优势的产品数量与种类，形成更加完备的产品空间，即更加完善的产品生产力集，有助于我国产业创新升级的突破。

（二）遵循既有生产力集比较优势，重点发挥纺织服装类产业相对完备生产力集优势

根据对产品空间网络的度数中心度分析研究可知，产品空间网络是非均质的，在整个产品空间网络中，纺织服装类相对其他产业具有相对完善的产业链及较大的度数中心度指标，即具有相对完备的产品生产力集及相对雄厚的产业基础。根据 Hausmann、Klinger 及 Hidalgo 在论文中提出来的产品空间比较优势演化理论，我国纺织服装类产业具有相对完善的产业生产力集，说明在研发设计、营销管理、工艺创新、生产技术、人力资源管理、财务金融、资本运作等众多生产性知识及能力方面，相对于国际中其他经济体具有比较优势。在未来的产业发展及产业政策制定方面，应该充分考虑和利用我国在纺织服装类产业相对完备生产力集的优势，注重我国纺织服装类产业的支持与扶持，应体现在，一方面，加强纺织服装类产业的关键核心技术攻关，以及科技成果的转化效率，提高纺织服装类产业重点领域的创新能力；另一方面，强化纺织服装类的微观企业在技术创新的主体地位，支持其提升创新能力以及吸纳其参与国家科技计划决策和实施。

（三）偏离既有生产力集比较优势，重点塑造重工业制造业，支撑其他边缘产业发展

根据前文对产品空间网络的度数中心度分析研究，纺织服装类产业具有相对完备的生产力集，未来发展应该根据产品空间比较优势理论重点发展纺织服装类产业，即产业的创新发展应遵循既有生产力集比较优势的路径。但是依据前文对中间中心度的分析研究可知，一是，重工业制造业具有很高的中间中心度指标，在网络分析中，较高的中间中心度指标表明其在网络中具有较高的影响力和控制力，对其他产业的发展具有关键支配作用；二是，产品空间网络中存在大量相对比较边缘的产业，比如塑料类、矿产制品、木类制品、橡胶制品等相关产业，在中间中心度指标和度数中心度指标测量中具有相对较低的中间中心度以及度数中心度，表明其处于产品空间网络中比较边缘的位置，其发展受到核心产业重工业制造业的制约和限制。在未来的产业发展中，重工业制造业的发展好与坏直接影响着其他产业发展的快与慢，应发展好重工业制造业对其支撑和带动其他产业发展的基础性作用。

（四）加强不同产业交融地段的创新与发展，带动与支撑关联产业发展

经过前文的分析研究整理，本文认为在不同用途的产品相互交融的地段，如其他家具零件、电绝缘设备、另类钢铁制品等对整个产业的发展具有积极作用。因为此类交融产品具有相对较高的中间中心度，促进此类通用性较强的产品发展，能够带动关联产业的发展。不同产业的相互交集产品，产生一种微妙关系，即它们相互制约又相互促进。在未来的产业发展与升级方面，本文研究认为应注意以下方面的影响与效应，一是，通过重点推进不同产业交融产品的生产与创新，实现整个相关产业界资源的有效整合，即充分利用既有资源，实现以最小的成本达到最大化的效益；二是，不同产业交融产品位于整个产品空间网络的重要关键位置，严重影响和制约着其他产业的快速发展。因此，在未来产业发展中，整个产业的发展是一个不断相互融合的过程，促进产业交融发展是推动整个产业界发展的关键环节，产业的相互融合能够有效促进中国经济的发展。

重大科技成果产生的过程研究：基于量子和 DMTO 的案例

程　鹏[1]　柳卸林[2]　牟　敏[1]　李　洋[1]

1 北京林业大学经济管理学院

2 中国科学院大学中国创新创业管理研究中心

【摘　要】　近些年，针对科技投入产出的效率仍存在着一些质疑的声音：中国科技计划体系能否有效催生重大科技突破？本文以中国科学技术大学量子系统的相干控制成果和中国科学院大连化学物理研究所甲醇制烯烃技术成果产生过程作为研究对象，分析了重大科技成果产出过程中自然基金委、中科院、科技部、发改委等资助主体之间的互动，以及科学家的好奇心与政治家的战略需求相融合的过程。研究表明：重大科技成果产生过程，需要构建多主体互动与竞争的接力式资助链条；战略科学家对研究活动本身的判断与政治家关于社会对研究活动需求的判断，二者相互支撑推动循环圈运转，构成了政府与科学共同体之间的契约关系。

【关键词】　重大科技成果　战略科学家　国家战略需求　多主体协同　耦合

The Study of the Process of Grave Scientific and Technological Achievements: Based on the Quantum and DMTO Case

CHENG Peng[1]　LIU Xielin[2]　MU Min[1]　LI Yang[1]

1 School of Economics and Management, Beijing Forestry University

2 University of Chinese Academy of Sciences Research Center for Innovation and Entrepreneurship

Abstract: In recent years, there are still some questions about the input-output efficiency of the science and technology. Could Chinese science and technology plan system

113

effectively stimulate scientific and technological breakthroughs? This article studied and analyzed the process of two achievements. They were the coherent control of the quantum system which was the achievement of University of Science and Technology of China and the technology of methanol to olefin, the achievement of Dalian Institute of Chemical Physics, Chinese Academy of Sciences. The work analyzed the interaction among funding agencies, such as, National Natural Science Foundation, Chinese Academy of Sciences, Ministry of Science and Technology, National Development and Reform Commission. It also analyzed the amalgamation of scientists' curiosity and the strategic needs of politicians. It showed that it was needed to build the rallying funding chain of multi-agent interaction and competition during the process of scientific and technological achievements; the judgment of strategic scientists about research and the judgment of politicians about the social demands for research supported each other and promote cycle, which composed the contract relationship between the government and the scientific community.

Keywords: grave scientific and technological achievements; strategic scientists; national strategic needs; the multi-agent collaborative; coupling

一、问题的提出

政治家和科学家都喜欢用布什的线性模型（"从需求的确定、新思想的产生到工程化解决方案"）去解释科技成果的产生过程。中国也形成了以国家自然科学基金委员会（以下简称自然基金委）和中国科学院（以下简称中科院）资助科学家从事基础研究，中华人民共和国科学技术部（以下简称科技部）、中华人民共和国国家发展和改革委员会（以下简称发改委）及少部分企业介入应用技术孵化阶段的格局，自然基金委、中科院、科技部、发改委构成了多主体共同资助科技的计划体系。尽管近年来国家科技投入的强度越来越高，2014 年我国 R&D 占 GDP 的比例也已经达到 2.1% 的高水平，但是针对科技投入产出的效率仍存在着一些质疑的声音：中国多主体构成的科技计划体系能否有效催生重大科技突破？

针对科技计划体系与重大科技突破的关系问题，中国学者分别从三个方面进行了研究。有些学者关注开展科学研究源头创新的影响因素（宋建元，葛朝阳，陈劲，

2004），归纳总结了对原始性创新产生重要影响的三个层面：个人层面、团队层面和制度层面（陈劲，汪欢吉，2015）。有些学者研究了基础研究多资助主体价值取向、投资机制、评价机制等方面的特征与多主体互动的关系问题（连燕华，于浩，郑奕荣，2013）。例如，许治和吴辉凡（2008）以2000—2006年基础医学领域国家自然科学奖获奖项目为样本，发现了我国基础研究资助的两大版块，即"科学基金体系"和"国家科学计划"，二者之间的协调在基础医学领域重大原始创新的取得过程中发挥了一定的作用，即形成了国家自然科学基金打基础，国家科学计划出成果的格局。也有些学者研究了多元资助格局的绩效评估（张凤珠，马亮，吴建南，2011）、科学政策的评价问题（万劲波和赵兰香，2009）、政策缺陷与认识误区（张炜，吴建南，徐萌萌，阎波，2016），甚至还涉及对基础研究需要什么样制度安排的思考（陶然，程欣，2016）。

现有学者对多主体的资助体系如何推进重大科技突破的思考为我们的研究提供了重要的理论基础和有益启示。然而，让我们百思不得其解的是，如果仅仅把重大科技成果的产生归结为若干部门的接力行为，那么重大成果产生就很容易被简单地理解为"理论研究—新技术开发—中试—形成产品—推向市场"的一个纯粹的操作过程。一旦科技研究重大成果产生的进程被看作纯粹操作过程，那么关注的就只是谁最有能力来从事这项操作，而忽视了其是否有足够的利益驱动。值得关注的是，目前中国创新的重大瓶颈已经不是如何跟随仿制，而是我们如何在性能和效率上超越对手。破解"知其然不知其所以然"的困境，解决中国重大科技创新的源头问题，意味着通过分析多主体互动来捕捉可能催生重大科技成果产生的关键点，才能给出一个有利于科技成果产生的良好制度环境和驱动因素，这才是我们思考的核心问题。

遗憾的是，对于重大科技成果产生的源头及过程问题，相当多的研究仍然纠结于中国基础科学投入的两个结构性"比例失调"现象，试图通过数字的高和低，来强调科技创新源头资助的低效或高效。数字现象都是形而上学的，没有告诉我们背后的黑箱发生了什么，没有告诉我们科学家的好奇心与政治家的战略需求是依靠什么利益机制结合的，聚焦国家重大战略任务部署的科技创新需求是谁提出来的，重大科技成果关键点是怎么突破的。这些都需要一些成功的案例来破解我们的困惑，并且中国在科技创新整体水平由跟跑为主向并行、领跑为主转变的突围战中，也需要鲜明的"重大科技成果的标志性样本"。

二、研究方法及数据来源

（一）研究方法与案例选取

本文主要尝试打开重大科技成果产生过程的内部黑箱，偏重过程的纵向研究属于"如何"与"怎么样"类型的问题，对于此类研究过程的问题特别适合采用案例研究方法（Eisenhardt，1989）。为了更加透彻地分析本文的研究问题，我们采用双案例的研究范式，以更为有效地收集和对比研究数据，进而通过研究案例之间共性和特性的相互补充、互为印证，得到比单案例研究更为准确的结论，提高研究的效度（Suddaby，2006）。

本文选取中国科学技术大学（以下简称中科大）量子系统的相干控制技术（以下简称量子）和中国科学院大连化学物理研究所（以下简称大化所）甲醇制烯烃技术（以下简称DMTO）作为研究对象，主要原因如下。

（1）量子和DMTO符合重大科技成果的判断标准。首先，研究对象在各自的领域中都处于国际领先位置，获得了科学界和产业界的广泛关注和认同。如在量子领域，中科大团队曾在国际著名科学期刊《自然》上发表5篇论文。DMTO的学科性质更加偏向于产业应用，在技术许可数量、合同产能和投产的烯烃产能等方面的份额分别为57.1%、60.2%和70.5%[①]，都处于行业主导地位，这也从另一个方面表现出了DMTO团队在该领域的引领性。其次，二者皆采用了新的理念探索新的现象，开拓了一个新的学科。例如中科大对量子领域的研究，为解决若干制约人类社会进步的重大前沿科学技术问题提供了超越经典极限的新途径，开辟了人类通讯的新纪元。大化所围绕DMTO催化剂和工艺技术持续进行科研攻关和逐级放大，成功研制甲醇制烯烃流化反应专用催化剂，保障了中国能源安全问题。

（2）两个科技成果的发展过程均涉及多元化参与主体（科学界、政府、公众和产业界），符合本文探讨的各个资助主体之间以及内部存在的机制研究主题，同时两个学科的发展备受科学资助主体的关注，先后获得自然科学基金委、中科院、科技部以及发改委，甚至地方政府和企业的大量项目资助。

（3）两个科技成果的成长轨迹具有典型性，其中，量子的研究是建立在科学理论基础以及仪器设备之上的，是基于系统的基础研究理论，更接近于基础研究，而

[①] 相关数据截至 2015 年 12 月。

DMTO 技术的研究属于工程性的实验研究，属于需求驱动的应用研究，更加趋向于工程化，采用这两个案例进行对比更具有说服力。

（二）数据收集

好的案例研究应当尽量通过多种渠道采集资料，不同渠道的资料相互验证形成证据三角形，把案例研究建立在几个不同但是相互印证的证据来源基础之上，研究结论就会更准确，更有说服力和解释力（Yin，2009），这也是案例研究的一个主要优势。本文的一手数据主要以访谈的方式获得，具体访谈对象包括：国家自然科学基金委、中科院、"973 计划"等科学资助主体相关人员，中国科学技术大学量子系统相干控制学科的相关科学家及其科研团队，大化所 DMTO 学科相关科学家及其科研团队，相关企业的高层管理人员以及从事科技政策研究的专家学者。其中，从 2015 年 12 月至 2016 年 9 月，针对相关人员共进行了 12 次访谈，访谈总计 19 人次，时间 30 个小时，整理访谈文本 10 万余字。具体的访谈列表见表 1。

表 1 访谈列表

编号	访谈单位	访谈对象	访谈内容摘要	访谈时间及时长
A1	国家自然科学基金委	郑永和（政策局副局长）	国家自然科学基金委对重大科学成果界定的理解、资助政策	2015 年 12 月 3 日访谈 1 个小时
A2	科大国盾量子技术股份有限公司	冯镭（副总经理）	依托中科大潘建伟团队成立公司的过程，在此过程以及后期合作中遇到的问题和具体的解决方案	2015 年 12 月 11 日访谈 1 个小时
A3	中国科学技术大学	韩荣典（原副校长）、王峰（科学技术处副处长）、杜江峰、李传峰（郭光灿团队成员）、苑振生（潘建伟团队成员）、荣星（杜江峰团队成员）	中科大量子学科发展的历程，在此过程中遇到的困难、在关键节点受到的资助，以及在此过程中受到的科学资助主体资助情况 中科大量子学科与产业对接的情况	2015 年 12 月 26 日访谈 4 个小时，2015 年 12 月 27 日访谈 3 个小时
A4	中科院前沿科学与教育局	黄敏（副局长）、孔明辉（技术科学处处长）、赵慧斌（技术科学处副处长）、刘耀虎（数理化处处长）、李云龙（重点实验室处副处长）、齐禾（综合处研究员）、杨永峰（综合处处长）	中科院对量子领域、DMTO 领域具体的资助情况	2016 年 3 月 1 日访谈 3 个小时
A5	中国科学院大连化学物理研究所	刘中民（副所长）、刘卫峰（科技处处长）、刘红超（刘中民团队成员）、杜伟（从事技术转移的管理人员）	大化所 DMTO 学科的发展历程，在关键节点受到的资助，以及在此过程中受到的科学资助主体资助情况	2016 年 3 月 7 日访谈 8 个小时

续表

编号	访谈单位	访谈对象	访谈内容摘要	访谈时间及时长
A6	国家纳米科学中心	刘鸣华（中心主任，曾任中科院基础局局长）	中科院对于资助项目的遴选机制	2016 年 3 月 11 日访谈 2 个小时
A7	中国科学院物理研究所	金铎（曾任中科院基础局局长）	中科院基础局对于量子领域最初的资助情况，以及后期展开的相关资助	2016 年 3 月 25 日访谈 2 个小时
A8	中国社会科学院哲学所	段伟文（科技哲学研究室主任）	科学资助主体在基础研究到重大科学发现过程中发挥的作用，以及科学资助主体之间的关系	2016 年 4 月 6 日访谈 3 个小时，2016 年 11 月 16 日访谈 2 个小时
A9	复旦大学	包信和（常务副校长，原中国科学院大连化学物理研究所所长）	国家战略需求和科学问题的提出情况	2016 年 7 月 30 日访谈 1 个小时

此外，除一手资料，本文还采用其他渠道进行了二手资料的收集，主要包括：①相关媒体报道以及互联网信息等公开数据，如媒体关于中科大量子学科与大化所 DMTO 领域发展的相关报道，以及在国家自然科学基金委官网、国家重点基础研究发展计划网、中科大量子学科与大化所 DMTO 学科相关科研机构 / 实验室网站等获得的二手资料，编号 B1。②档案文件，从相关研究单位或科研团队内部获取的资料，如实验室内部的总结材料、项目及论文清单，以及团队成员名单等，编号 B2。

三、案例分析及讨论

（一）量子和 DMTO 多主体资助历程

1.量子的多主体资助历程

在中科大量子案例中，大多数科学家都是从国家自然科学基金项目（以下简称自然基金）资助开始的，如郭光灿、杜江峰最初获得自然基金面上项目，潘建伟获得自然基金合作研究基金，侯建国则是从自然基金杰青项目起步。同时，中科院针对其中有起色的项目团队及成员进行实验室及人才支持。如 1999 年郭光灿在中科院的支持下成立了量子通讯与量子计算开放实验室；2001 年潘建伟在中科院和自然基金委的联合 [①] 支持下筹建量子物理和量子信息实验室；2002 年杜江峰在中科院院长特别基金的支持下开展几何量子计算的实验研究。在自然基金委和中科院资助项目的基础之上，

---

① 中科院资助 600 万元，内含中科院百人计划资助 200 万元，自然科学基金资助 40 万元。

科技部筛选出国家战略需求中的重大科学问题进行进一步的资助。如2002年潘建伟、杜江峰分别获得科技部"973计划"项目子课题；2006年郭光灿获得国家科技部中长期规划"量子调控"重大项目。随着标志性研究成果的不断涌现，政治家也发现了量子科学在国家信息安全以及其他方面发挥的重要作用，并逐渐展开了大手笔的项目资助。2013年国家发改委委托中科大承接"量子保密通信'京沪干线'"项目，并资助世界首颗量子科学实验卫星的研制任务。与此同时，科学的发现也带动了仪器设备的研制需求。2010—2016年，郭光灿、杜江峰、陈巍、罗毅先后获得中科院科研装备研制项目和国家自然科学基金重大科研仪器设备研制专项的资助。地方政府也看到了量子科学在军工、金融等信息安全领域可能带来的商机，积极支持技术产业化。2008年合肥市政府、芜湖市政府分别支持郭光灿、潘建伟团队建立问天量子、国盾量子两家公司。令人瞩目的是，四支团队对量子学科的探索并没有就此结束，而是又开始思考量子的未来之路。2015年，郭光灿举办了"第二次量子革命"论坛，希望量子信息可以得到持续发展，其主要探讨的问题如下：哪些研究还可以再回到基础方面来？量子信息技术反过来可以对量子物理的研究起到哪些作用？量子学科的再基础性研究，又引起了自然基金委的注意。限于篇幅，表2只以杜江峰为例，展示了相关主体先后对其进行项目资助的情况。

表2　杜江峰获得项目资助情况

时间	主要基金支持	经费（万元）
1998—2008年	自然基金委面上项目（2001—2003年）	19
	中科院院长特别基金（2002—2004年）	不详
	国家杰出青年科学基金（2005—2008年）	140
2009年至今	科技部国家重大科学研究计划项目（2007—2011年）	1376
	自然基金委重点项目（2009—2012年）	240
	中科院知识创新工程（2009—2011年）	850
2010年至今	中科院装备研制项目（2010—2012年）	455
	中科院装备研制项目（2015—2016年）	435
	自然基金委重大科研仪器设备研制专项（2013—2017年）	5600
	自然基金委重大研究计划（2011—2014年）	315
	科技部国家重大科学研究计划项目（2013—2017年）	2700
	中科院战略性先导科技专项（2012—2017年）	2542

数据来源：杜江峰团队提供。

2. DMTO 的多主体资助历程

与中科大量子案例不同，大化所 DMTO 最初是以国家需求为动力源，属于工程性实验，起步于应用研究。20 世纪 70 年代，两次石油危机给世界各国敲响了警钟，国家计委（现国家发改委）提出中国要有应对方法，其在"六五"期间委托中科院和原化工部西南院合作开展甲醇制烯烃的研究。中科院明确提出由大化所承担中科院重点课题——甲醇制取低碳烯烃催化剂的研制工作，其中梁娟团队负责合成分子筛，陈国权团队负责反应工艺方面的研究。1984 年，大化所公开了 SAPO-34 分子筛可用于甲醇转化制烯烃过程的研究进展，并且完成了固定床催化剂的实验室小试。1985 年，大化所向国家计委打报告，申请 500 万元的资助做 MTO 技术中试，中试项目被列为国家"七五"重大科技攻关项目和中科院"重中之重"项目，1995 年中试项目通过国家计委的考核验收以及中科院主持的专家结果鉴定。随后刘中民团队立即着手准备进行工业性试验，但却遭遇国际油价大幅下跌，使煤制烯烃技术的经济性优势丧失，没有企业愿意投入，也得不到国家层面的支持，团队遇到了前所未有的困难。1998 年，时任中科院院长的路甬祥获知研究经费困境后，指示中科院高技术局内部调整拨出了 100 万元专款，用于项目的进一步研究。靠着这笔"救命钱"，刘中民团队进一步研究了 DMTO 过程的反应机理，并在基础研究成果的指导下不断完善技术工艺。1999 年，DMTO 作为独立课题列入"973"项目"天然气 / 煤层气转化的催化基础"研究计划，刘中民团队从技术开发和工业应用的角度系统地研究了分子筛放大合成、催化剂放大制备规律，补齐了"八五"期间因设备制约而无法全部开展的科研工作，为工业性试验奠定了坚实的理论和技术基础。随着 DMTO 工业化技术的不断成熟，地方政府也发现了 DMTO 对当地经济的潜在刺激作用。2004 年，在国家发改委和陕西省政府的支持下，大化所与新兴公司、中石化洛阳工程公司合作开展流化床工艺技术的 DMTO 工业试验，在陕西省华县建设了世界首套万吨级规模的甲醇制烯烃工业性试验装置，并逐渐形成了研究所、政府、企业多方合作机制。值得关注的是，DMTO 大规模产业化过程中产生了很多新的化学现象，如分子筛有一个孔道可能只有 0.4 个纳米的空间，在 0.4 个纳米的级别，可能就不能用化工这一概念来解释了，这牵扯到分子和分子筛相互作用的问题，其中的作用机理仍不明朗。刘中民团队依托新的化学现象，提出了科学问题，获得自然基金委的资助。表 3 以刘中民为例，展示了相关主体项目资助情况。

表3 刘中民获得项目资助情况

年度	项目	经费（万元）
1980—1984 年	"六五"：实验室小试	不详
1985—1990 年	"七五"：固定床中试	500
1991—1995 年	"八五"：流化床技术小试和中试	120
1996—1999 年	国际合作：MTO 及 SAPO 分子筛基础研究	166
1998—2000 年	中科院专项：催化剂制备技术完善和新一代催化剂	100
1999—2004 年	"973"：天然气制烯烃	240
2004—2006 年	企业合作：DMTO 技术入门费	360
2004—2006 年	企业合作：DMTO 催化剂生产	350
2004—2006 年	企业合作：工业性试验	8360
2008—2011 年	院方向性项目	890
2009—2010 年	DMTO-II 工业性试验	5000
2012—2015 年	"863"（DMTO-II 及工业化）	700
2012—2015 年	先导专项	7000
2008—2015 年	各类国家自然科学基金项目	960

数据来源：刘中民团队提供。

（二）重大科技成果产出的多主体协同

1. 多主体资助链条的形成

透过案例的发展历程，两个案例涉及的参与主体包括基金委、中科院、科技部、发改委，以及地方政府和企业。鉴于这些主体历史定位基础研究、应用研究和产业化角色的差异，我们尝试将布什的线性模型引入不同主体的互动过程。

在量子的案例中，量子技术从早期科学家兴趣驱动到国家和产业需求驱动，自然科学基金委、科技部、中科院、发改委、地方政府及企业界彼此形成了这样一个合作链条：基金委资助科学家筛选出好的研究想法，基金委在其中的作用更多趋向于源头，逐渐形成一些新的技术、方法、仪器，为国家重大的项目、重大的计划、重大的基础设施提供源头的探索；中科院负责帮助科学家集成，打包成大的项目并向科技部推荐；科技部以"973"项目的形式进行资助；发改委通过国家专项的方式积极促成国家大项目；地方政府则通过产学研合作的方式实现项目产业化。图1描述了量子多主体合作链条。

在 DMTO 的案例中，DMTO 从早期国家战略需求驱动到产业切入，再到科学家进一步提出科学问题，发改委、中科院、企业和基金委彼此形成了这样一个合作链条：发改委提出国家层面的战略需求，委托中科院大化所承担，期间中科院也给大化所资助，当 DMTO 技术成熟后，地方出于发展经济的冲动，积极引进技术进行产业化，DMTO 大规模产业化期间产生很多新的科学现象，DMTO 课题组进而提出科学问题，并获得基金委的资助。图 2 描述了 DMTO 多主体合作链条。

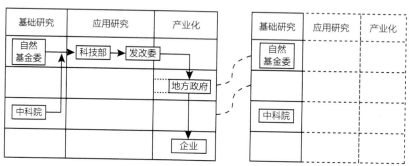

图 1 量子的多资助主体协同链条

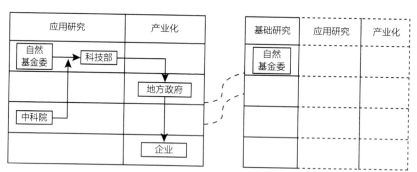

图 2 DMTO 的多资助主体协同链条

2. 多主体资助结构的互补与竞争

经过对量子和 DMTO 多主体接力式资助链条的分析，我们发现多主体资助重大成果产生过程还存在结构特征的差异。为此，我们引入两个概念——同类协同（如两个政府资助主体的协同）和异类协同（如研究机构和企业的协同）来描述不同主体之间协同的特征，表 4 对此提供了证据事例。

表4 多主体协同特征的证据事例

来源	典型证据事例	关键词	构念
A1、A8	不同的资助计划，有不同的定位，对于学科的发展都有作用，只不过作用程度不一样，但是基金委的定位永远是创新需求最开始和最顶端的，所以这一阶段对于后续其他计划是提供支持的，反映出基金委定位的重要性	自然基金委的源泉性	同类协同
A3、A5、A6、A7	自然基金项目不能太限定方向，要有充分的自由，要鼓励新概念，在这个基础上一旦有突破，国家再行组织资助就可以了。如果自然基金委丧失灵活性，只剩下几个大的方向就不太好了，因为国家还有别的渠道进行资助		
A7	中科院不能以非常宽的面铺开来做基础研究，国家对中科院的期望还是解决在基础科学和前沿技术这方面的一些比较重点的问题，这就表明我们不大有可能去部署的那么全面。如果科学家只是完全的个人兴趣，而这种兴趣又无法清楚表述对国家的意义，那么这种研究自然基金委可以起很好的作用，中科院不大可能支持	基金委与中科院项目遴选标准的差异	
A6、A7	科学院项目和自然科学基金面上项目是互相支撑的，要靠自然基金项目去抓到苗子，抓到好的点子，然后重点栽培，重点实践		
A4、A6、A7	当时科学院的管理部门一方面自己布局项目，另外一方面起到牵线搭桥的作用，它就是通过科学院与发改委、包括和基金委、科技部联合起来，共同支持科学家。所以资助的项目和人共同选	各个资助主体的互动	
A6、A7	量子的势头要能够继续下去的话，可能需要投入的方向并不能只盯着量子的支持，而是对前沿的发展要有一个比较整体的认识，同时能够辨别清楚在这个整体认识里头主要应该抓哪些工作	多学科协同	
A2	学校这一块主要做基础领域研究以及原始创新，企业主要是应用创新以及成果的转化。如中科大量子团队在试验时做的是3节点、5节点保密电话网络，然而对于一个城市来说，不可能只有3节点、5节点的组网，会涉及一种规模化的组网，这一过程就要涉及许多的产品和设备，这时学校做不合适，此时就需要实体来进行具体的产业化工作	校企技术互补	异类协同
A5	DMTO开发工艺是需要与设计院有工业设计经验的人合作，否则从实验室到中试放大100倍是很难的，从工业性试验要放大1000倍更困难。实验提供的数据是基于科研对整个过程反应和变化规律的理解。如果设计院理解错了就会很麻烦，一件事情并不是单点的，可能会涉及很多个参数	校企工艺互补	
A2、A6	大化所DMTO成功的一个关键因素就是必须要有企业介入，如果企业不介入那么科学院单位的资金是支撑不了的	校企资金互补	

数据来源：访谈资料整理。

  自然基金委、中科院、科技部、发改委作为国务院组成或直属部门，在量子和DMTO整个接力式资助过程中更多是基于政府层面平台的合作，彼此形成了同类协同的关系。在量子的案例中，自然科学基金委资助项目所获得的成果，对中科院有关人才的发掘有借鉴作用，中科院资助人才的过程中，人才的不断成长带来的是相关项目申请质量的提升。在自然基金和中科院资助项目的基础上，科技部筛选出国家战略需求中的重大科学问题进行进一步的资助，发改委则在技术产业化阶段发挥重要支持作用。在 DMTO 多主体资助模式中，各个主体之间的互动关系正好和量子相反。首先是国家发改委提出明确的需求，经过发改委、中科院以及科技部的同类协同，完成 DMTO 技术的中试。但是，企业与大化所 DMTO 团队的合作，已经不是简单的平台层面合作，更多是一种利益偏好的交易机制。虽然他们的利益偏好不同，但恰恰是互补的，可以通过合作互相满足对方的利益偏好。

在接下来分析同类和异类协同动力机制的过程中，异类协同的动力机制是很好理解的，即只要存在一些利益主体，它们开始谈判后，在利益驱动下能通过自发交易达到帕累托最优的状态。令我们疑惑的是，隶属中央政府各个资助主体的定位决定了平台主体的彼此合作，这些资助主体之间的利益并不存在天然的互补性，那么基于平台的同类协同是靠什么动力机制实现的？虽然中央政府规定了各个科技资助部门的定位，但是一切行政部门都有扩大权力的倾向，都千方百计追求自己利益的最大化。若干不存在互补性的利益主体之所以选择合作，绝不是内部利益驱动的，而是外在压力逼迫的结果。最根本的外在压力是，某一利益主体无法完全独立地满足自身的偏好。多方的合作之所以能够推动重大科技成果的产生，核心还在于利益驱动的关键是不同主体目标不同，政绩和科研目标的不同，但可以在意义上相互联接。各个资助主体针对某个问题出台政策，中央政府就会分配给主体一些资源，主体就可以获得国家名义的发包权，进而分配给科研机构。这就意味着，各个主体的政策有合法性，政策解决的是实际问题，而不是空洞的理论。更值得关注的是，各个主体不仅能够招标成功，还有科技成果产出，而且这个成果还出乎意料的突出，成果又被管理部门当作政绩。以量子卫星成果为例，不同主体对标的物有不同的理解，科学家认为量子卫星研制可以产出重大成果，有的资助主体认为可以体现政绩。如果多个主体能够在一定程度上相互成长，共同受益，那么在这个意义上就可以相互连接。

综合量子和 DMTO 的案例，分析得出，重大科技成果产生过程需要构建多主体互动与竞争的接力式资助链条。在实现和满足各主体目标和利益的同时，这些主体形成了一种多目标、多格局的共同约束机制，通过各个主体的联合、共振、互补、叠加甚至竞争最终形成战略上的合力。

（三）重大科技成果产出的双重外力耦合

多主体协同只是回答了不同主体对标的物理解的差异可以用来描述重大科技成果产出的内部协同。那么，是否存在外部力量驱使多主体的接力式合作呢？透过量子和

DMTO 案例，我们发现重大成果产出机制背后，存在两种外部力量的耦合。

1. 双重外力耦合的形成

量子案例的访谈，是从倾听中科大团队讲述量子在国家安全领域的应用开始的。2009 年 10 月建国 60 周年阅兵使用"量子通信热线"，2012 年 11 月量子通信技术保障党的十八大胜利召开，2013 年 9 月中央政治局集体观摩量子通信技术，2015 年 9 月抗日战争胜利 70 周年阅兵使用量子保密通信网络。量子在国家重要活动中的应用，意味着量子科技突破与国家安全战略需求有机融合。对访谈材料进行进一步分析，我们发现政治家对国家以及社会需求的判断只是量子重大科技成果产生的第二波动力，中科大量子学科发展的最初动力来源于战略科学家对理论价值的判断。这些战略科学家总是能够先人一步提炼出对本学科发展至关重要的科学问题，具备将科学价值转化为能够实现组织内外沟通交流的叙事性事件的能力，并且能够说服利益相关方或个人支持和参与重要技术方向的开发工作。战略科学家对理论价值的判断与政治家对国家战略需求的判断，二者高度融合构成量子双重外力耦合，具体典型证据事例如表 5 所示。

表 5　量子的双重外力耦合证据事例

来源	典型证据事例	关键词	构念
A3、A4、B1	20 世纪 80 年代初期，凭借着在光学领域的多年积累，郭光灿开始介入"冷门"学科——量子光学，但是这个方向并不被国内学者看好，郭光灿坚持剑走偏锋，奔着自己的兴趣爱好做下去	科学价值的鉴赏能力	
	1992 年，潘建伟在其本科毕业论文中，不乏莽撞地向"不合常理"的量子力学理论提出质疑。"我试图在论文中找个例证，来否认这个理论。"		
A2、B1	1998 年，郭光灿求助于钱学森、王大珩等德高望重的科学家，申请组织了量子信息香山科学会议。"郭光灿推动和组织的'香山会议'是量子科学发展的一个重要的节点，参会的单位有北京物理所、武汉物理所、理论所等。"	科学价值的推广能力	外力一：战略科学家对理论价值的判断
B1	为了让学术界以及政策界了解、重视、参与量子信息的发展，郭光灿首先在科普杂志《物理》上发表了一系列文章，深入浅出地介绍量子信息		
A4	一开始，中科院也对量子通讯的产业化存有疑问，但是潘建伟团队用了很多巧妙的办法，和现有的传统的经典的通讯如何更加有效地结合起来，如何低成本的应用，如何吸纳社会各个方面的资本		
A3、A4	在团队里，潘建伟很有激情，很会鼓励大家愉快地工作，他的眼光独到，具有前瞻性。是一个出色的领导者和组织者	战略科学家的人格魅力	
	"潘老师是一个宽厚、质朴、诚恳的人，有强烈的爱国心和事业责任感，是我们愿意追随的学术领袖和精神导师。"		
A4	像潘建伟这样的科学家，和商界、政界的人关系都非常的好，虚怀若谷，包容性很强。虽然已经做得很好了，但是不会有膨胀现象		

续表

来源	典型证据事例	关键词	构念
A2、B2	2011 年，习近平总书记视察科大时说：希望量子通信尽快推向实用化	政治家对量子战略价值的认同	外力二：政治家对国家以及社会需求的判断
A2、B2	2013 年，习近平总书记在中科院调研期间表示：量子通信走向实用化，将从根本上解决国家通信安全问题		
A2、B2	2014 年，习近平总书记在两院院士大会上高度评价量子通信，认为发展量子通讯等一系列工程技术成果，为我国经济社会发展提供了坚强支撑，为国防安全做出了历史性贡献，也为我国作为一个有世界影响的大国奠定了重要基础		
A4	1997 年，郭光灿向时任中科院基础局桂局长阐述量子在国家信息安全的优势，而桂局长也是学计算数学出身，是冯康的学生，也很快意识到量子计算是下一步一个非常热的领域和方向，就支持郭光灿建设中科院重点实验室	资助主体对量子战略价值的认同	

数据来源：访谈资料和二手资料整理。

　　大化所 DMTO 项目发展的原始动力来自政治家对国家以及社会需求的判断。20 世纪 70 年代两次石油危机，促使政府思考如何发挥我国煤炭资源丰富的优势，减少石油原料的消耗量，降低我国对进口原油的依赖程度。在国家战略需求背景下，国家计委（现发改委）和中科院支持大化所逐步展开项目的阶段性研究，为 DMTO 技术的产业化奠定了基础。虽然 DMTO 来源于国家层面的战略需求，但是从科研经费的度量上，国家投入的科研经费是无法支撑 DMTO 产业化的，必须要有企业大规模介入，这个过程也是历经波折。科学家通过自身对 DMTO 研究的坚持和推广，实现国家战略需求的落地，科学家自身的魅力与产业互动，实现产业对科学家及其技术的信任过程。政治家对国家战略需求的判断与战略科学家对理论价值的判断，二者高度融合构成 DMTO 双重外力耦合，具体典型证据事例如表 6 所示。

表 6　DMTO 的双重外力耦合证据事例

来源	典型证据事例	关键词	构念
A5、B1、B2	20 世纪 70 年代，两次石油危机给世界各国敲响了警钟，20 世纪 80 年代，即"六五"期间，原国家计委（现发改委）战略性地提出将非石油路线制取低碳烯烃的石油替代路线，由中科院负责，最终由大化所承担相关项目的研制	国家设定技术路线图	外力一：政治家对国家以及社会需求的判断
B2	2004 年，陕西省投资集团公司副总经理袁知中通过我国石化专家王贤清、门存贵的引荐，与刘中民团队进行洽谈。在陕西省政府的高度重视和大力支持下，陕西省投资集团联合陕西煤业集团公司代表陕西政府出资成立企业，承担工业试验的管理和运营	地方政府发展经济的动力	

续表

来源	典型证据事例	关键词	构念
B2	2008 年，由国家发改委批准，陕西省政府和中科院依托大化所刘中民团队的力量，成立了"甲醇制烯烃国家工程实验室"和"陕西煤化工技术工程中心"，专门负责甲醇制烯烃项目的技术开发和产业化推广，为大型工业装置的建设和运行提供技术支撑，极大地推进了甲醇制烯烃系列创新技术的开发力度，从体制上建立起了自主创新技术从实验室研究到工业化开发试验、再到产业化应用的快速通道	地方政府发展经济的动力	外力一：政治家对国家以及社会需求的判断
A5	刘中民和陕煤老总通过合作建立了非常好的彼此信任关系，乃至这位老总后来从陕煤调到延长去，他还专门从延长派了一个团队找到大化所，在 2012 年双方签署战略合作协议，一年资助大化所 5000 万元经费。就是基于科学家与企业家之间的信任和合作，即使这位老总到了另外一个单位，他依然相互信任	战略科学家的人格魅力	外力二：战略科学家对理论价值的判断
杜伟	因为科学家本身的认知层次要比企业高一些，他能够把技术说清楚，然后就是在沟通交往过程中依靠科学家个人的魅力		
A4	刘中民和产业界的人合作非常好，会很好地设身处地去思考对方的感受，这也是 DMTO 能非常顺利地完成实验室、小试到中试的重要原因		
A5	早期，DMTO 研究室实际上有一段时间很困难，研究人员也只剩下几个人，已经到了山穷水尽的地步。从这个角度看，科学家能够坚持下来很不容易	科学价值的鉴赏能力	
A5、A6	基础研究大的方向不会轻易改变，去追求新潮的东西。首先判断论证方向值不值得长期做下去，同时鼓励自由探索，到一定阶段的情况下要非常坚决地把一些研究方向放弃掉		
A5	"我们最开始做流化床，本来计划是小试的，发现流化床小了还不行，太小了结果没有代表性，最后做成了中试，但是当时的资金也是比较缺乏的，后来我一直在和科学院沟通资金资助的问题，过了半年，我申请中试，'八五'攻关后，高技术局剩的 20 万元、30 万元给我们了，缓解了燃眉之急。"	科学价值的推广能力	
A5	在大化所市场化阶段中，刘中民能够战略性地寻找到价值思路相同的地方政府和企业，对推动实验室技术成果的工艺工程验证具有重要的意义		

数据来源：访谈资料和二手资料整理。

量子是从科学家对研究理论本身价值的判断出发，发表了一系列世界顶级论文，进而找到量子在国家安全领域的落脚点，并且政治家很快感知和识别到这一科技成果的国家价值，最终实现量子科技突破与国家战略需求的有机结合。DMTO 是从政治家提出能源安全需求出发，通过科学家与企业互动完成 DMTO 科技成果的产业化，进而战略科学家提炼出新的科学问题，再次涉及基础理论的研究。无论是量子从基础研究到应用研究，还是 DMTO 从应用研究到基础研究，科学家和政治家始终以能动者的角色，从外部驱动以科学价值为代表的波尔象限和以社会价值为代表的巴斯德象限的无缝链接，最终实现重大科技成果的产生。当我们把量子和 DMTO 双重外力耦合叠加在一起，就很容易发现二者耦合驱动基础研究到应用研究再到基础研究的整个过程是以循环圈的方式存在，整个循环过程形象地展示了巴斯德象限和波尔象限在中国的演化以及耦合的双螺旋过程。

综上，得到本文的结论二：布什的线性模型仍然对中国重大科技成果的产生过程有指导价值，只不过这个线性模型以循环圈的方式存在。战略科学家对研究活动本身的判断与政治家关于社会对研究活动需求的判断，二者相互支撑推动循环圈运转，构成了政府与科学共同体之间的契约关系，如图3所示。

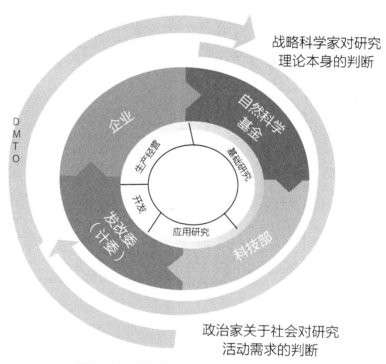

图3　重大科技成果产出的双重外力耦合模型

2. 双重外力耦合的发生条件

战略科学家的科学价值鉴赏和推广能力，甚至人格魅力对重大科技成果产出的作用毋庸置疑，谭红军等在2011年做了此类研究。如果国家把重大科技成果单纯寄托在科学家身上，就会呈现这样的局面：政府只负责投钱，至于如何资助，主要看科学家的申报项目和游说能力。立项之前，科学家权威共同体就会自己先吹风研讨和制造舆论，如香山会议，这是单循环的科研资助。科学家的核心目标是科学研究，产业发展、技术需求，甚至人才培养都不是排在第一位的目标。所以，实际上科学家讲故事，找政府要钱，政府就是看谁的故事讲得好，谁的关系比较近，谁的信息传递比较快，就资助谁。这个过程实质是形式化的审查，不是功能性的审查，政府的角色和功能没有发挥。

对于一个国家来说，基础科学很重要，发展基础科学的科学目标是由科学家来掌握的，实现了科学目标让国家有荣誉，全国上下对诺贝尔奖的膜拜就是其中一个典型现象。但是国家不仅仅要荣誉，国家思考的方面要更多一些，想得到也更多一些。怎么能够让科学研究目标与国家整体的创新目标结合在一起，这个就要从国家的角度去思考。作为功能性的国家，就要从科学研究、技术进步、产业发展，以及国家整体繁荣等方面去思考重大科技成果的产生过程。所以，政府不仅仅要倾听科学共同体的声音，还要面对技术进步和产业发展的需求。这就涉及做还是不做的选择，所谓的有所为和有所不为。至少从量子和DMTO案例中，我们发现政府承担了判断科技成果价值的角色，这就是所谓的功能性角色。

从功能性国家的角度看，政府就要思考科学家要做事情的利益是什么，是哪一个方面的利益，对科学研究有什么利益，对技术进步有什么利益，对产业研究有什么利益。政府还要考虑如果科学家想做这个事情，其背后需要什么去支撑，我们现在有什么能够提供支撑，能够供给什么技术，整个考虑的过程就演变成产业发展、技术进步、科学研究如何良性互动。如果政府对科技成果缺乏整体性的考虑，只是讲技术要进步，产业要发展，科学研究要知识创新，那么，一旦有重大潜质的科技成果从科学家团队脱颖而出，其很可能会由于政府的缺位而无法催生重大科技突破。

从量子和DMTO案例中，能够看到政府把思路落实到具体事情上，知道要帮助量子进行示范工程，知道要帮助DMTO进行产业化，通过各个主体联合、共振、互补、叠加甚至竞争产生的合力催生重大科技突破。这意味着重大科技成果的产生绝对不是超越运行机制能够实现的，一定存在一个利益驱动和平台运行的机制。

四、结论与展望

本文以量子和DMTO为研究对象，运用案例分析的方法从多主体协同和双重外力耦合两个角度研究了重大科技成果产生的过程。研究主要发现如下。

（1）重大科技成果产生不是简单的依靠少数天才，更核心的还是靠系统和体系的支撑。科学家及群体、政府各个资助主体的相互作用有助于重大科技成果产生。相互作用可以表现为相互叠加、互补、共振，甚至还有竞争关系。资助主体部门之间不是斗争关系，而是"竞合"关系。

（2）双重判断——战略科学家对研究活动本身的判断与政治家关于社会对研究活动需求的判断形成的耦合机制推动了政府与科学共同体之间契约关系的形成，发现了政府的功能性定位是双重外力耦合发生的条件。

基于上述两个结论，回过头来看我们在文章开头提出的问题，中国科技计划体系能否有效催生重大科技突破？目前看，无论是多主体协同，还是双重外力耦合，其实都解决了一个问题，就是科技成果方向感的把握。这样的科技计划体系的效果就是中国具备让西方国家羡慕的科技路线图制定能力。由于科技成果产生过程被过多的人为割裂，各类协同与耦合并没有改变各个部门阶段管理的问题。更值得注意的是，羸弱的企业介入能力仍然无法左右多主体协同可能存在的不稳定性，以至于各个主体一起制造了一些概念，自己造新蛋糕，以寻找增量的方法来维持彼此的稳定，即使这种管理方式可能存在效率偏低的问题。因此，我们借鉴彼得·圣吉的混序概念来描述中国情境下重大科技成果产生的过程——混沌有序。

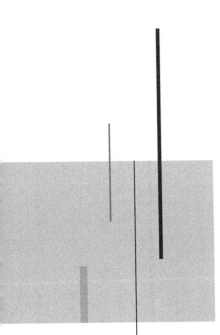

科学文化与学术环境优化

基因编辑技术临床应用之
伦理审查框架探讨

张新庆

北京协和医学院人文和社会科学学院

【摘　要】 人类胚胎基因编辑技术临床研究和体细胞基因编辑临床研究可以得到伦理辩护，但在伦理审查过程中，是否存在可接受的风险—受益比，以及知情同意是伦理审查的要点。在体细胞基因编辑临床试验取得实质性进展之前，不得开展任何形式的生殖细胞系基因编辑临床研究。

【关键词】 基因编辑技术　临床研究　安全　伦理治理

Research on Ethical Review Framework of
CRISPR-Cas Editing Clinical Research in China
ZHANG Xinqing

School of Humanities and Social Sciences, Peking Union Medical College

Abstract: The acceptable risk-benefit ratio and informed consent are two one fundamental ethical requirement for approval of both CRISPR-Cas germline editing preclinical research and CRISPR-Cas somatic editing clinical research. The authors argue that all kinds of CRISPR-Cas germline editing clinical research should be prohibited before the satisfactory results of CRISPR-Cas somatic editing clinical research.

Keywords: gene editing; clinical research; safety; ethical governance

　　2012 年美国的 Jennifer Doudna 和德国的 Emmanuelle Charpentier 首次发现了可以定点敲除大、小鼠基因的 CRISPR-Cas9 系统。作为一种对基因组 DNA 序列进行精确修饰的新方法，基因编辑技术有望解析生命的本质、生长和发育机理，了解疾病发生机制，探索治疗途径。该技术因效率高、速度快、简便易行而备受科学家和产业界的青睐。2015 年，我国中山大学黄军就课题组借助 CRISPR-Cas 技术首次修饰了不能正常发育的人类三原核胚胎中 β-thalassaemia 的编码基因，[1] 2016 年 4 月，广州医科大学的范勇等利用 CRISPR-Cas 技术在不能正常发育的人类早期胚胎中植入以 CCR5 基因为靶点的突变体，旨在阻止艾滋病病毒对人类免疫 T 细胞的侵染。[2] 同年，我国四川大学华西医院批准了全球首例基于基因编辑技术的临床试验。CRISPR-Cas 技术诞生以来，在中国所呈现的势如破竹态势，与欧美国家相对谨慎乐观的态度形成较为鲜明的对比。考虑到这种"无可比拟的修改人类基因组的潜能"必然会带来的显著的双刃剑效应，加强对基因编辑技术伦理治理势在必行。

一、胚胎基因编辑临床前研究的伦理审查要点

当黄军就的论文在 *Protein Cell* 杂志发表后，在国内外学术界引发了巨大的伦理争议。人们不禁会追根溯源：这项研究是否得到机构伦理审查委员会的批准？是否该批准该项研究呢？首先，黄军就的研究通过了中山大学一附院的伦理审查，胚胎捐赠者同意把剩余的三倍体胚胎用于研究，并签署了知情同意书。同样，范勇的研究也通过了广州医科大学附属第三医院的伦理审查。这些机构批准基因编辑技术临床前研究的主要依据是 2003 年科技部和原卫生部发布的《人胚胎干细胞研究伦理指导原则》。该指导原则规定：允许开展以研究为目的的人体胚胎研究；可以对人体胚胎实施基因编辑和修饰；必须遵守 14 天法则；经编辑和修饰后的人体生殖细胞不允许再植入人体或动物的子宫。显然，黄军就的做法没有违背《人胚胎干细胞研究伦理指导原则》和《人类辅助生殖技术管理办法》（2001 年）的相关规定，即他使用的是医院遗弃的无法发育成个体的三倍体胚胎而不是二倍体胚胎（由此避开了更大的伦理非议），出于研究目的，基因编辑后的胚胎没有被置入人体子宫，这是一项基础性研究而非临床应用。

客观上，黄军就的论文发表加速了国际社会对基因编辑技术伦理规范的研讨和共识的形成。2015 年 12 月，国际人类基因编辑峰会达成共识：不应对人类胚胎、精子或卵子进行临床前研究发出任何形式的禁令或暂停，更好地理解人类胚胎及生殖细胞的生物学机理。实际上，世界各地的实验室广泛使用这些剩余胚胎。2016 年，英国人类生育与胚胎学管理局（HFEA）正式批准伦敦 Francis Crick 研究所的 Kathy Niakan

使用 CRISPR-Cas 技术来敲除日龄胚胎中发育基因的课题申请，在英国也为利用 CRISPR-Cas 技术编辑人类早期胚胎研究打开了"闸门"。2017 年 2 月，人类基因编辑研究委员会《人类基因组编辑研究：科学、伦理与治理报告》也重申：可以在现有的管理条例框架下进行基因编辑的基础研究，包括在实验室对体细胞、干细胞系及人类早期胚胎的基因组编辑来进行临床前试验。可见，目前中国和欧洲、美国等国家较为一致的伦理立场是：使用人类胚胎进行基因编辑基础研究可以得到伦理辩护。

需要明确的是：尽管基因编辑临床前研究可以得到伦理辩护，但这并不意味着基础性的基因编辑研究不存在伦理问题。黄军就用 CRISPR-Cas9 系统进行编辑后存活的 71 个三原核胚胎中，出现了大量脱靶剪切，仅在 28 个三原核胚胎中得到有效基因剪切。这种对非目标区域的剪切会给宿主 DNA 带来难以预测的不稳定性，影响其后代基因的复制与表达，进而影响个体活性及功能。这些可预见的脱靶效应，会导致基因突变或打乱基因与基因之间、基因与环境之间的固有平衡，诱发可世代遗传的医源性伤害。基因编辑效率越高，基因脱靶效应的影响也就越大。因此，在审查胚胎基因编辑临床前研究项目时，包括脱靶效应在内的风险应该是伦理审查的要点之一。此外，基因编辑临床前研究中的知情同意问题也不容忽视，具体包括如下问题：在知情同意书中是否特别标明如何告知胚胎捐献者？她是否真正理解胚胎基因编辑的含义？基因编辑胚胎研究与辅助生殖治疗应该同时告知，还是要分开告知？

因此，虽然是基因编辑临床前研究也要严格监管，规避潜在的技术风险，确保该技术在未成熟阶段无法进入临床实践。只有科学家和临床医生道德自律、相关部门审查和监管到位，才能保障人类胚胎基因编辑技术得以健康持续发展。

二、体细胞基因编辑临床试验的伦理审查要点

2016 年，华西医院批准了全球首例针对体细胞基因的编辑临床试验。那么，体细胞基因编辑人体试验能否得到伦理辩护呢？首先需要明确一点。这项人体试验的干预对象为体细胞而不是生殖细胞，研究目的是要通过人体敲除 T 细胞特定基因，增加机体攻击癌细胞的能力，而不是增强正常人的性状或能力的非医学目的。此类人体试验可以参照 20 世纪 90 年代的体细胞基因治疗临床试验的伦理要求。1993 年原卫生部公布《人的体细胞治疗及基因治疗临床研究质控要点》（卫生部卫药政发〔1993〕第 205号）。为适应对基因治疗制品的审批需要，中华人民共和国国家食品药品监督管理总

局（SFDA）发布的《新生物制品审批办法》附录部分（1999 年）和《人基因治疗研究和制剂质量控制技术指导原则》（2003 年）都明确了对人类基因治疗申报临床试验的指导原则：在申报材料中必须提交有关伦理学方面的材料；必须充分重视伦理学的原则并按"优良临床试验 / 实践"（GCP）的具体规定严格实施；在实施方案前须向病人说明该方案处于试验阶段，可能的有效性及风险，保证病人选择自由退出试验研究的权利。

当然，针对体细胞基因治疗的伦理审查规定相对简单，只能作为参照，并不能直接套用到体细胞基因编辑临床研究。2017 年的人类基因编辑研究委员会《人类基因编辑研究：科学、伦理与治理报告》中对体细胞基因编辑人体试验提出相应的伦理要求，为我国制定相关文件提供了重要伦理参照。该报告的表述如下：①利用现有的监管体系来管理人类体细胞基因编辑研究和应用；②限制其临床试验与治疗在疾病与残疾的诊疗与预防范围内；③从其应用的风险和益处来评价安全性与有效性；④在应用前需要广泛征求大众意见。笔者认为，在该报告所列的四条规定中，最关键的是第三条。

机构伦理委员会批不批准体细胞基因编辑人体试验的关键是安全性问题。[3] 第一，体外培养的人类早期胚胎除遵守现有的 14 天规则外，经过基因编辑后的安全性有待验证，也需要对来源于编辑胚胎的人类多能干细胞进行安全性评估，以此来检测编辑后的胚胎在分化后或其衍生物是否存在异常。第二，在癌细胞中使用 CRISPR-Cas9 基因组编辑后有可能诱导脱靶效应，但在人类 iPS 细胞和小鼠胚胎干细胞的后续研究过程中仅能检测到低水平脱靶事件。第三，在 Cas9 基因组编辑的小鼠和猴模型中会导致嵌合现象，而嵌合体对发育中的胚胎、个体及后代的健康的影响有待深入考察。第四，使用动物模型研究基因编辑会对多代产生影响，Cas9 的核酸内切酶活性对胚胎的毒性及发育的影响需要在分子或功能水平进一步研究。

出于医学目的，体细胞基因编辑临床试验可以得到伦理辩护，但是当伦理讨论不充分、伦理准则和伦理审查缺失又监管不到位时，一系列不受伦理约束的人类胚胎基因编辑研究有可能蔓延，最终危及这项被患者和社会公众寄予厚望的新兴技术本身。21 世纪初的干细胞治疗从如火如荼到 2012 年"自查自纠"政策出台后的戛然而止就是前车之鉴。鉴于体细胞基因编辑临床试验收益的不确定性和潜在的高风险，所以对于这项新技术的监管不应缺位。[4] 为此，国家应尽快酝酿制定人类胚胎基因编辑临床前研究技术标准和临床应用伦理准则，在新的"第三类医疗技术"临床应用监管方式下，探讨体细胞基因编辑技术临床应用的监管、审查机制，只有当临床前研究取得实质性进展后才能进入临床试验阶段。

三、当前阶段不应开展生殖细胞系基因编辑临床试验

基因编辑技术从基础研究到体细胞基因组编辑，再到生殖细胞系基因组编辑，伦理规范要求越来越严格，螺丝帽在逐步拧紧。那么，如果有人申请，我国机构伦理委员会应不应该批准生殖细胞系基因编辑临床试验呢？这是一个棘手的问题。在生殖细胞系基因治疗问题上有过类似的伦理争议。[5] 2017 年人类基因编辑研究委员会发布的《人类基因编辑研究：科学、伦理与治理报告》的伦理态度比较温和、开放，在原则上没有把没有医学目的，生殖细胞系基因编辑临床研究拒之门外，但给出了严格的限定条件：确立完备的伦理审查和监管体系，且临床研究方案要符合 10 条伦理准则。

这 10 条伦理准则包括：①缺乏其他可行治疗办法；②仅限于预防某种严重疾病；③仅限于编辑已经被证实会致病或强烈影响疾病的基因；④仅限于编辑该基因为人口中普遍存在，而且与平常健康相关、无副作用的状态；⑤具有可信的风险与可能的健康好处的临床前和临床数据；⑥在临床试验期间对受试者具有持续的严格的监管；⑦具有全面的、尊重个人自主性的长期多代的随访计划；⑧和病人隐私相符合最大限度的透明度；⑨在公众的广泛参与和建议下，持续和反复核查其健康与社会效益以及风险；⑩可靠的监管机制来防范其治疗重大疾病外的滥用。

这 10 条的伦理准则的含义是：有令人信服的治疗、预防严重疾病或严重残疾的目标，并在严格的监管体系下使其应用局限于特殊规范内，允许临床研究试验；任何可遗传生殖基因组编辑应该在充分的持续反复评估和公众参与条件下进行。显然，该报告只是给出了比体细胞基因编辑临床试验更为苛刻的限定条件，而不是鼓励生殖细胞系基因组编辑临床试验。不过，在操作层面，该报告中所列的 10 条伦理准则的表述仍有待明晰。以最为关键的第一条为例，其"缺乏其他可行治疗办法"的提法就比较宽泛而未作出明确界定，伦理审查的尺度不好把握。

需要强调的是：生殖细胞系基因编辑临床研究并不一定会打开新的潘多拉魔盒，人的理性可以把它的应用控制在适合的范围。在实质伦理方面，它是可以得到伦理辩护的，但在程序伦理上，一定要等到时机成熟时方可从事。毕竟，生殖细胞系基因编辑临床治疗难以保证不对受试者及其未来世代造成不可逆伤害。我们无论如何不能伤害后代，对生殖细胞或早期胚胎的基因干预在目前还不适合。历史可以明鉴。基因治

疗的先驱 Anderson 于 20 世纪 80 年代就给出了生殖细胞系基因治疗进入临床的 3 个条件：①只有当体细胞基因治疗的安全有效性被临床验证后；②只有当安全可靠的动物模型被建立；③公众意识到它对后代的风险并同意在人体上进行试验时。[6]笔者认为，Anderson 在 30 多年前的论断同样适用于如今的生殖细胞系基因编辑临床研究。

最后，生殖细胞系基因编辑临床研究除了医学目的外，还可以实现其他非医学目的，如增强健康后代的性状和能力。此类旨在超越人类自身的生理极限的技术追求，展示了人类在以傲慢姿态轻视"自然所给予的"人类基因构成，破坏人类在漫长进化中形成的高度复杂而微妙的身心平衡。设计完美婴儿也会侵犯婴儿拥有开放性未来的权利。直接操纵人类胚胎基因，冒犯人类尊严。因此，非医学目的的生殖细胞系基因编辑临床研究得不到伦理辩护，应该全面禁止。

结束语：呼唤更广泛的伦理讨论

2015 年 12 月初，在美国华盛顿召开的人类基因编辑国际峰会，开展了跨文化的科学和伦理对话，探讨了技术风险及相关伦理、法律和社会影响。这是科学共同体吹响了合乎伦理地开展人类胚胎基因技术的号角。虽然一次峰会、一个声明无法有效化解基因编辑技术遭遇的伦理道德难题，但这却促进了科学家、政策制定者、伦理委员会、学术期刊和媒体等利益相关者广泛、充分地讨论编辑人类胚胎基因的社会、伦理和法律影响，明确不应该做和如何做等相关的问题，再制定相应的伦理准则和管理规范并加以严格执行。实际上，当人类研究涉及自身未来命运的重大技术时，这就不单是某一个科学家、政策制定者的事情，而需要全人类共同的智慧来参与讨论、评判和管理。媒体从业人员要肩负社会责任，从科学、伦理和管制等视角对这项存在较大伦理争议的颠覆性新技术做些深度解读，引发社会公众的广泛参与。在全社会范围内，培育一个鼓励创新、开放透明、诚实守信、肩负责任的科研环境。当然，饱受伦理争议的人类基因编辑技术为伦理学、哲学、法学以及其他人文社会科学家带来了新的挑战，也迎来了新的发展契机。我们有理由相信，以人类基因编辑技术为代表的一批新颖生物技术，也会为广大人文社会科学工作者带来新的学术增长点。

参考文献

[1] LIANG P, XU Y, ZHANG X, et al. CRISPR/Cas9–mediated gene editing in human tripronuclear zygotes

　　　［ J ］. Protein Cell，2015 May；6（5）：363-72. doi：10. 1007/s13238-015-0153-5.

［2］XIANG KANG，WENYIN HE，YULING HUANG，et al. Introducing precise genetic modification into human 3PN embryo by CRISPR/Cas-mediated genome editing［ J ］. J Assist Reprod Genet，2016，4(6)［ Epub ahead of print ］.

［3］张新庆 . CRISPR-Cas 技术临床研究之风险—收益分析［ J ］. 科学与社会，2016，6（3）：12-21.

［4］BOSLEY K S，BOTCHAN M，BREDENOORD A L，et al. CRISPR germline engineering-The community speaks［ J ］. Nature Biotechnology. 2015，33（5）：478-86.

［5］张新庆. 辨析生殖细胞基因治疗中的两类伦理问题［ J ］. 医学与哲学，2003，24（3）：43-45.

［6］Anderson W. French Human gene therapy：scientific and ethical considerations［ J ］. Journal of Medicine and Philosophy，1985，10（3）：275-291.

以科技评价创新促科学文化建设 ①

郑 念

中国科普研究所

【摘　要】 科技评价与科学文化建设相辅相成、密切相关。科学的评估体系，能够促进学术环境的改善，进一步促进科学文化建设。反过来，科学文化是科学评价的环境和基础。当前，科技界乃至社会中存在的很多问题，都跟评估、评价出现的偏差或存在的问题有必然关系。通过科技评价创新来促进和改善目前的学术环境和科学文化建设，是一个重要的途径，也是当务之急。

【关键词】 科技评价　创新　学术环境　科学文化

Promoting Scientific Culture Construction by the Innovation of Scientific and Technological Evaluation

ZHENG Nian

China Research Institute for Science Popularization

Abstract: The relationship between science evaluation and scientific culture construction is closely related and complemented. A scientific evaluation system can improve the academic environment, and further promote scientific culture construction; in turn, scientific culture is the basement and environment of scientific evaluation. At present, even a lot of problems in society are due to the deviation of or existing problem with evaluation; it is an important way to promote and improve the current academic environment or scientific culture through the innovation of evaluation on science and technology, and it is also a pressing matter of the moment.

---

① 全文根据作者在研讨会上的主题报告整理而成。

Keywords: innovation; evaluation of science and technology; academic environment; scientific culture

　　本文主要探讨以下四个方面的内容。第一，科技评价与科学文化之间的关系。不仅是在科技界，甚至是在社会中存在的很多问题，都跟评估、评价出现了偏差或者存在问题有必然关系。第二，科技评价存在的典型问题是什么？第三，怎样通过科技评价创新来促进和改善目前的学术环境或科学文化建设？学术环境与科学文化之间在共同体内部是一回事，只不过是概念大小不同而已。第四，由此引发的问题讨论。

一、科技评价与科学文化的关系

　　科技评价与科学文化建设是相辅相成、紧密相关的。这可以从两个方面来解释：一是，二者在科技共同体内部是什么关系；二是，二者在社会中是什么关系。首先，从科技共同体内部来讲，科学文化和学术氛围是科技评价的一个基础。在一个讲理性、求真求实、有诚信的环境中，就能做到公正公平和科学合理的评价。其次，只有评价是科学合理的，才会促进科学文化本身的建设。如果共同体内部有自己的约束，能够形成一种很好的文化，就能使系统进入一个良性的相互促进的发展轨道。而一个差的不科学的评价体系，就可能导致系统进入一个恶性的发展轨道，出现"劣币驱逐良币"的现象，也会在共同体的外部社会中产生不好的形象和声誉。

　　从系统理论和评估理论来看，评估是系统反馈的重要信息来源，系统会依据评估的反馈信息对系统的运行加以调整。因此，评估是系统自适应和调节的重要基础，是不可或缺的一环。

二、科技评价存在的典型问题和原因分析

　　目前科技评价中存在一些典型问题，主要有：一是评价指标单一，过分倚重单项指标。二是评价过程重形式轻内容，存在不规范、不科学的现象。三是缺乏对评价者的管理和规范，存在外行评内行、权力大过学术的现象。四是评价结果过分承载超出学术范围的内容，致使评价对象为达到目的不择手段。导致这些问题的原因可以从以下四个方面来分析。

（一）缺乏评估激励和反馈

从评估这个角度来看，管理学上为什么要引进评估这个环节？在系统运行过程当中，或者说在项目实施过程当中，有了评估环节，才能够发现系统运行过程中存在的问题，根据这些问题的反馈进行修正，来促进系统运行效率的提高。结合现在创新的大环境、大时代特点，在创新形成过程中，如果缺乏这个中间评估的环节，创新只能是小概率事件。同样，评估是促进学习型社会建设的一个重要手段，但也是一把双刃剑，具有两面性。如果评价指标选择得好，评估体系比较科学，制度比较合理，会形成一个正激励，推动系统运行进入一个良性循环。具体到科技评价，需要首先明确科技共同体内部的目标。科学文化建设和创新成果的出现都是重要目标，正向激励就会促进目标的达成。但是，如果激励产生偏差，就会使科技界存在很多弊端，如会导致一些弄虚作假的现象。

（二）评估技术落后

自评估科学或者说评估技术产生以后，大概经历了四个发展阶段。第一阶段从最早的描述性评估，事情完成以后进行一个直观的总结，只是一种描述性的做了什么事情。到第二阶段的判断性评估，哪些事情是好的，哪些是存在问题的。到第三阶段的测量性评估，测量性的评估就要加入定量了，用一些什么样的指标或者问题来测量。例如，科普工作的效益，笔者一开始做科普项目评估的时候，很多人都认为科普的受益对象不明确，无法评估。但从评估学的角度来讲，任何事情都可以评估，认为不能评估是因为技术没跟上。现在发展成第四阶段的建构性评估，要建设世界科技强国，要分几个阶段，各个阶段是什么样的，世界科技强国的标准是什么，第一步该怎么样，第二步该怎么样，怎样通过评估的方法来促进目标的实现。这也就是说，依据事先设计的目标，来架构评估指标体系，用评估的手段来解决目标和结果之间的创造性张力。但是在科技界目前就缺乏这种建构性评估指标的架构，导致单纯追求论文的数量，忽视一些很重要的评估维度。如做完了课题，这个研究结果是放在柜子里面，还是拿出来转化，还是让普通大众也受益。按道理我们用的是财政资金，应该是让公众受益的，但目前的现状确实大多数研究结果都关进柜子里了。

（三）缺乏评估思维

我们缺乏的是一种多方位、系统全面地衡量事物状态的评估思维。基本原则是：基于事实的求真，基于全局考虑平衡，基于人类价值的崇善。基本理念是解决实际效果和目标之间的差距，我们把它叫作创造性张力，解决这个过程所要形成的一种行为方式。不合理的评估中常常存在以偏概全的情况，往往用单一指标或者核心指标来对事物的好坏或者价值进行衡量，往往会产生以偏概全的错误，导致很多不良的后果。

（四）缺乏对评价本身的评估

科学界的项目评估、职称评审等，实行多年之后效果如何，是不是应该对过去的5～10年的实施状况或效果进行评估，以便发现哪些地方存在问题，需要进行改进，以有利于下一步的发展。现在缺乏这个过程，难以形成一种纠错机制。

三、如何进行科技评价创新

如何在科技评价方面进行一次比较系统的评估，并在这个基础上创新。在评估技术方面进行创新，怎样基于目标来构建指标。在评价过程中创新，如何动态与静态结合，这几年用这样的指标，下几年会改成其他指标。评价管理方面的创新，如对评估者要有一些伦理、诚信方面的要求，并用一些评估指南来规范。评估激励方面的创新，如考虑是否做了某个课题，只是在某个方面起一定的作用，其他的不要承载过多的内容。在评估制度方面也要进行创新，实际上一些高层领导在很多场合也指出要改善科技评价制度，建立以科技创新质量、绩效为导向的分类评价体系，正确评价科技创新成果的科学价值、技术价值、经济价值、社会价值和文化价值，这样要求就比较全面了。

四、讨论与建议

最后提四点建议，一是把科技评价放在社会大系统中来考量，设计指标体系。二是加强评价评估队伍建设，对评估者进行伦理规范。三是依据学科性质不同开展不同的评价，区分基础研究、应用研究、保密技术与非保密技术等。四是把研究成果的应用价值和价值实现纳入考核范围，比如对研究院所、高校、企业等创新主体的科普服务情况进行评估。

重庆市创新文化建设探析

王合清

重庆市科学技术协会

【摘　要】　创新文化是创新创造的沃土。本文充分阐释了加强创新文化建设的重要意义，深入分析了重庆市创新文化建设的现实状况，归纳总结了重庆市创新文化建设存在的突出问题，深入剖析了问题的主要成因，并就重庆市创新文化建设提出了若干政策建议。

【关键词】　创新文化　建设　重庆　政策建议

The Study of Innovation Culture Construction in Chongqing
WANG Heqing
Chongqing Association for Science and Technology

Abstract: Innovation culture is the fertile soil to cultivate innovation and creation. This article elucidated the significance of enhancing the construction of innovation culture, analyzed the situation and prominent problems of the innovation culture construction in Chongqing and the cause of these problems, proposed some policy suggestions for the innovation culture construction in Chongqing.

Keywords: innovation culture; construction; chongqing; policy suggestions

一、加强创新文化建设的重要意义

从科技领域来讲，创新文化是创新精神、创新理念、创新价值观、创新制度、创新机制、创新环境等的总和。创新文化的灵魂是社会主义核心价值观，本质是鼓励创造、追求卓越。创新文化可以分为内在文化和外在文化两个方面，内在的创新文化是指创新的精神、理念、价值观等；外在的创新文化指创新的制度、机制、环境等。创新文化建设有三个层次，最高层次是确立科学文明的理念、信念和观念。中间层次是提高公民科学文化素质和道德素质。基础层次是营造良好的科技创新环境、形成良好的创新制度文化、确立健康文明的生活方式。创新文化建设，既是中国特色社会主义文化建设的重要内容，又是推动科技创新、实现创新发展的重要任务。创新文化建设的程度，决定着科技创新的水平。加强创新文化建设，是当务之急、发展所需。

（一）加强创新文化建设，有助于为科技创新提供坚强的思想保证

坚定中国特色社会主义道路自信、理论自信、制度自信、文化自信，其中文化自信是更基本、更深沉、更持久的力量。加强创新文化建设，就是要加强对科技工作者的思想政治引领，弘扬社会主义核心价值观，确保科技工作者坚定不移地沿着中国特色自主创新道路前进，为建设创新型国家努力奋斗。因此，加强创新文化建设，是确保科技创新沿着正确方向前进的根本保证。

（二）加强创新文化建设，有助于为科技创新提供强大的精神动力

历史证明，以爱国主义为核心的民族精神和以改革创新为核心的时代精神，是凝聚中华民族的重要思想基础，是各族人民团结和睦、共同奋斗的精神纽带。当前和今后相当长的一段时期，重庆市加快实施创新驱动发展战略、建设西部创新中心，是重庆 3300 万人民的共同愿望。伟大的事业呼唤伟大的精神，只有切实加强创新文化建设，大力弘扬民族精神和时代精神，牢牢把握社会主义核心价值观的精髓，唱响创新文化的主旋律，才能不断增强全市人民特别是科技工作者创新争先的自尊心、自信心和自豪感，为科技创新提供强大的精神动力。

（三）加强创新文化建设，有助于为科技创新提供强有力的舆论支持

加强创新文化建设，宣传科技创新方针政策，报道科技创新重大事件，推介科技创新突出成果，塑造科技创新人物形象，有助于营造"人人参与创新，时时关心创新，事事服务创新"的舆论氛围，有利于形成"宽松包容、奋发向上、创新创造、追求卓越"的创新环境，为科技创新和科技进步提供浓厚的社会氛围。

（四）加强创新文化建设，有助于为科技创新提供良好的文化条件

加强创新文化建设，能够有效形成支持创新文化建设的合力，促成与科技创新有关的价值观、态度、信念等精神层面的提升；促成与科技创新相关的政策、法律、规范等制度层面的优化；促成与科技创新相关的基础设施、设备和环境等物质层面的改善；进而为科技创新提供更加良好的文化条件。

二、重庆市创新文化建设的现状及问题

党的十八大以来，重庆市委、市政府高度重视创新文化建设，宣传思想文化部门和科技战线都采取了一系列措施，既加强硬件建设，又注重软件建设，初步形成了"敢为人先、敢于冒险、宽容失败、开放包容"的全民创新文化，营造起敢于创新、尊重创新、激励创新的社会氛围。具体表现在以下五个方面：第一，企业创新意识增强、创新活动比较活跃，涌现了一大批创新文化建设先进典型，科技评价标准不断完善，促进创新的机制不断健全；第二，知识产权保护工作不断加强，创新法治环境不断改善；第三，科技创新主题宣传不断加强，舆论氛围日益浓厚；第四，创新文化基础设施建设明显加强，建设了科技馆等一大批科普文化设施，高校和科研院所科研条件明显改善；第五，科学教育不断加强，2015 年重庆市公民具备科学素质的比例达到 4.74%，居西部第二位。圆满完成了中国科协与市政府战略合作协议确定的 4% 的目标。其中，都市功能核心区、都市功能拓展区达到 9.3%，仅次于北京、天津、上海，比江苏、浙江等东部发达地区都要高。虽然重庆市创新文化建设取得了长足进步，但是离高标准要求、离群众的要求还有不小的差距，主要表现在以下六个方面。

（一）公民科学素养不高、发展不平衡

从总体上看，重庆市公民具备科学素质的比例较发达省区差距较大，仅列全国第 21 位，未达到全国 6.2% 的平均水平。从区域分布上看，都市功能核心区和都市功能拓展区已经达到全国先进水平；城市发展新区为 4.3%，低于全市平均水平；渝东北生态涵养发展区、渝东南生态保护发展区只有 2.3%，仅高于西藏。全民科学素养不高，发展不平衡，已经严重影响到西部创新中心建设和全面建成小康社会目标的实现。

（二）科普基础设施建设不足

据中国科协办公厅《关于命名 2015—2019 年全国科普教育基地的通知》（科协办发青字〔2015〕19 号）、《关于增补 2015—2016 年全国科普教育基地的通知》（科协办发普字〔2015〕49 号）显示，2015 年中国科协命名全国 690 个单位为 2015—2019 年全国科普教育基地，而重庆市仅有重庆动物园、重庆市鳄鱼养殖中心等 9 家被命名，仅占全国被命名单位的 1.3%，位列全国倒数。同时，科普经费投入严重不足，全市还有 13 个区县人均科普经费投入不足 1 元；除了重庆科技馆、三峡博物馆等市财政全

额支持的大型科技场馆外，设在高校、科研院所、企业的特色科普场馆经费投入普遍不足。

（三）科学精神传播不广

在各种主要的科学传播方式中，电视以其视听结合、覆盖面广，占据着主要受众，但是重庆市缺乏品牌科学类电视栏目；报纸虽然信息量大、方便阅读，但是重庆市没有创办专门的科技类报纸，各大报刊对科技的报道篇幅有限；科技馆虽然直观，能够让人现场感受，提高知识吸收度，但是重庆市科技馆数量太少，覆盖面极其有限；互联网、微信、微博虽然可选择性强，但是重庆市群众对科普网站的点击率并不高。同时，据对人民日报、科技日报、中国科学报刊发稿件的粗略统计，在科普宣传方面，科学知识内容占 90%，科学方法内容占 7%，科学精神内容仅占 3%，对科学精神的宣传是最大短板。

（四）部分科研人员学术不端、科研失信

当前，重庆市学术界存在一些陋习，比如搞学术包装，遇到论文要进行评审时，就对工作人员或评审员搞小动作；一些学者造假，不专心学术研究，忙于跑关系；一些年轻科技工作者不再把研究作为自己的终身目标，只是利用学术来作为升官的手段；大篇幅抄袭或者"克隆"他人的论文等情况还时有发生。

（五）创新精神和企业家精神、工匠精神结合不够

重庆市实施创新驱动发展战略以来，一批重大科技专项建设进展顺利，比如启动科技金融服务中心建设，完成企业服务大平台核心数据库建设，培育出高新技术企业和市级创新型企业 300 余家等。但是科技与经济脱节，科技管理多头、重叠、分散、科技评价体系不完善，科技环境优化欠佳等仍是制约重庆科技创新发展的主要问题。比如部分高校"等靠要"思想严重，对创新能力提升等的理解片面，只重视科研创新，忽视人才培养创新；多数企业不思创新，没有技术改造投入等。

（六）鼓励创新的社会氛围不浓

首先，由于应试教育和升学压力，重庆市从学校到家庭，对青少年的创新教育重视程度不高。其次，由于缺乏高水平的创新人才集聚平台和丰富多彩的人才交流形式，每年举办的学术交流活动相比一线城市差距较大，超过 80% 的青年科技工作者认为缺乏参加学术交流的机会。超过 50% 的青年科技工作者认为机会不均，创新限制多。超过 50% 的青年科技工作者认为待遇较差，生活压力大。作为创新重要力量的海归科技人员，对国内创新环境的满意度出现下降趋势。最后，缺乏明确的"鼓励创

新、宽容失败"的制度设计，已经落后于北京、上海、广东等省市。

这些问题是发展中的问题。综合分析根源，既有主观原因，又有客观原因。一是对创新文化建设认识不到位。一些同志对创新文化建设的重要性认识不够，对创新文化建设内涵理解不清，认为创新文化仅仅是文化建设的内容，没有将其纳入科技创新范围，尚未形成自觉抓的工作合力。二是创新文化建设制度设计不到位。创新文化建设的相关制度设计欠系统化，存在碎片化现象，没有构成完整的创新生态链，没有形成自信抓的工作合力。三是创新文化建设相关措施落实不到位。科研投入不大，基础设施建设欠账较多，科研人员的地位和作用没有得到充分展现，没有形成自强抓的工作合力。四是创新知识、创新任务、创新事迹宣传不到位。宣传渠道单一，宣传内容简单，宣传方式陈旧，没有形成立体抓的宣传效果。下一步，全市各级党委、政府要正视这些问题的根源，采取有力有效的措施，切实加以解决。

三、加强重庆市创新文化建设的对策建议

创新文化孕育创新事业，创新事业激励创新文化。建设西部创新中心，必须培育和弘扬创新精神，让社会主义创新文化更加深入人心，推动创新的人文环境、制度环境和工作环境全面发展，形成激励创新的"精神家园"，创造鼓励科技工作者创新、支持科技工作者实现创新的有利条件。

加强创新文化建设，必须高举中国特色社会主义伟大旗帜，以邓小平理论、"三个代表"重要思想和科学发展观为指导，深入贯彻习近平总书记系列重要讲话精神，确保创新文化建设沿着正确道路前进；必须坚持社会主义先进文化前进方向，坚持百花齐放、百家争鸣，坚持继承和创新相统一，以科学的理论武装人，以正确的舆论引导人，以高尚的精神塑造人，以优秀的作品鼓舞人，在全社会形成积极向上的精神追求；必须坚持走中国特色社会主义自主创新道路，用社会主义创新文化激励科技创新，提升自主创新的能力和效率，推进创新型城市建设；必须坚持以科技工作者为本，尊重劳动、尊重知识、尊重人才、尊重创造，营造促进创新的文化氛围和政策环境，真正让有贡献的科技工作者名利双收；必须坚持遵循科技创新规律，推进创新文化与科技创新相互促进、相互激励，充分发挥创新文化在推动科技创新中的引领作用；必须坚持改革开放，着力推进创新文化体制机制创新，以改革促发展、促繁荣，提高创新文化开放水平，以有效地激励和保障机制，激发科技创新活力。

（一）提高思想认识，把创新文化建设摆在战略位置

创新文化是科技创新的"根"与"魂"。没有创新文化的继承和发展，没有创新文化的弘扬和繁荣，就没有科技的繁荣与发展。建议各级党委政府切实担负起推进创新文化建设的政治责任，把创新文化建设摆在科技工作和文化建设的重要位置，深入研究创新文化建设的新情况、新特点，及时研究创新文化的重大问题，掌握创新文化建设的领导权。把创新文化建设纳入科技事业和文化建设发展总体规划，与科技事业发展、与文化建设一同研究部署、一同组织实施、一同督促检查。把创新文化建设成效纳入科技发展和文化建设考核评价体系，作为衡量领导班子和领导干部工作业绩的重要依据。加强对科技工作者的思想政治引领，对他们多一些关心和关爱、多一些包容和宽容，经常听取他们的意见、建议，政治上充分信任、思想上主动引导、工作上创造条件、生活上关心照顾，把广大科技工作者紧密地团结在党的周围。

（二）引导创新争先，促进创新文化建设细化、实化

创新文化要真正发挥作用，必须融入生产实践和社会生活，让人们在实践中感知它、领悟它。科技工作者是科技创新的主体，要组织开展创新争先行动，引导他们在凝心聚魂中争创一流，自觉践行社会主义核心价值观，争当创新文化建设的主力军和引领者，争当社会主义先进文化的建设者和传播者，以模范行动影响和带动全社会崇尚创新，形成浓厚的创新氛围。要引导他们在短板攻坚中争先突破，全力攻克产业转型升级和关乎民生的关键技术瓶颈，破解创新发展科技难题，掌握核心技术，推动产业和产品不断向价值链的高端跃升。要引导他们在前沿探索中争相领跑，聚焦重大科学问题和核心技术问题，勇于攀登科技发展高峰、推动自主创新，抢占科技发展的制高点。要引导他们在转化创业中争当先锋，围绕解决经济和产业发展亟须的科技问题，围绕五大功能区域发展战略、培育战略性新兴产业、发展现代服务业等方面的需求，积极推进科技成果转移、转化，把论文写在大地上，把成果用在产业中。要引导他们在科学普及服务中争做贡献，既充分发挥专业优势带头创新，又以提高全民科学素质为己任引领创新，调动激发全社会的创新热情和创造活力，为科技创新提供更广阔、更深厚的土壤。

（三）加强科学普及，夯实崇尚创新的社会基础

习近平总书记强调，科技创新、科学普及是实现科技创新的两翼，要把科学普及放在与科技创新同等重要的位置。要深入开展群众性、基础性、社会性科普活动，广泛传播科学知识、科学方法、科学思想和科学精神，进一步形成讲科学、爱科学、学

科学和用科学的社会风尚。深入实施全民科学素质行动计划纲要，制定社会力量参与科普资源开发、开放的具体措施，推进科普精准、有效供给。实施科普信息化建设工程，大力推进"互联网＋科普"，采用政府和社会资本合作模式，促进科研机构、高等学校科普资源的开发、开放，引进海外优质科普资源。支持各类科技报刊、出版机构打造科普服务新平台，整合课堂内外杂志社等资源，组建重庆科学文化传媒集团，加大科技传播力度，增加科普资源供给。统筹全市科普场馆建设规划，利用现有闲置建筑或场地，建设一批免费向公众开放的综合性场馆和专业行业、地区类场馆。成立和发展科普教育、科普研发机构，加大科普资源研发力度。加大科普资源集成力度，提升科技馆展品研发能力，打造科技馆数字化平台。开展丰富多彩的科普竞赛和青少年科学夏令营，激发青少年的科学热情。加强科普人才队伍建设，依靠科技工作者，突出抓好重点人群科学素质提高工作。加强科普志愿者队伍建设，建立完善科普志愿服务机制。提升科学家和科技工作者的社会地位，在各种媒体投放公益广告中宣传优秀科技人才事迹，营造全社会尊重科学的氛围。广泛制作传播价值导向鲜明、内容积极向上的科普公益广告、微视频等，传递社会正能量。力争到 2020 年，重庆市公民具备科学素质的比例接近 10%。

（四）遵循创新规律，打造支持创新的制度体系

制度建设是创新文化建设的保障。要遵循创新规律，围绕创新活动的关键环节，建立一套价值导向明确，有利于保障创新的规章制度。倡导百家争鸣、尊重科学家个性的学术文化，增强敢为人先、勇于冒尖、大胆质疑的创新自信。重视科研试错探索价值，建立鼓励创新、宽容失败的容错、纠错机制。试行科研项目负责人制度（PI 制），营造宽松的科研氛围，保障项目负责人和科研人员的学术自由。出台《关于进一步优化学术环境的指导意见》，加强科研诚信建设，引导广大科技工作者恪守学术道德，坚守社会责任。建设重庆科技会堂，为高层次学术交流、科技创新研讨等科技活动搭建固定平台。提高科技人员创新创造收益，建立科研人员双向流动机制，健全科技创新人才荣誉制度，优化科技人才服务环境，有效调动科技人员创新的积极性。培育科技成果评估交易平台，打造创新创业孵化平台，加强科技中介服务体系建设，创新政府采购机制，推进科技成果使用、处置、收益管理改革，打通科技成果转化的"最后一公里"，让创新成果高效转化，创新价值充分体现。

（五）抓好宣传引导，形成鼓励创新的文化氛围

创新文化建设是一个新课题，是一个系统工程。要高度重视创新文化理论研究，既借鉴发达国家、发达地区的成功经验，又要探索符合重庆实际的科学文化建设新思路、新办法，总结出创新文化建设的普遍规律和有效途径，提高创新文化建设的科学化水平。要加强新闻宣传，组织主流媒体开辟专栏对科技创新的重要意义、重大政策、重点活动进行深度宣传，对科技创新的先进人物、先进事迹、典型案例进行系统宣传，营造"以创新为荣，以保守为耻"的浓厚氛围。要加强文化宣传，设立创新文化专项基金，创作宣传科技创新和科技人物的电影、电视剧、话剧和小说等，让群众在潜移默化中接受创新文化熏陶，感受科技创新的巨大力量。要加强社会宣传，通过高速公路广告牌、科普宣传栏、户外电子显示屏、标语、横幅、海报、板报和书画等多种形式，形成大规模视觉冲击效果，让科技创新在全社会无处不在、无时不有。要加强网络宣传，充分运用华龙网、新华网重庆频道等新闻网站和科技、教育部门的门户网站、微信、微博、APP等，构建全方位、多角度、立体化的宣传网络，形成高密度、广覆盖的宣传声势，让各界群众充分了解和认知科技创新。

（六）发挥科协作用，积极助推创新文化建设

科协组织是科技创新的重要力量，也是创新文化建设的重要力量。推进科技创新，科协组织不可或缺；推进创新文化建设，科协组织同样不可或缺。要把创新文化建设贯穿"四服务"职责定位的全过程和各方面，让创新文化的影响如同空气无处不有、无时不在。为科技工作者服务，要联系科技工作者队伍结构和思想状况的新变化，有针对性地做好思想政治工作，推动解决实际问题和现实困难，引导他们树立"安、专、迷"精神，最大限度释放和激发科技工作者的创新、创造活力。为创新驱动发展服务，要发挥学会、企业科协的力量，深化创新驱动助力工程，推动更多科技人才、资源向重点区域和重点领域聚集，推进协同创新、开放创新，让创新成果释放更大的文化力量。为提高全民科学素质服务，要抓好重点人群科普工作，特别从娃娃抓起、从学校抓起，针对青少年开展科技教育，做到创新文化进教材、进课堂、进头脑。为党和政府的科学决策服务，要建好科技创新智库，推动完善科技决策咨询制度，发挥好第三方评估的客观公正性，开展对创新文化建设政策落实情况的监测评估，提出有价值的意见、建议。全市科协系统要聚合学会和企事业科协的力量，把科技工作者紧密团结在党的周围，积极投身科技创新和经济建设主战场。要充分用好现有的创新文化资源，充分发挥科技馆、《课堂内外》《电脑报》、天极网在创新文化建设中的作用，将《21世纪人才报》更名为《重庆科技报》，使其成为创新文化建设的重要舆论阵地，推动重庆市创新文化建设不断开创新局面。

科技创新智库的发展模式与运行机制

技术科学在区域创新供应链中的关键作用
——试论钱学森技术科学强国战略思想

刘则渊

大连理工大学

【摘　要】 技术科学在区域创新供应链中具有关键作用，是知识产品转化为最终物质产品的中介点，是知识供应链转化为产业供应链的转折点。这是由技术科学本身的性质与特征决定的。按照钱学森的技术科学战略思想，技术科学是基础科学和工程技术的桥梁，基础科学并不能直接产生原始创新，而仅停留在工程技术层次则很难实现自主创新，只有技术科学才具有引领前沿技术广泛自主创新的功能。过去，甚少涉及技术科学在创新活动中的作用。现在有必要依据钱学森技术科学思想及其应用于我国"两弹一星"的创新实践，实施技术科学强国战略。这就要高度重视技术科学的发展，把增强自主创新能力、建设创新型国家和科技强国，奠立在技术科学的基点上。

【关键词】 技术科学　区域创新供应链　自主创新能力　强国战略

The Key Role of Technical Science in Regional Innovation Supply Chain
——on Qian Xuesen's Thought of the Strategy of Strengthening China through Technical Science

LIU Zeyuan

Dalian University of Technology

Abstract: Technical science plays a key role in the regional innovation supply chain. It serves as the intermediate point between knowledge products and the final material products, or the turning point between the knowledge supply chain and the industrial supply chain. These roles of technical science are determined by the nature and characteristics of itself. According to Qian Xuesen's thinking, technical science is the bridge connecting basic science with engineering technology. Basic science is impossible to produce the original innovation directly, and engineering technology is hard to generate the independent innovation. Only technical science is able to lead the independent innovation of emerging technology. The role of technical science in innovation activities has long been ignored in the past. Nowadays, it is necessary to rely on Qian Xuesen's thinking on technical science, as well as its application in China's "two bombs and one star" innovative practice, to implement the strategy of strengthening China through technical science. This new strategy will attach great importance to the development of technical science, and lay both enhancing independent innovation capability and building innovative countries and technology power on the basis of technical science.

Keywords: technical science; regional innovation supply chain; independent innovation potential; strategy of strengthening the nation

一、背景：技术科学与区域创新供应链

在实施创新驱动发展战略、构建区域创新体系的过程中，人们已从有助于区域创新的体制机制、政策法规、文化环境诸方面进行探究，其目的在于吸纳区域内外的各种资源，形成区域创新供应链，有效地推进科研成果转化，实现科研成果产业化、商业化。技术科学在创新供应链中具有关键作用，是知识产品转化为最终物质产品的中介点，是知识供应链转化为产业供应链的转折点。按照钱学森的技术科学思想，技术科学是基础科学和工程技术的桥梁，基础科学并不能直接产生原始创新，而仅停留在工程技术层面很难实现自主创新，只有技术科学才具有引领前沿技术的广泛的自主创新功能。过去，较少涉及技术科学在创新活动中的作用，现在有必要大力倡导了。

（一）技术科学：区域创新供应链的中心环节

区域创新体系，是人们在国家创新体系的基础上，针对我国幅员辽阔的国情，在区域层面上所进行的创新体系建构。概括起来说，区域创新体系是以区域技术创新为核心，知识的生产、传播、应用一体化的体制和建制；它是在政府宏观政策指导下，对区域范围内的企业、高校和科研机构组成的共同体通过市场机制进行资源配置，实现知识共享，开展技术创新，形成的产学研一体化的组织与制度网络。在实施创新驱动发展战略、构建区域创新体系中，主体是企业、大学和科研机构组成的共同体，核心职能是构建和形成区域创新供应链，推动产业及企业的技术创新，取得具有自主知识产权的创新成果，而科研机构和大学则是为创新提供知识支持和智力支持的两大战略与支撑力量。最终落脚点是产品创新，提高新产品及新兴产业的国际竞争力。而这个创新供应链的中心环节就是技术科学。一方面基础科学研究成果，只有通过技术科学这座桥梁，形成发明专利，才能进入技术市场，最终实现产业化和商业化；另一方面工程技术的发明创造构想，也只有提升到技术科学的理论高度，才能阐明其工程方案的可行性。

（二）互联网时代科研——创新方式变革：技术科学中介

随着互联网时代的到来，现代科学技术各个领域的突飞猛进，正引起科学研究方式和技术创新方式及其相关领域异乎寻常的重大变革。20世纪90年代发端于英国的e-科学和e-社会科学（e-science and e-social science）在21世纪初迅速兴起。美国国家科学基金会（NSF）于2007年推出了雄心勃勃的五年项目研究计划《赛博实现的发现和创新》（CDI）。CDI项目以计算思维（computational thinking）为核心，围绕"从数据到知识、分析对象系统复杂性、构建虚拟组织"三个领域或跨领域，开展多学科的研究，以达到"赛博实现的发现与创新"的目的。CDI堪称自NSF建立以来通过项目内容设计和目标导向对科研体制、管理与组织结构的重大变革。实际上e-科学、CDI，就是"互联网+"科学研究、技术创新的先驱性探索，其共性基础即技术科学。这些先驱性探索值得科技界、管理界和企业界高度关注与借鉴。

（三）大国博弈中发达国家创新对策的背后：技术科学

在大国博弈中，主要发达国家为提升创新能力及国际竞争力，比以往任何时候都重视技术创新工作，进入21世纪相继推进新的科学研究方式、技术创新方式和工业发展模式。目前有代表性的热点领域是：美国基于互联网及物联网的e-商务活动；发端于美国的大数据风暴席卷世界及数据科学；德国基于第四次工业革命的工业4.0及其智能制造。美国正在崛起，方兴未艾的页岩油、页岩气革命，其突破就是基于技术科学的页岩油气勘探开发成果。从建设科技强国的视角看，更值得看重的是在策略上高度重视技术科学的基础作用与中介作用，并与"互联网+"、大数据、工业4.0结合起来，发挥技术科学对创新驱动的引领作用。这就是在我国"两弹一星"的创新实践中已见成效的钱学森技术科学思想。

二、技术科学在中国的传播与发展

一般认为，技术先于科学发生，技术和科学各自平行独立发展，以自然为研究对象的科学，也得益于技术作为实验手段的作用。科学从探索自然的基础研究，转向对技术的应用研究，产生技术科学（Technik wissenschaft，technological sciences），源自19世纪的德国科学与技术的结合。发端于德国哥廷根大学的应用力学学派，则是技术科学的代表与源流之一。路德维希·普朗特（Ludwig Prandt，1875—1953）是德国哥廷根应用力学学派奠基人，其学生、力学大师冯·卡门（Von Karman，1881—1963）和铁木辛柯（S.P.Timoshenko，1878—1972）是哥廷根学派的学术传统在美国的传播者。

1926年，冯·卡门为了逃避德国纳粹对犹太人的迫害，应邀赴美，就任加州理工学院航空研究生院实验室主任。不久，这里就成为国际流体力学研究中心。1930年到1942年，该中心在流体力学、湍流理论、超声速飞行、工程数学、飞机结构及火箭推进技术领域贡献突出，为航空航天技术奠定了科学基础。

1936年，钱学森（1911—2009）到加州理工学院攻读博士，开始了他与冯·卡门教授先是师生后是合作者的一段难得经历。1941年，卡门与中国年轻力学家钱学森一起，解决了圆柱薄壳结构在轴向压力作用下的大挠度失稳问题。冯·卡门、钱学森的科研和教学实践充分体现了技术科学的思想。

1947年，钱学森回国探亲，在清华大学、上海交通大学作了关于技术科学的学术报告，总结了应用力学和相关领域研究的实践，从中提炼出完整的技术科学思想，并传播给祖国的高教界和科技界。1955年钱学森踌躇满志、壮怀技术科学的强国之梦，回到新中国。回国后钱学森在力学界和科学界作了"技术科学发展、作用与前景"的演讲。其演讲内容经整理，于1957年发表了《论技术科学》一文，在学术界产生了广泛的影响。技术科学思想首先在我国"两弹一星"研发与创新实践中获得巨大的成功。

改革开放以来，我国科学技术界重视对技术科学整体研究，历经30年的发展后，状况如图1所示。1978年，由原国家科委和中国科学院组织制定的《1978—1985年全国科学技术发展规划纲要》（简称《八年科技规划》）出台后，引起中国应该重点发展基础科学，还是技术科学的研讨。特别是1980年以后的美籍华人学者田长霖

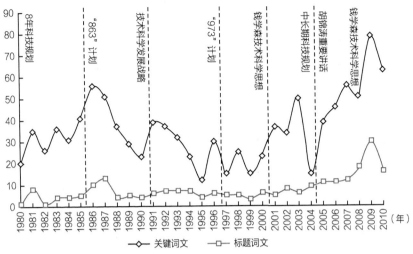

图1 "技术科学"文献年度分布（1980—2010年）

（1935—2002）在中国多次发表技术科学的演讲后，把关于重点发展技术科学的讨论推向高潮。

处在高潮之际，"863"高技术研究计划出台，之后便进入技术科学的低潮期。尽管20世纪90年代初，中科院技术科学部研讨技术科学发展战略问题，1997年出台"973"计划，但90年代技术科学研究处于低潮期。

进入21世纪，2001年钱学森诞辰90周年和2009年钱学森不幸逝世之际，先后出现两次学习研究钱学森技术科学思想的高潮；2005年国务院出台《国家中长期科技发展规划纲要（2006—2020年）》后，恰好2006年在科学院与工程院两院院士大会上，胡锦涛总书记发表了要高度重视技术科学发展的讲话，引起对技术科学异乎寻常的热烈研讨。

中科院学部以胡锦涛关于要高度重视技术科学发展的观点为指导，由中科院院士、计算力学家程耿东教授率领技术科学部几位院士和大连理工大学WISE实验室团队成员，主持完成学部咨询项目《关于重视技术科学对建设创新型国家中的作用的建议》，咨询建议报告受到国务院主管科技的领导及科技部门的重视。

三、钱学森的技术科学思想

1947年回国在清华大学、上海交通大学的演讲中，钱学森阐述了技术科学的产生，基于纯科学家与从事实用工作的工程师间密切合作的需要，产生了一个新的职业——工程研究者或技术科学家，成为纯科学和工程之间的桥梁。他们是将基础科学知识应用于工程问题的人物，是任何一项工程开发项目中的核心，是工业新前沿的先驱。技术科学最重要的本质是将基础科学中的真理转化为人类福利的技能。

技术科学家对工程发展的贡献在于努力做到节省人力和财力，对工程问题进行充分而全面的分析，其主要履行三项职能：①所建议的工程方案可行性究竟如何；②如果可行，实现这个建议最好的途径是什么；③如果某一个项目失败了，失败的原因是什么，可能采取怎样的补救办法。接着，该文以长程火箭的可行性、裂变材料生产最好方案和海峡大桥失败原因与补救措施三个案例，阐述了技术科学家不同于工程师的职能和任务。

技术科学家主要致力于工程技术的基础研究，主要在以下三方面加强训练，打下更厚实的基础：①工程设计和实施的原理；②工程问题的科学基础；③工程分析的数学方法。

在1957年《论技术科学》一文中，钱学森指出，要使工程技术活动克服经验的局限，建立有科学基础的工程理论，就需要进行自然科学和工程技术的综合，建立一个新的知识部门：技术科学。基于对技术科学概念的形成过程的分析，钱学森阐明了技术科学的基本性质：它以自然科学为基础，但不是自然科学本身；它是工程技术的理论升华，但也不是工程技术本身。它是从自然科学和工程技术的相互结合所产生出来的，是为工程技术服务的。

他强调，"为了不断地改进生产方法，我们需要自然科学、技术科学和工程技术三个部门同时并进，相互影响，相互提携，决不能有一面偏废。我们也必须承认这三个领域的分野不是很明晰，它们之间有交错的地方"。

自然科学（基础科学）是关于自然界物质运动形式的普遍规律和理论的学问；技术科学是关于人工自然过程的一般机制和原理的学问；工程技术是关于设计和建造特定人工自然过程的技术手段与工艺方法。其知识形态就是工程科学，是关于改造自然的各种专门技术的知识体系。

技术科学和工程技术二者的区别在于两者的普遍性与特殊性相对程度不同，但没有截然不同的界限（表1）。《简明不列颠百科全书》的词条也指出："技术科学是包括传统的工程学科、农业科学以及关于空间、计算机和自动化等现代学科的一门科学。"

表1 基础科学、技术科学、工程技术的区别

	基础科学	技术科学	工程技术
定义	关于自然界物质运动形式的普遍规律和理论的学问	关于人工自然过程的一般机制和原理的学问	关于设计和建造特定人工自然过程的专门技术
对象	自然界	人工自然，技术活动	人工自然，工程建设活动
性质	知识形态生产力，知识的高度普遍性	潜在生产力与现实生产力的桥梁，知识的中介性，工程技术的共性知识	解决直接现实生产力，知识的高度实用性与专业性
目的	认识自然，揭示自然规律	改造自然，认识人工自然规律，揭示一般技术原理	改造自然，建造人工自然
方法	科学实验，科学假说，数学推理，逻辑方法：从个别到一般；灵感和直觉	实验，试验，数学方法，逻辑方法：从一般到个别，又从特殊到普遍	工程试验，工程设计，生产试验，逻辑方法：从一般到个别，从普遍到特殊
成果	论文，发现自然现象，发现科学定律，假说	论文，技术原理，发明专利，实验报告，试验装置、模型	论文，专利，工程建设方案，规范与标准，工艺，可实际应用的技术产品
评价	实验标准：检验真理性，原创性；论文被引次数	实验标准：检验原理正确性；论文被引次数；广泛实用性，潜在经济价值	试验标准：工程技术先进性；专利应用与转让；工程可行性，经济效益

综上所述，技术科学具有如下三个双重性的基本特征：

（1）技术科学的中介性和独立性，技术科学是自然科学和工程技术之间的中介科学，又是相对独立的科学部门。

（2）技术科学的基础性和应用性，一门技术科学往往是多门工程科学的基础，能够在多门工程技术中得到广泛的应用。

（3）技术科学的纵深性与广谱性，技术科学随人类认识与改造自然向深度广度进军，而一方面走向纵深如纳米科学，另一方面向广谱拓展如横向技术科学与社会技术科学。

我们要依据钱学森的技术科学思想，深入认识技术科学在发现—创新体系中的中介桥梁作用，普及和深化"基础科学—技术科学—工程技术"层次结构理论，应用引起的基础研究和基础导向的应用研究相融合的新巴斯德象限理论，基于文献的科学发现理论，基于知识的创新理论，形成以技术科学为中介的发现—创新体系与模式。

四、钱学森的技术科学强国战略

如上所述，技术科学的概念，源于德国哥廷根大学应用力学学派，它通过力学大

师冯·卡门带到了美国加州理工学院，钱学森进一步发展了这一思想。

（一）技术科学的自主创新功能

技术科学的学科地位，决定了技术科学不仅具有一般科学的广泛社会功能，而且具有引领前沿技术自主创新，推动生产力发展的独特功能。关于技术科学的自主创新功能，我们不妨把钱学森的科学技术层次模型和美国学者司脱克斯的科学研究象限模型结合起来加以讨论。

美国普林斯顿大学武德罗·威尔逊公共与国际事务学院的学者司脱克斯（Donald E. Stokes，1927—1997）于1997年出版的《巴斯德象限——基础科学与技术创新》著作中，针对美国总统罗斯福的科学顾问、著名科学政策专家范·布什（Vannevar Bush，1890—1974）的技术创新源于基础研究的"科学研究线性模型"欠缺，提出了科研目的"认识—应用"二维象限模型：以认识为目的的纯基础研究称为"玻尔"（Bohr）象限，以应用为目的的纯应用研究为"爱迪生"（Edison）象限，二者之间为应用引起的基础研究称为"巴斯德"（Pasteur）象限。基础研究只有通过"巴斯德象限"才能作用于技术创新。

但是，巴斯德象限实际上并存着应用引发的基础研究和基础理论为背景的应用研究。如果将研发象限模型与科技层次模型加以综合，变换为科技象限模型，那么，玻尔象限就是基础科学象限，爱迪生象限就是工程技术象限，巴斯德象限充实了新内涵而成为"新巴斯德象限"，也就是技术科学象限。技术科学正是属于应用导向的基础研究与基础理论导向的应用研究二者并存、结合、互动的领域。

上述模型告诉我们，基础科学与基础研究并不能直接实现技术创新，同时，仅仅在工程技术或产业技术层次上又难以实现技术的自主创新，唯有在技术科学的新巴斯德象限，不仅通过技术科学前沿研究获得前沿技术的新成果，而且可以借助相关的社会技术科学一系列学科的协同作用，实现前沿技术的自主创新。

依据技术科学在科技象限模型的特殊地位，按照三种基本的自主创新模式，可以将技术科学的自主创新功能分为如下几个方面（图2）：

①技术科学的原始创新功能：在技术科学前沿领域，把理论导向的应用研究和应用导向的基础研究结合起来，取得前沿技术的重大突破、原创性发明，并进而实现前沿技术的原始创新。

②技术科学的集成创新功能：在技术科学原理上掌握一系列工程技术领域的关键技术，实现关键技术及相关技术的集成创新，进而由一系列技术的集成创新引发以关

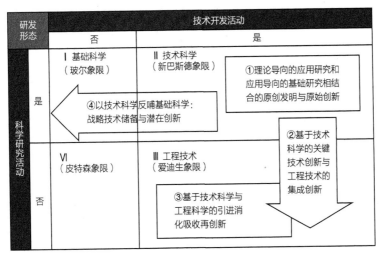

图2　科技象限模型：基于技术科学的前沿技术自主创新功能

键技术为核心的技术创新集群，带动新兴产业的集群式发展。

③技术科学的二次创新功能：将二次创新在狭义上界定为技术的引进、消化、吸收、再创新。只有对引进技术提升到技术科学的高度上，揭示引进技术的原理与方法等，才能最终在工程科学层次上实现引进技术的二次创新，走上自主创新的道路。

④技术科学的潜在创新功能：一方面通过技术科学理论的技术预见，展望前沿技术的发展态势与潜在创新的可能前景；另一方面以技术科学反哺基础科学，取得基础理论的突破性进展，为引领未来的潜在技术创新提供战略储备。

上述关于技术科学的原始创新、集成创新、二次创新和潜在创新四项功能，有着内在的本质联系，技术科学是各种自主创新模式相互联系的纽带。

（二）钱学森的技术科学强国战略思想

我国科技界卓越领导人张劲夫指出，钱学森在冯·卡门思想的影响下，总结了二战中雷达、原子弹等技术科学提高综合国力的经验，从中看到了技术科学是一个国家从贫穷走向富强的关键。这一学科的重点是，摒弃过去科学和技术分离发展的弊端，在科学和技术之间架起一座桥梁，把科研成果和工程经验结合在一起，使之变成机器，如火车、汽车、飞机等现实的生产力和战斗力，这就是技术科学。

他进一步对钱学森技术科学思想及其应用于我国"两弹一星"的创新实践做了深刻的总结，阐明这是"技术科学的强国之道"，是技术科学强国战略。

所谓技术科学强国战略，就是高度重视技术科学的发展，发挥技术科学引领前沿技术的自主创新功能，把建设创新型国家和科技强国，建立在技术科学的基点上。

（三）研发投入与技术科学人才：实施技术科学强国战略的两大支点

为实施技术科学强国战略，我们必须重视技术科学的投入和技术科学人才的培养：

一方面要增加技术科学投入。目前我国研发投入总量占世界的19.6%，仅次于美国的28.1%，居世界第二位。但研发强度（R&D/GDP）仅为2.08%，略高于世界平均水平1.7%，低于美国（2.81%）、日本（3.47%）、德国（2.85%）、韩国（4.15%）；研发结构不合理，基础研究及应用基础仅占20%。我国没有明确的技术科学投入，因此应当扩大应用基础研究即技术科学的投入在研发投入中的比例。

另一方面要扩大技术科学人才培养。按全时科研人员统计，目前我国科研人员总量居世界第一位，占世界的19.1%。但每百万居民中研究人员数1071.1人，略高于世界平均水平1063.3人，远低于发达国家，约为德国的1/4，日本的1/5，仅为韩国的1/6。一般而言，技术科学人才在科研人员中居核心地位，必须加大技术科学人才的培养；同时理工科博士是科研人员的主力，因此我国应当扩大而不是限制博士生招生规模，增设博士学位授权单位与学科点，特别是新兴学科的博士点。

五、结论

技术科学在创新供应链中具有关键作用，是知识产品转化为最终物质产品的中介点，是知识供应链转化为产业供应链的转折点。这是由技术科学本身的性质与特征决定的。

按照钱学森的技术科学思想，技术科学是基础科学和工程技术的桥梁，基础科学并不能直接产生原始创新，而仅停留在工程技术层次也很难实现自主创新，只有技术科学才具有引领前沿技术广泛的实现自主创新功能。

在当今世界的大国博弈中，我们不仅要借他山之石，更要出好自己的牌：这张牌实际上也是借鉴他国经验并通过成功应用于"两弹一星"的创新实践，卓有成效的实现技术科学强国之道，也就是实现技术科学强国战略。

为实现建设科技强国的战略目标，国家与地方政府在研发投入上应加强应用基础研究即技术科学的投入；同时要高度重视技术科学人才的培养和引进，扩大博士研究生的招生数量，增设博士学位授权单位与学科点。

作为智库的美国总统科技咨询系统 ①

王作跃

加州州立理工大学普莫娜分校

【摘　要】 本文阐述了作为智库的美国总统科技咨询系统的演化历史和现状，主要介绍美国国家科学院、冷战时期的总统科学顾问委员会，以及奥巴马时代的总统科技顾问委员会为美国政府提供科技咨询的案例，并探讨其对中国建设科技咨询体制的借鉴作用。报告提出，科技咨询的有效性在很大程度上取决于科学顾问系统的独立性、专业性和透明性，而法治对言论自由的保障是科学家发出独立声音、政府制定明智科技政策的根本基础。

【关键词】 美国总统　科技咨询　美国总统科学顾问委员会　美国总统科技顾问委员会　美国国家科学院　智库

The American Presidential Science and Technology Advisory System as a Think Tank

WANG Zuoyue

California State Polytechnic University, Pomona

Abstract: This paper explores the history and current status of the American presidential science and technology advisory system as a think tank. It focuses on case studies of how the United State National Academy of Sciences, the President's Science Advisory Committee (PSAC) during the Cold War, and the President's Council of Advisors on Science and Technology (PCAST) under Barack Obama provided science and technology advising to the US government, as well as the lessons they held for the establishment of a science and technology advisory system in China. The paper proposes that the effectiveness of science and technology advising depended to

---

① 全文根据作者在研讨会上的主题报告整理而成。

a large degree on the independence, professionalism, and transparency of the science advisory system, and that the most critical guarantee for scientists to voice independent views and for the government to make wise science and technology policies was the legal protection of the freedom of speech.

Keywords: united states presidencies; science and technology advising; the president's science Advisory Committee (PSAC); the President's Council of Advisors on Science and Technology; National Academy of Sciences; Think Tanks

一、美国总统科技咨询系统的演化

（一）美国科技政策的演化

美国早期的务实精神和联邦政体促成它的多元化、实用的科技体制和地方主导的教育体系为美国科技政策发挥重要影响，1865 年美国政府设立国家科学院为非政府部门智库，主要是为联邦政府提供科技咨询，而宪法设立专利以鼓励科学与创新之后，激发了各联邦部门开展有关的科学研究。19 世纪末 20 世纪初，美国工业化取得成功，大学开始重视科学研究和研究生培养，工业研究实验室开始取代爱迪生式的发明作坊，开启了美国整合科学、技术和产业的创新模式。

（二）美国科学的崛起

美国科学在 1920 年和 1930 年的崛起，主要源于美国充分利用了技术发展和经济发展的基础、抓住新兴量子力学科学革命而一跃到科学前沿，同时"二战"期间如犹太流亡科学家也为美国科学发展做出了贡献。但促使美国科学崛起的关键是内部结构的建设，加强大学科研机构的建设，强调竞争机制的大学管理体制，加强本土和留学生的科学人才培养，任人唯才。第二次世界大战对欧洲、日本造成科技重创，而美国却受益匪浅，原子弹尤其是雷达为美国赢得战争做出了巨大贡献。曼哈顿工程，是科技革命和美国现代化的标志，直接影响到美国战后科学发展的模式，促生了以科技、工业、军事组织结合为特征的和以国际科技交流为基础的大科学革命，导致国际科学美国化和美国科学国际化。即使是处于冷战对方的中国也受到了美国科技发展的影响，尤其是在 20 世纪 50 年代有 1300 名左右留美科学家回国，带回了最新的美国科技进展。与此同时，在冷战时期，也呈现出美国科学的国际化和跨国化的趋势，尤其是通过吸引各国大量科技精英移民美国。究其根源就是政府的科技政策引导，同时也与总统科学顾问委员会推动科学国际化的举措有关。

二、PSAC 作为科技咨询智库的主张

（一）PSAC 科学家的主张

PSAC 科学家主张控制核军备竞赛，加强基础研究和科学教育。这些主张源自于他们对"二战"核武器的研制使用以及战后科技政策的省思，来自他们对科学与技术的关系的思考，也出于他们多数身在大学的切身利益。

（二）PSAC 对科技与教育政策的主导思想

总统科学顾问委员会对科技与教育政策的主导思想可归纳为"技术怀疑论"。即在处理社会政治问题时，最重要的不是指出技术能够做什么，更多的是指出技术不能够做什么。科学不仅提供了技术发展的基础，更为评估限制技术的发展提供了关键的支撑点，在公共政策领域里，科学家与工程师的责任不只是对一个问题提供技术上的答案，而是要首先质疑这个问题提的是否恰当，是否有别的途径能更好地实现最终的目，也就是说，不只要关注手段，更要关注目的。科学代表的不只是实用的技能，更是一种建立在批判性思维和普适性基础上的科学文化。广义的技术理性不应只停留在解决一个问题的技术层面上，而是把理性和批判性思维贯彻到技术的目的和社会效应的分析上。

（三）PSAC 作为艾森豪威尔科技咨询智库的系列报告

艾森豪威尔时期，PSAC 作为科技咨询智库在初期发布了一些列有关国防、空间和科学政策的报告，包括皮奥瑞（Emanuel Piore）报告（*Strengthening American Science*《加强美国科学》、*Introduction to Outer Space*《外空间引论》）、杜布里奇（Lee DuBridge）报告（*Education for the Age of Science*《科学时代的教育》）、西博格（Glenn T. Seaborg）报告（*Scientific Progress，Universities，and the Federal Government*《科学进步，大学和联邦政府》），对美国科技和教育发展起到了很大的推动作用。

三、PSAC 和国家科学院作为科技咨询智库的作用

（一）20 世纪 60—70 年代

1962 年古巴导弹危机和 1963 年有限禁止核试验条约标志着冷战的紧张与缓和，

以加加林和阿波罗计划为标志的空间竞赛拉开帷幕，PSAC 的西博格报告与创建几十个新兴一流大学的规划得到实施，卡逊《寂静的春天》的出版提醒人们环境问题的浮现。PSAC 1963 年报告《农药的使用》支持了卡逊所敲响的环保警钟，1965 年的报告《恢复我们的环境质量》，第一次把全球变暖的问题提到联邦政策的层面上并提出一系列方案来全面应对环境问题。越战激化政府与大学和科学共同体的矛盾，PSAC 认为越战是用高新军事技术解决国际政治问题的失败，并有成员在法律对言论自由的保护下到国会作证反对尼克松总统的超音速飞机计划。这些冲突，再加上科技经费削减、卫星效应减弱、技术悲观主义与后现代思潮的兴起相继显现，导致尼克松 1973 年解散 PSAC，而国家科学院领头呼吁重建总统科技咨询智库系统。

（二）20 世纪 80—90 年代

受爱德华·泰勒的影响，里根总统以战略防御计划（Strategic Defense Initiative，SDI "星球大战"）为主导，重振美国国防科技工业。以前 PSAC 成员为首，美国科学家发起对 SDI 的批评与抵制运动，认其为用技术手段解决国际政治问题的又一例子。许多大学承诺不接受 SDI 资金，老布什总统任内冷战结束，白宫改善了与科学家的关系，重建总统科技顾问委员会，但科技政策受到共和党政府不干预市场理念的限制，在面对日本技术威胁时，未能充分利用联邦科技资源来促进民用技术的发展。克林顿任期内，科技为经济服务，信息技术（尤其是互联网）和生物科技的兴起，全球化出现一个新技术乐观主义的高潮，大学与工业界建立密切联系。

（三）冷战后的科教政策

生物医学技术相对增长加快，联邦政府增加民用技术的激发，如超高速计算机的研制，科技开始为经济服务。个人计算机、网络、生物技术为代表的新兴产业，使美国科技人才实现进一步国际化，大学科研经费从依赖联邦资助到多元，尤其是企业界的赞助。

（四）"9·11 事件"后的反恐对科教政策的影响

反恐取代冷战成为科技政策的重点，2004 年投入 70 亿美元以防御生化核武器的攻击。公共卫生医疗系统尤其是应急通讯得到改善，伊拉克战争影响到科技投资，要求科技界拿出应付反抗分子的措施。"9·11 事件"后签证紧缩一度引发大学理工科留学生与博士后短缺，后经科学家呼吁有改善。中印经济的快速增长引发联邦在科教尤其是纳米科技方面的投资。

四、奥巴马和特朗普时期美国科技政策

（一）奥巴马时期恢复科技政策在公共政策制定中的地位

奥巴马 2008 年大选中批评小布什政府压制科学，提出恢复科学在公共政策制定中的应有地位，积极应对气候变化，以及增加科教投资，受到科学共同体支持。奥巴马第一个任期主要推动洁能、节能技术，增加了科技投资，推动医疗保险改革成功，但党争日益激烈，气候变化政策推动遇挫。第二个任期党争仍然是科技政策主要障碍，但采取行政措施促进气候变化应对，2014 年与中国达成关于减缓气候变化措施的双边协议，并促成 2015 年巴黎气候变化协定的成功签署。

（二）特朗普任期初期的科学、环境政策

共和党人特朗普在 2016 年总统大选期间以及 2017 年年初就任总统之后，一改奥巴马时期重视科学、积极推动环境保护的政策，试图推行一系列被广泛认为是反科学、反环境的措施，如在联邦预算里提出削减联邦科学机构的经费，推翻旨在应对气候变化的环保行政命令，迟迟未能任命总统科技顾问、科技办公室主任以及总统科技顾问委员会成员。这些做法遭到美国公众和科学家共同体的大力反对和抵制，但是否会对美国的科技、环保事业造成永久性的破坏还有待观察。

（三）美国科技政策和咨询智库体制

尽管在某些总统任期内美国总统科技顾问系统受到一定程度的阻挠和破坏，而且在特朗普任期内还显示出很大不确定性，但总的来说它已经成为美国科技战略咨询体制的重要组成部分。即使特朗普拒绝延续几位前任的科技咨询系统，但可以肯定的是，国会和各政府部门仍然会以各种方式获得科技咨询，而且总统科技顾问系统预期会在特朗普改变政策或执政结束之后得以恢复和发展。

从历史上来看，美国总统科技咨询体制受美国多元政治和社会体制的影响，行政部门占主导地位，并受国会和社会利益集团的影响和牵制。美国的科技咨询智库模式呈现出多元、深入、广阔、专业性强、相对独立、公开透明的特点。它是美国民主制度运作中的一个不可缺少的部分，但成效取决于总统或执政党是否重视科学、技术及其与科学共同体的关系，同时科学共同体内部自我利益的冲突也会影响其成效，通常采用评估程序的更公开透明化和更严格的回避制度来解决这一问题。也就是说，科技咨询的有效性在很大程度上取决于科学顾问系统的独立性、专业性和透明性，而法治

对言论自由的保障是科学家发出独立声音、政府制定明智科技政策的最根本基础。

五、中国科技政策和咨询智库体制

（一）科技政策和咨询智库模式特点

近年来中国科技投入大力增加，实力增强，但中国科技政策和咨询智库体制呈现出科技体制条块分割严重，沟通、协调不够，国家层面统筹不足，独立性和多元性有待加强，人员专业素质、视野和数量也有待提高。

（二）美国经验教训与中国的探讨

美国和中国的科技史表明，科技政策和咨询智库体制与经济社会政治体系密切相联，是现代民主、创新型国家发展的一个重要组成部分。中国可以通过改革、试验、国际交流来建立、健全自己的科技政策和咨询智库建设体制，建设民主、文明、创新型的现代化国家。具体措施可以考虑设立国家科技顾问委员会作为改革试点，过程要尽可能公开、透明、减少利益冲突，成员应选视野宽广、公正无私、专业懂行。中国科学院和中国科协可以组织专家做出公开咨询报告，利用已有的科学、工程、科技管理、科技史等方面的优势，开展跨学科、交叉学科科技战略咨询，同时加强科技战略咨询方面的基础研究和人员培训。

长三角城市群科技创新态势及智库作用①

陈 雯 王 玥

中国科协创新战略研究院江苏分院 / 江苏苏科创新战略研究院

【摘　要】　2016年5月，中共中央、国务院发布了《国家创新驱动发展战略纲要》。长江三角洲
作为我国经济发展的排头兵，肩负着我国国民经济带发展的重要历史使命，在落实国家
创新驱动发展战略纲要上应率先垂范。本报告首先分析了长三角城市群科技创新的重要
意义。然后，从创新投入，创新人才，创新载体和创新产出四个方面，来反映长三角城
市群科技创新态势。进而，指出长三角城市群在科技创新中所面临的挑战：即缺乏具有
全球影响力的科技创新型企业，知识创新结构有待进一步优化和企业的创新投入仍需提
高。最后，本报告提出了相关智库在今后为长三角城市群进一步提高其科技协同创新能
力中所能起的作用，包括发展诊断作用，政策制定作用，政策服务作用，第三方评估作
用和储备优秀的政策分析人才作用。

【关键词】　长三角城市群　科技创新　智库

The Trends of Science and Technology Innovations of the Yangtze River Delta Urban Agglomeration and Roles of Think Tanks

CHEN Wen　　WANG Yue

Jiangsu Suke Academy of Innovation Strategy/Jiangsu Branch, National Academy
of Innovation Strategy

Abstract: In May 2016, the Chinese government announced the "National Innovation-Driven
Development Strategy Outline". The Yangtze River Delta, as an important vanguard of
China's economic development, takes the critical role in making growth in the national

---

① 全文根据作者在研讨会上的主题报告整理而成。

economic development. Therefore, this area needs to take the lead in implementing the national innovation-driven development strategy in China. First, this report justifies the great significance of the innovation-driven strategy implementation in the Yangtze River Delta. Then it tries to illustrate the development of the innovation activities of the Yangtze River Delta urban agglomeration across four aspects, i.e. inputs in innovation, innovation talents, innovation platforms and outputs from innovation. Furthermore, it points out the challenges faced by the Yangtze River Delta urban agglomeration in the scientific and technological innovation, i.e. the lack of scientific and technological innovation enterprises with global influences, the need for further optimization of knowledge innovation system and the continued inputs into innovation activities by enterprises. Finally, this report proposes the roles played by think tanks in terms of facilitating the future collaborations in innovations across the Yangtze River Delta urban agglomeration. The roles include diagnosing the society development, policy formulation, policy service, third-party assessments and nurturing talents in policy analysis areas.

Keywords: urban agglomeration in the Yangtze River Delta; science and technology innovation; think tanks

一、长三角城市群科技创新的重要意义

（一）长三角城市群发展面临的七大危机

一是动力危机：投资、消费、出口"三大马车"均出现颓势，要素成本明显提升。二是增长危机：地区生产总值、财政收入、工业增加值率、就业等下降。三是资源危机：粗放的工业化和城市化模式导致土地、淡水、能源等资源消耗剧增。四是环境危机：水、气、土壤复合污染；居住环境质量下降。五是管制危机：区域合作、基础设施、人口管理、环境联防联治管理手段滞后。六是社会危机：地区收入差距大、城乡收入差距扩大、城乡制度鸿沟巨大。七是文化危机：文化融合不足，纽带作用削弱；地方特色文化受到全球化影响导致地方性缺失。面对长三角城市群转型期的新常态，唯有创新是其发展最大的原动力。因此，在《长江三角洲城市群发展规划》中，在成为一个全球竞争最具经济实力的世界城市群这一目标基础上加入了一个新的定位，即创新基地。由此可以看到，创新对整个地区发展的重要性。

（二）长江三角洲：科技协同创新的重要桥头堡

科技创新是经济社会发展的核心，2014 年经合组织（OECD）科学技术与工业展望提出，可预见前景是 GDP 增长缓慢和政府的预算紧缺，今后仍需继续实施促进创新战略，以达到社会目标。长江三角洲是我国参与全球竞争最具综合实力的世界级城市群，具有全球影响力的科技创新基地。目前正处于投资驱动向创新驱动的转型阶段，具备创新基础和内在动力。这其中，政府引导和促进对科技创新协同发展至关重要。

（三）长江三角洲城市群发展规划的条件描述

（1）基础：科教与创新资源丰富，拥有普通高等院校 300 多所，国家工程研究中心和工程实验室等创新平台近 300 家，人力资源丰富，年研发经费支出和有效发明专利数均占全国的 30%。

（2）目标：具有全球影响力的科技创新高地。瞄准世界科技前沿领域和顶级水平，建立健全符合科技进步规律的体制机制和政策法规，最大限度激发创新主体、创业人才的动力、活力和能力，成为全球创新网络的重要枢纽，以及国际性重大科学发展、原创技术发明和高新科技产业培育的重要策源地。

（3）战略路径：实施创新驱动发展战略，营造大众创业万众创新良好生态，立足区域高校科研院所密集、科技人才资源丰富的优势，面向国际国内聚合创新资源，健全协同创新机制，构建协同创新共同体，培育壮大新动能，加快发展新经济，支撑引领经济转型升级，增强经济发展内生动力和活力。

（四）长三角城市群的发展机遇

长三角城市群面临着三方面的发展机遇：新一轮技术革命和产业革命正在兴起，国家积极实施创新驱动发展战略，长三角地区具有建设全球影响力的科技创新高地的条件和基础，比如上海提出的全面创新改革和建设全球影响力的科技创新中心。在这些国际和国内重大发展机遇的背景下，各类科技创新战略研究型智库需要也能够为长三角城市群的科技创新态势发挥非常重要的作用。

二、长三角城市群科技创新态势

（一）长三角科技创新总体态势

从整个创新投入可以看出，长三角城市群核心区是科技创新的主阵地，上海市以总量和份额（33.8%）占据鳌头，南京（5.8%）、杭州（6.8%）、苏州（9.8%）、宁波（5.5%）、合肥（3.7%）等区域性中心城市科技创新投入占比较高。

从 R&D 比例来看，上海占据了长三角核心区约 30%，大学生数量以南京、上海、杭州占较大优势，但是博士和硕士生比例，上海仍占优势。工程实验室，集中在上海、南京等城市，医疗资源集中在上海、南京、杭州等城市，其中 20% 的医生集中在上海。

从长三角城市群创新产出分析，长三角城市群核心区的专利申请量和专利授权量都要明显高于外围区。核心区中，尤以上海、苏州和宁波的专利申请量和专利授权量较多。其中，苏州和宁波在纳米和材料专利申请和授权较多，也显示出一些科技创新的专业性城市正在崛起。外围区中，合肥的专利申请量和专利授权量则较多。规模以上工业企业新产品产出情况中，江苏省和浙江省在绝对值上领先，且其每年的增幅较为明显。

（二）长三角科技协同创新面临的问题和挑战

一是缺乏具有全球影响力的科技创新型企业。相对于长三角城市群的经济发展水平和庞大的企业群体，具有全国乃至全球性影响力的企业并不多。相对于企业的规模性，其盈利能力有待进一步提升。高科技、高成长性企业少，企业创新能力不足。二是知识创新结构有待进一步优化，产学研合作水平不高，发明专利授权比例低。三是企业的科技创新投入不足，科技创新扶植服务有待提升，企业自主创新主体地位有待提高。

（三）问题导向看，着重研究的关键问题和拟提出咨询建议

一是政府促进科技产业创新的边界。针对两大问题：现有政府对科技创新及产业化以资金扶持为主，带来政府债务风险；地方政府为追求创新，而过度投入知识性创新的工作。二是政府对科技产业价值的判断能力。针对现有政府对科技产业价值判断能力弱，对项目"捡到篮子都是菜"的问题，建立科技创新及成果转化价值判断体系。三是长三角区域科技协同创新路线图。针对地区创新链和产业链分工不明晰，恶性竞争较为突出等问题，建立区域科技协同创新合作机制和分工机制。

三、智库在区域科技创新中的作用

智库的作用主要有以下几个方面：一是发展诊断的作用，如对我国科技创新水平

与其他国家的比较。二是政策制定的作用，如接受政府委托制定相应的政策文本，参与政策文本制定，接受委托立法，参加听证会等。三是政策服务的作用，如推动出台支持创新发展所需要的政策，提供政策咨询服务，举办高端创新政策论坛，开展科技创新政策宣讲活动。四是第三方评估的作用，如中国科协创新战略研究院对"大众创业、万众创新"政策实施情况的评估。五是储备优秀的政策分析人才的作用，构建可促进政企学研之间良好互动的"旋转门机制"，比如挂职、跨界交流等。

集全球智慧，解发展难题
——科技创新智库的中国样本初探 [①]

梁 正

清华大学公共管理学院 / 清华大学中国科技政策中心

【摘　要】 改革开放以来中国的科技体制改革与科技政策体系演变，为科技创新智库的成长提供了时代背景，而以科学学、软科学为代表的相关学科的建立与发展，对知识经济、国家创新系统等国外先进理念的学习与传播，不但带来了对科学、技术与创新活动认识的深化，也促成了一批科技创新，特别是政策研究智库的成长。在全球范围内"创新共识"兴起的背景下，中国的科技创新智库迈入新的发展阶段，越来越多地参与到全球创新议题的讨论之中，发出中国声音，表达中国观点，提供中国方案。

【关键词】 科技创新智库　科技与创新政策　科学学　软科学　全球创新议题

Integrate the Global Intelligence，
Deliver the Solution for Development
—Explore the Samples of Chinese Science， Technology and Innovation Think Tanks

LIANG Zheng

School of Public Policy and Management, Tsinghua University/

China Institute for Science and Technology Policy at Tsinghua University

Abstract: The process of S&T system reform and evolvement of S&T police system after the "Reform and Opening" initiative delivered the historical background of Chinese Science, Technology and Innovation (STI) think tanks. The emergence and development

---

① 全文根据作者在研讨会上的主题报告整理而成。

of such disciplines like Science of Science (SoS) and Soft Science, as well as the absorption and dissemination of cutting-edge ideas including Knowledge Economy and National Innovation System (NIS), deepen the understandings of science, technology and innovation in China, and also encourage quite a lot STI, especially policy research think tanks' growth where. Under the rising of "Innovation Consensus" in global, Chinese STI thinks tanks entered the new stage of development, more and more participate in the discussion of global innovation issues, make Chinese sounds, express Chinese opinions, and deliver Chinese solutions.

Keywords: STI think tanks; STI Policies; Science of Science; Soft Science; global innovation issues

　　中国的科技体制改革和发展进程，从知识论的角度来看，在很大程度上体现为一个对全球先进经验与知识的学习借鉴、消化吸收直至转化创新的过程。而决策咨询体制的建立，科学学、软科学等相关学科的发展，一批带有智库性质的研究机构、学术团体的出现，在这当中起到了重要作用。党的十八大提出创新驱动发展战略，"十三五"规划明确了以创新为引领的五大发展理念，标志着中国将在"全球创新共识"的大背景下提出中国观点，提供中国方案，为"构建创新、活力、联动、包容的世界经济"贡献中国智慧。中国的科技创新（政策）智库如何应对这一宏大命题，需要深入思考和探索实践。

一、中国科技体制改革与科技政策体系演变历程回顾

　　过去30年，中国科技创新领域重大政策的出台均伴随着体制改革，据此，可以将其划分为四个阶段：

　　科技政策体系初创期（1985—1995年），以1985年全国科技工作会议召开，《关于科技体制改革的决定》发布为标志，拉开了科技体制改革的大幕，"依靠、面向"方针提出，拨款制度、组织结构、人事制度、分配制度改革相继推出，主要科技计划和科学基金设立，竞争性拨款制度确立，技术市场建立，科技人员的积极性被空前调动起来。

　　科技政策体系成型期（1995—2006年），1995年全国科学技术大会召开，科教兴国战略提出，中共中央国务院《关于加速科学技术进步的决定》发布，科技计划格局基本形成，资源布局进一步向优势机构和大型项目集中。1999年全国技术创新大会召开，中共中央国务院《关于加强技术创新、发展高科技、实现产业化的决定》发布，

着力推动科技与产业相结合，科研院所转制全面启动，高新区蓬勃发展，风险投资与资本市场作用显现，科技体制改革与政策体系建设迈入新阶段。2000 年特别是 2003 年之后，又加入世贸组织，面临全球化竞争的背景下提出自主创新，推动企业成为创新主体。

深化发展期（2006—2015 年），以 2006 年中长期科技规划纲要和配套政策颁布实施为标志，明确提出建设国家创新体系和创新型国家发展目标，在政策范式上实现了从科技政策体系向科技创新政策体系的转变。以配套政策为例，相较科技投入、技术转移等传统科技政策，财税、金融、知识产权、政府采购、人才政策等占到更大比重。

创新发展期（2015 年至今），2015 年，中共中央国务院《关于深化体制机制改革，加快实施创新驱动发展战略的若干意见》发布，《深化科技体制改革实施方案》出台，2016 年全国科技创新大会召开，《国家创新驱动发展战略纲要》颁布，科技体制改革进入"破旧立新"的新阶段，以科技计划管理体制、科研项目和经费管理体制、科技成果和人才管理体制为主要内容的科技创新治理体系现代化建设取得重要进展。创新取代科技成为更重要的关键词，激励创新的市场环境、支撑创新的生态体系，成为科技与创新政策体系建设的主要着力点，创新发展理念嵌入经济社会发展各个方面的政策当中，进入全新的发展阶段。

二、对科学、技术与创新活动认识的逐步深化

在中国，与科技创新相关的学科如科学学、软科学等，其学科建立与发展一方面体现为对科技体制改革重大需求与挑战的回应，另一方面也在实质上推动了以相关研究机构、学术团体、专家队伍为主体的政策咨询体系的建立。根据美国学者的认识，科技政策一方面体现为政府支持科学技术发展的政策，另一方面则涉及经济与社会发展中的科技议题。而在中国，这两类政策的制定与实施，都离不开相关学科的建立与发展，科技创新、特别是政策研究机构的作用发挥。

（一）科学学研究：对科学技术重要性的重新认识

科学学（Science of Science）作为一门学科，其理论源头来自马克思主义自然辩证法、西方科学社会学、科学技术史、科学哲学等一系列学科。一方面，科技、乃至经济体制改革的重大需求推动了思想认识的深化。1978 年第一次全国科学大会召开，邓小平的讲话中提出"科学技术是第一生产力""知识分子是工人阶级的一部分""科

学技术的现代化是四个现代化的关键"等一系列重要命题。"科学的春天"带来了思想繁荣，推动了学科发展。1980年上海市科学学研究所成立，1982年科学学和科技政策研究会成立，全国范围内涌现出一批科学学研究机构、人才和队伍。另一方面，正如吴明瑜先生在《科技政策研究三十年——吴明瑜72本自传》一书中所指出的，"改革开放过程中，科学技术战线所有重要的改革措施，几乎都是和科学学的研究工作分不开的"。工业园区、"创新"、新技术革命和新产业革命等概念的引入和提出莫不如此，产生了深远的政策影响。

（二）软科学研究：决策科学化、民主化的要求

1986年7月，首届全国软科学工作座谈会召开，万里作了题为《决策民主化、科学化是政治体制改革的一个重要课题》的著名讲话，引起热烈反响。以支撑决策科学化、民主化为目标，软科学研究在中国蓬勃发展，出现了一批研究机构和研究队伍。1987年，国家科技进步奖"科技管理"奖项被"软科学"奖项替换，一系列重大软科学成果如"若干重要领域技术政策""中国人口控制"等获得奖励，成为软科学历史中的经典，对相关领域重大战略和决策，乃至我国经济社会发展产生了深远影响。软科学的理论基础包括系统科学、决策科学与政策科学，在支撑决策科学化、民主化的同时，在很大程度上推动了相关学科的发展，为我国科技创新（政策）咨询体系的形成，乃至相关智库的发展播撒了种子，奠定了基础。

（三）从知识经济到国家创新系统：科技创新认识范式的转型

1996年，经济合作与发展组织（OECD）的著名报告《以知识为基础的经济》出版，1997年我国学者将其翻译介绍到国内。同年12月，中国科学院向国务院提交《迎接知识经济时代，建设国家创新体系》的报告，提出了面向知识经济时代的国家创新体系。1998年6月，国务院决定由中国科学院先行启动《知识创新工程》并作为国家创新体系试点。2006年，《国家中长期科学和技术发展规划纲要（2006—2020年）》颁布实施，明确提出建设国家创新体系和创新型国家发展目标。在这一过程当中，以中国科学院科技政策与管理科学研究所、科技部中国科技发展战略研究院、中国科技信息研究所和清华大学中国科学技术政策研究中心为代表的一批科技创新政策智库，以及中国科技发展战略研究小组、中国科学学与科技政策研究会等学术共同体、国务院发展研究中心、科技部调研室和中国科协调宣部等研究和主管部门，在相关概念的引入、报告的译介、国外经验的介绍、国际前沿的跟踪等方面，发挥了重要的作用，切实推动了从科技到创新的观念认识和政策范式转变。

更加重要的是，经过 30 年的发展历程，我国的政府部门、领军企业、社会公众，包括科技创新智库，对科学、技术、创新及相关政策问题的认识不断深化，已经从学习借鉴、消化吸收发展到"创造性转化"的阶段，基本实现了与国际研究与实践前沿相同步。2008 年全球金融危机以来，新古典主流经济学的失败导致了全球范围内"创新共识"的兴起，美国科学界继续推进对科技政策方法学（SOSP）的研究，力图为政策制定提供坚实基础；欧洲学者倡导创新政策范式转型，提出系统创新、变革性转变和可持续创新系统等一系列新认识；以 OECD 为代表的国际组织将创新治理，特别是重大创新议题的全球治理置于首要位置，致力于通过创新应对气候变化等全球性挑战。而在这一轮"智力竞赛"中，中国终于不再缺位。党的十八大提出创新驱动发展战略，"十三五"规划确立"创新、协调、绿色、开放、共享"五大发展理念，国家层面提出推动创新治理体系现代化，相关研究机构、智库和专家探索构建创新政策方法学，创新发展政策学研究框架。

应当看到，中国的科技体制改革与创新驱动发展历程，中国的科技创新（政策）智库发展历程，就是一个集全球智慧、解决发展难题的过程。在这一新的起点上，科技创新（政策）智库，必将为全球发展与治理做出自己的智力贡献。

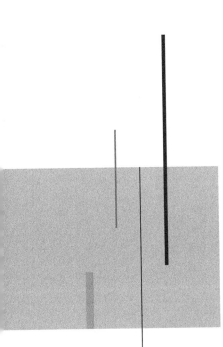

大数据条件下的科技评估理论与科学计量

社会调查方法
在我国科技政策研究中的应用 ①

赵延东

中国科技发展战略研究院科技与社会发展研究所

【摘　要】 社会调查方法是当代社会科学研究中应用最广泛的研究方法之一，是循证决策的重要方
法支撑，在科技政策方法体系中具有独特的定位，在科技政策决策过程的不同环节中也
发挥着独特的作用。通过对进入新世纪以来主要科技研究期刊上发表的使用社会调查研
究方法论文的回顾，可以发现社会调查方法在我国科技政策研究中得到日益广泛的应
用，研究目的和统计方法的层次都有明显的提高，抽样方法、测量方法和资料收集方法
的使用和呈现规范性水平也不断提高。但仍存在对抽样代表性重视不足、调查方法呈现
的规范性不高，以及对基本方法和概念理解不够准确等问题。

【关键词】 调查方法　科技政策研究　应用

Application of Social Survey Method in
S&T Policy Research in China
ZHAO Yandong

Chinese Academy of Science and Technology for Development

Abstract: The social survey method is one of the most widely used research methods in the
contemporary social science research, and is also an important pillar to evidence-
based policy making. It has a special position in the methodology system in S&T
policy research, and plays important roles in the process of S&T policy making. By
reviewing the published papers in Chinese S&T policy research journals since 2000,

---

① 全文根据作者在研讨会上的主题报告整理而成。

we found that survey method has been more frequently and more correctly used by S&T policy researchers. We also discussed how to improve the quality of application of survey method in S&T policy research.

Keywords: survey method; science and technology policy research; application

一、社会调查方法及其特点

社会调查是社会科学研究中最常用的方法之一，近年来在科技政策研究中也得到广泛的应用。从其定义来说有三个特点，一是用问卷做工具，二是抽样调查，三是数据分析。当前政策研究的趋势就是循证决策，决策要建立在证据基础上，而且这个依据特别要以数据信息来表现，同时，证据来源是广泛的，而且证据是要可及的。我国政府一直强调决策要科学化、民主化，科学化即证据的科学性，民主化即不同利益相关者的参与，也就是说的循证决策。社会调查可以利用有代表性的样本反映社会总体的情况，一个有效的社会调查，包括同被调查对象的互动，也是促进公众参与的有效形式，是特别符合循证决策要求的政策研究方法。

二、调查方法在科技政策研究方法体系中的定位

科技政策研究方法是政策研究方法中的一种，可以按照两个维度区分，第一是政策分析是广谱性的还是特定性的。第二是从数据出发，使用的是一手数据还是二手数据。这样可以形成不同研究方法的四象限分类，可以看出，社会调查的方法比较符合使用一手的数据来对一些涉及面广的广谱性的政策做分析。

三、调查方法在科技政策研究中的应用及特点

政策研究过程有四个环节，首先是识别和理解问题，其次是提出和确认方案，再次是实施方案，最后是评估反馈。调查方法在各个环节都可发挥作用。在识别理解问题阶段，可通过需求调查了解政策需求信息。在提出和确认方案阶段，决策很重要的职能就是在不同政策中选择出一个合适的过程，因此可以用调查来做可行性分析。最

后通过社会调查方法收集的数据还可以做政策的执行情况和效果评估，政策效果可分为预期效果和非预期效果，我们的政策设计目标一般是清楚的，但是由于社会生活的复杂性，可能产生各种各样预期以外的效果，我们可以通过社会调查方法挖掘并评估。

四、研究型与快速型政策研究中的调查方法

最后，政策研究还有一种常见的分类法，即分为研究型和快速型。研究性政策研究与一般学术研究类似，相对来说时间更为充裕、经费充足。而快速型政策分析，则往往要在时间、资源紧张的条件下开展，这就需要研究者在研究时间、精力和经费等多重约束下，保证研究的及时性和科学性的平衡。

五、我国科技政策研究中调查方法使用的状况

我们在 2000—2015 年的十种主要国家科技政策研究期刊中，用"科技 + 政策 + 调查"为主题词搜出的 279 篇科技政策研究的论文，通过对这些论文进行分析，对当前科技政策研究中社会调查方法使用状况进行一个回顾。简单地说，从 2000 年开始，无论是发表论文的数量，还是使用社会调查方法的论文在科技政策论文中所占比例，均呈现逐年稳步上升的趋势。从研究主题和研究对象来看，研究创新、人才等主题较多，研究对象主要是科技工作者和企业。因为社会调查方法比较适用于对社会行动者进行研究，所以更多的是对科技工作者和企业这些创新中的重要主体做调查。调查研究的目的一般有两大分类，一个是描述性的，一个是解释性的，描述性研究即说明情况，解释性研究则是解释不同变量之间的关系。将 2000 年至 2015 年分成三个阶段，可以看到描述研究只在早期文献中占据统治性地位，在 2000—2007 年描述性研究占到目标文献的 86%，随后其地位渐次下降，到 2012—2015 年仅占比 40% 左右。与之相应地，解释性研究所占比重则在迅速提高，到 2012—2015 年，已经压倒描述性研究，成为使用调查方法的科技政策研究文献的主体（占比达 56%）。因为政策研究除了给决策者说明情况外，还要研究为什么会变成现在这种情况，如果未来继续发展可能会产生什么样的后果。解释性研究比例的提高，反映了我国科技政策研究中社会调查方法应用水平的提高。

资料收集方法主要是分为自填法和访问法，自填法包括纸质邮寄和互联网调查，

访问法包括电话调查和面访。从我国情况看，虽然传统的纸质自填法仍是主体，但互联网调查方法近几年发展也很快，在 2000—2007 年，使用互联网调查的研究仅有 20%，而到了 2012—2015 年，这一比例飙升至 44.8%，比 2000 年增长了一倍。鉴于科技工作者文化素质和能力较高，因此互联网调查是未来趋势，其应用空间会越来越大。

六、相关建议

总体来看，当前我国科技政策研究中调查方法使用还存在一些问题：首先，对抽样的代表性问题重视不够。其次，调查方法使用规范性不够。最后，研究者对于一些基本理念和概念存在理解上的偏差。

为了继续提高我国科技政策研究中社会调查方法的使用水平，可以提出几点建议：首先，要做好调查方法人才队伍的建设。其次，要在科技政策研究学术共同体内倡导和培育良好的调查方法意识。最后，要根据科技政策研究特点，结合社会调查方法的前沿进展，探索科技政策研究中应用社会调查方法的新问题和新领域。

开发利用型海外研发区位选择的影响因素
——基于国家距离的视角 ①

陈衍泰[1]　范彦成[2]

1 浙江工业大学政治与公共管理学院　2 浙江工业大学经贸管理学院

【摘　要】　海外研发主要包括开发利用型和探索学习型这两种类型。已有的研究多关注发达经济体研发区位选择的影响因素，对于新兴经济体研发区位选择影响因素的关注较少。本文利用 2002—2014 年我国在"一带一路"沿线 35 个国家参与研发活动企业的数据，基于负二项回归面板模型，考察了国家距离对我国企业开发利用型海外研发区位选择的非线性影响。研究发现：2002—2008 年之前，文化距离、地理距离与海外研发区位呈正"U"形关系，制度距离与海外研发区位呈正向关系；2008 年以后，文化距离、制度距离、经济距离均与海外研发区位存在倒"U"形关系，地理距离与海外研发区位呈负向关系。

【关键词】　海外研发　开发利用型　探索学习型　国家距离　"一带一路"

The Factor of the Choice of Development and Utilization Oversea R&D Location
— on the Perspective of the Distance between Countries

CHEN Yantai[1]　FAN Yancheng[2]

1 Academy of Politics and Public Administration, Zhejiang University of Technology

2 Academy of Economy and Trade Management, Zhejiang University of Technology

Abstract: The oversea R&D mainly includes the development and utilization type and the inquiry learning type. Most studies focused on the factor of the developed economies'

---

　①　全文根据作者在研讨会上的主题报告整理而成，作者依据自己已发表在《科学学研究》期刊上的研究成果做的主题报告。

Choice of development and utilization oversea R&D location, while less focused on the emerging economies'. According to the data of Chinese enterprises participating in R&D in 35 countries alongside the Belt and Road from 2002 to 2014, this article studied the nonlinearity influences of the distance between countries to Chinese enterprises' choice of development and utilization oversea R&D location, based on the negative binomial regression panel model. The study showed that from 2002 to 2008, the correlation between culture and geography distance and the overseas R&D location was U-shaped curve, and there was a positive correlation between political distance and oversea R&D location. After 2008, there was an inverse U-shaped curve between culture, political and economic distance between oversea R&D location, and the correlation between geography distance and oversea R&D location was negative.

Keywords: the oversea R&D; the development and utilization type; the inquiry learning type; the distance between countries; the Belt and Road

一、文献回顾与假设

"一带一路"虽然在政策领域比较热门，学者们关注较多的是东道国要素对我国对外直接投资（OFDI）区位选择的影响，特别是从事世界经济国际商务的学者们，他们更多关注东道国要素对我国对外直接投资区位中的相关影响，有关于东道主文化、经济、技术以及基础设施、金融优势等。但是这些问题主要从单方面出发分析国外问题，没有关注到我国与东道国之间国家距离的关系。有些学者关注文化距离、地理距离等国家距离，但对现在中国经济外交为主的经济距离关注度较低，没有进行全样本分析，也没有用大数据等方法。另外，当前学术圈研究"一带一路"问题，更多研究外来劣势，很少有学者关注实际上跨国投资还有收益，比如说规模效应以及国际化经验等。有的学者也仅研究线性影响。本研究关注国家距离，不仅考虑海外东道国状况，也关注中国跟"一带一路"国家之间距离的影响，特别是外来者收益风险和收益影响，研究对象是"一带一路"国家数据，原本是 64 个国家，但数据可获得性有限，只用了 35 个国家的数据。把"一带一路"沿线 35 个可用数据的国家，从 2002 年至 2004 年，国家对其投资的数据进行研究。初步发现国家距离，在"一带一路"沿线国家对我国的区位性特征存在非线性的影响，也存在时间的差异性。

国家距离在给企业的跨国投资产生阻碍的同时也会产生外来者收益，企业在跨国投资区位选择时会在母国和东道国的国家距离产生的外来者劣势与外来者收益之间权衡。文化距离与投资东道国企业的数量存在倒"U"形关系，同时还有制度距离和经济距离，如果过大或者过小也会存在这种关系。最后是地理距离，过近或过远也存在倒"U"形关系。

二、数据说明和模型构建

我国可追溯性的最早的数据从2002年起，商务部网站上公布过我国企业在海外投资企业的目录（已封）。总共数据样本是35个国家，4811个我国在"一带一路"国家投资企业的样本。首先进行了全样本检验，总共35个国家，从2012年至2014年共三年的数据，对国家距离四个维度进行回归。以2008年时间点作为分割点，因为2008年全国金融危机，对中国企业产生了很大的契机，2008年之前企业对外投资少，2008年以后增长非常快。

三、实证结果分析

总体而言，我国对文化距离能够产生外来者收益关注不足，并且早期主要是获取海外自然资源为主，对文化距离、地理距离表现单一倾向。2008年以前非市场化表现很严重，多数是国企为主，一个是获取海外资源，第二个有软实力影响的角色。因此在文化距离比较大的国家投资比较大。2008年以后，民营企业的增加比较多，我国对外直接投资经济距离与我国OFDI企业数量仍呈倒"U"形关系。

主要的启示有三点。第一，非市场导向的企业投资行为往往被文化距离产生重视不足，要求像政府商务部或者相关的部门在推动新一轮企业"走出去"的过程中，应该以市场导向为主导，引导企业既重视外来劣势，又重视外来者收益，综合考量。第二，对文化距离形成外来者的收益的重视程度不高，我们对文化差异国家了解不够，需要在这方面做工作，克服企业对文化障碍性的恐惧。第三，国家距离对投资区位选择存在非线性的影响，优先考虑文化经济制度拐点附近的国家，既不要太远，也不要太近。

大数据条件下的创新评估 ①

赵 炎

上海大学管理学院

【摘 要】 将创新分为五大领域，在不同的领域，评估方法可能有所不同，但是也有相通的地方，解决问题的创造性、可持续性也有区别。因此，建立基础性数据库是一项重要工作。企业间联盟数据库的建立，为大数据条件下企业的创新性评估提供了重要的基础。

【关键词】 大数据 创新 评估 数据库 企业间联盟

Evaluation of Innovation under the Condition of Big-data
ZHAO Yan
School of Management, Shanghai University

Abstract: This paper categorizes innovation into five domains. In each domain, the method of evaluation is different, but there is also something in common. Creativity and sustainability also differ in different domains. Therefore, it is vital to building basic database. The establishing of database of inter-firm alliances lays an important basis for the evaluation of innovation under the condition of big-data.

Keywords: Big-data; Innovation; Evaluation; Database; Inter-firm Alliance

一种方案可以获得大数据，只要设计这个系统是可以很容易采集数据，可以很清楚进行分析，接下来可以设计出针对性的解决方案。另一种方法是很简单的低成本，用现在的创新术语来讲就是朴素性创新。两种各有各的好处，如何评估哪个更好，情境很重要。

---

① 全文根据作者在研讨会上的主题报告整理而成。

一、创新技术领域的评估

创新的价值评估要分不同领域来看，在技术领域，有定量和定性两种标准，定量可以分析技术产生多少销售额，定性可以分析市场、社会、时代和历史对技术本身的评价。

二、创新科学领域的评估

而在科学领域则面临的是发现。所以对于科学的评估，我国国情基本都是用数 paper，管理学领域就是看 SCI 和 SSCI，还有 UTD24，但是定性也是在不停地反思，你的学术影响力到底大不大，是不是还要有同行评价的方法，同行评价就是看这个圈子里其他专家是否认可。

三、创新产业领域的评估

第三个领域是产业域。国内的七宗罪，第一是以模仿为主，原创为辅。第二是关注渐进，轻视突破。第三是成本导向，忽略价值。第四是只管需求，不顾供给。第五是原创走红，不敢变革。第六是强调模式，不屑技术。最后一个是"网＋"为主，制造为辅。所以现在仍然评估，缺少颠覆传统的勇气和眼光。哪种创新能够改变世界呢？归根到底我们为新而新，无异于缘木求鱼，追求短期效益，缺乏长远规划。

四、创新制度领域的评估

第四个域叫制度域，确切地说叫体制域。不管是当年英国革命，确立了君主立宪制，还是后来我国的洋务运动、五四运动和改革开放，一直在制度体制方面做了很多工作。对于体制领域创新如何评估，如果说制度的改变、体制的改革，能够带来一定程度的生产生活改善，这个定量的评估该怎么做，或者是定性我们说解放生产力怎么评估，都是值得思考的问题。

五、创新文化领域的评估

第五是创新的文化域，在文化域中分析受欢迎的程度或者是公众接受的程度。对文化的创新应该遵照什么标准，定量指标看，对于公众是否提升了幸福指数。所以在不同的领域里面，技术、科学、产业、制度和文化，应深入思考。

六、五大领域的关键词

五个不同的领域里有不同的关键词，技术领域是发明，科学领域是发现，产业领域是推广，制度领域是改革，文化领域是追随者，在不同的领域里面创新，他们评估方法可能有所不同，但是也有相通的地方。解决问题可能有创造力，也可能没有创造力，有可持续性，也可能没有持续性，对于既有创造性又有可持续解决问题，对原来比较狭义的理解可能会产生不一样的效果。尤其是在我们学校教育科研里面，应该以定量为基础依据，以定性为重要参考。

七、相关数据分析

一些数据方面的基础工作，包括企业间的联盟数据库，跟"一带一路"的数据类似。首先，国家自然科学基金委一直强调，建立中国企业基础数据库的重要性，目前为止获得了2001—2015年完整联盟的原始数据。关键的信息包括成立时间，成员企业、联盟活动、种类如何，是否有研发生产和专利信息等，涵盖了十个高新技术行业，两千多个联盟，3500个企业。目前还存在一些问题，需求如何，企业的名称不规范或不统一，企业的编号不一致，专利数如何分配等。

技术交易场景下的
科研人员数据评价与实践 ①

智 强

中央财经大学政府管理学院

【摘 要】 为准确评价科研人员,我们构建了基于科研人员投入产出等指标的数据库,覆盖了近 1100 万人。除用于科研评价,我们更进一步发挥大数据优势,将科研人员科技产出成果和企业生产需求联系在一起,服务于知识成果转化,实现技术交易,为企业寻求技术瓶颈解决之道。目前,全国有超过 2000 万家的中小企业,供需两方的市场非常大,我们的数据也正在持续扩展和完善,不断帮助科研人员将专利技术运用于生产实践,成为科研人员和企业搭建技术攻关的桥梁和纽带。

【关键词】 技术交易 数据评价 科研人员

Data Evaluation and Practice of
Scientific Researchers in Technical Trading Scene

ZHI Qiang

School of Government, Central University of Finance and Economics

Abstract: In order to accurately evaluate the researchers, we built a database based on indicators such as inputs and outputs of researchers, covering nearly 11 million people. In addition to the use of scientific research evaluation, we further play the big data advantage, get the achievements of scientific and technological achievements and production needs together to serve the transformation of knowledge and achieve technical transactions for enterprises. At present, there are more than 20 million

---

① 全文根据作者在研讨会上的主题报告整理而成。

enterprises, both of the supply and demand sides of the market is very huge, and our data is expanding and improving, helping researchers apply patents and technologies for production practice.

Keywords: technology trading; quantitative evaluation; researchers

  首先介绍技术供需对接场景下的大数据建设与评价。最开始是为了做科技人员评价，我们使用数据抓取的方式，把所有科研人员的投入产出整合到一起，建立了一个数据库。后来不断丰富和扩展数据资源，当这个数据量从 5 万人、10 万人乃至扩大到现在 1100 万人，这个数据量足以发挥更大的价值的时候，我们把科技资源和产业联系到一起进行聚合服务于实际生产中的企业，尤其是中小企业。为了了解一线企业的需求，我们通过把需求定义整合测试变成一个可研发的需求，再通过大数据跟做这个细分领域的专家进行匹配，匹配之后把数据发给专家，现在这个系统已经做到这个程度。在这个过程中也遇到大数据应用过程中的一些现实问题，而这些问题也正是计算机领域的前沿热点问题，如当我给到一个含有内容的技术需求方案的时候，这个技术方案怎么样在海量的科研人员的数据上实现匹配，怎么样推举出真正能解决问题的专家。人才评价也有诸多难点，如学术水平、合作水平，是不是真正在工业界有经验，评价还受人为因素的制约，同时人为因素因利用的场景不同而不同。我带来在这方面实践过程中遇到的问题以及提出的一些解决方案来跟大家共享。

  下面进一步介绍大数据在实际工作供需对接过程中的作用。我们目前在全国尤其是工业重镇设了十多个站点，在那里安排具体的人，并对其进行培训，他们的主要工作就是了解企业在技术和生产过程中遇到的问题和需求，当这个需求形成一定量的时候，怎么更准、更快匹配到相应的专家和供方的企业或者是技术方案解决方，现在的业务范围主要是国内，下一步还有国际，把科技供需这个桥梁架起来，通过大数据去解决科技成果转化过程中信息不对称的问题，更好地服务于企业的发展。在现实中，我们遇到非常有趣的现象，比如我们在东莞的时候，本以为东莞理工学院的产业化做的可能并不好，但是仔细去看当地的企业，那些每年产值 3 亿到 10 亿元的企业，他们在寻找合作的时候仍然首先选择跟本地的机械系老师，虽然效率很低，但是没有其他的渠道。也有企业家通过自己的朋友介绍，去华南理工实验室看完，发现自己的问题解决不了，于是他们得到一个结论就是专家解决不了问题。但是我们后来通过大数据的匹配为他解决了这个问题。对他来说解决这个问题每年可以做 500 万美元的收益，收益率非常高。我们现在也和创新院合作，做中国科研人员的大数据评价。通过互动的数据关系，能够发掘出人和人之间的价值，比如我们去衡量一个专家的业界经验，就用他跟企业合作申请专利以及和企业论文合作的关系去评价。虽然论文的价值有高低，但这些论文会动态表征哪一个专家组在做什么，它的文章就是现在所做的课题的内容。这个数据对接的时候就给予我们充分的价值基础。

现在全国有超过 2000 万家的中小企业，供需双方的市场非常大。目前我们的数据量已足够大，有 1100 万名专家，我们最初评价的时候只考虑专家个人，后来加上了机构的权重，把这些算法建立起来。从评价体系来说，地方政府在评估项目时对专家的需求中所占权重更高的一般是专家的声誉和影响力，而在企业解决问题时，没有名气没关系，能解决问题就可以，因为经济成本也是较为重要的指标。不同场景下评价的指标不同。下一步是建立企业数据，这些专家和哪些企业有合作，把这个数据与之连接起来，总体的架构是建立四套数据库，并将其整合，专家一套、企业一套、政府规划一套，最后还有投资基金一套，把生态里面的数据信息打通，实现动态更新。通过个人合作网络的高级功能，我们可以联系到想要联系的专家，即找人的功能。

数据的构建和数据的来源，主要是用现有的公开数据，从出版社等处获取。获取之后通过一些算法，如姓名、机构、合作的网络等进行筛选。中英文匹配合作的网络是一个非常好的筛选器。这块是异构的数据，另外一块涉及自然语言处理，当我有一段需求，即一个描述，而面对一大堆数据如何实现精确匹配，这就需要构建不同领域的，像精准医疗下面包括哪些词库，用这些词库进行训练，再用这些词库把所有人的档案一个一个计算，贴上不同的数据标签，这样才能提高匹配的精准度。而且搜索以后显示结果的运算时间也很重要，现在服务器多用阿里云，每年的服务器的支出大概需要几十万元，这个是数据构建实际的需求，在具体的技术方面是做程序的专长，现在已有的很多模型都在不断地改进，我们最近使用的方法比原来的方法准确度加强了很多，其中更多是偏社科的研究，比如什么样的期刊能成为我们筛选关键词的期刊，如何去划分领域，这里面有个难点，就是领域和行业的对比，目前我国缺少相应的标准，研究的领域和具体应用到的行业之间没有对应，这些东西都需要我们在实践中根据经验和算法去完善。目前具体匹配的算法模型比较前沿，所以程序员每天都需要去读算法的论文。

总体而言，这个数据库的创新点就是把一个原本就存在着丰富知识的群体，通过数据的方式对它进行画像，并且把这个数据最终应用于实践，这个过程中产生的供需或者是算法在实践上都非常有价值。

基于知识计量的 大数据技术发展方向研究

邓启文　沈雪石　刘书雷

国防科学技术大学国防科技与武器装备发展战略研究中心

【摘　要】　大数据及其技术的深度发展和广泛应用，正在引发全球新一轮信息技术的研发浪潮，这将对国防和军队建设产生重要影响。系统梳理大数据技术的发展热点，把握其发展动向，对于推进其发展具有重要作用。大数据技术属于前沿技术，具有研究点分散、不成体系等特点。本文针对前沿技术的发展特征，提出了基于词频计量和共词分析的知识计量前沿技术预见方法，应用于大数据技术发展预测，梳理出大数据技术的未来发展方向和重点技术。

【关键词】　知识计量　大数据技术　发展预测

The Study of the Development Direction of the Big Data Technology Based on the Knowledge Measurement

DENG Qiwen　SHEN Xueshi　LIU Shulei

Center for Defense Science and Technology Strategy, National University of Defense Technology

Abstract: The deep development and widespread use of the big data technology is leading a new wave of information technology R&D wordwide，which will make an important impact on national defense and army building. Systematically tease out the big data technology development hot spot to master its development trend, which has an important effect on promoting its development. The big data technology is an advanced technology, whose characteristics are scattered research point, fragmentation and so on. Based on the development characteristics of the advanced technology, this article proposed a frontier technology prediction method using the knowledge measure based on word frequency measurement and co-word analysis and used this method to forecast the development of the big data technology to analyze its future development direction and key technology.

Keywords: the knowledge measure; the big data technology; the development for cast

2012 年 3 月 29 日，美国出台《大数据研究和发展倡议》，从国家层面力推大数据研发，核心是推进从大量的、复杂的数据集合中获取知识和洞见的能力，大数据因此成为人们研究和关注的焦点。大数据是典型的前沿技术，涉及技术多，未来发展不确定性强，对其未来发展进行科学预测，对于抢占大数据技术发展先机，具有十分重要的意义。技术预见一般通过对技术的历史和当前发展轨迹的探索性外推分析来实现，而这些发展轨迹大多以科技文献的形式存在，科技文献数量及内容的变化可以体现科技的发展变化。常用的技术预见方法，如德尔菲调查法、情景分析法和专家研讨法等，都基于有限数量专家对技术发展轨迹的掌握和技术发展的理解进行技术预测，适用于研究比较深入、已形成体系、研究专家较多的成熟技术领域。大数据这类前沿技术具有未来发展不确定性高、技术点分散、尚未形成技术体系、研究专家较少等特点，其技术预见的主要难点是从大量分散的技术发展历史中梳理未来发展重点。采用德尔菲调查法、专家研讨法等常用的技术预见方法，难以覆盖所有分散的技术点，容易因专家认识的限制遗漏重要的方向，必须采用一种能有效综合集成大量分散技术点的技术预见方法。

一、基于知识计量的前沿技术预见方法的基本原理

知识计量法运用数学、统计学等方法对一定时期内的科研成果进行统计分析，定量梳理科技发展状况、特点和趋势。按照计量对象及其之间关系的不同，知识计量法分为引文分析法、共引分析法、词频计量法、共词分析法等。基于知识计量的前沿技术预见方法是以一定时期内的某一前沿技术领域公开发表的科研论文为研究对象，通过关键词词频计量，梳理出技术重点发展，在此基础上进行关键词共词聚类分析，将分散的技术点聚类为技术领域的研究方向，梳理出此前沿技术领域的体系框架及包含的重点技术，即未来一段时间可能取得突破的前沿技术方向的重点。

（一）词频计量法原理

科技的发展一般要经历孕育、发展、成熟和衰退四个阶段，在整个过程中，表征技术发展成果的文献数量和内容构成上也相应地发生变化。在技术发展孕育阶段，只有少数几篇文献，其内容也大多是一些实验事实和学科概念的讨论；技术发展阶段，文献数量显著增长，内容日渐完整和成熟，主要研究方向的文献大量出现；技术成熟阶段，文献增长变慢并逐渐达到饱和状态，应用文献的比例增大，能够达到成熟阶段的技术一般是发展阶段的主要研究方向。技术衰退阶段，文献数量逐步减少（图1）。词频计量法就是利用科技发展阶段与文献数量之间的对应关系，利用能够揭示或表达文献核心内容的关键词或主题词在某一研究领域文献中出现的频次高低来确定该领域研究热点和发展动向的知识计量方法。由于一篇文献的关键词或主题词是文章核心内容的浓缩和提炼，因此，如果某一关键词或主题词在其所在领域的文献中反复出现，则可反映出该关键词或主题词所表征的研究主题是该领域的研究热点。

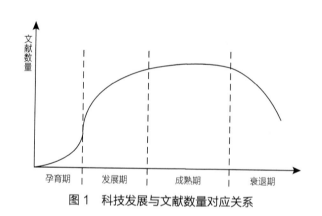

图1　科技发展与文献数量对应关系

（二）共词聚类分析原理

一篇科技文献一般不只有一个关键词，而是有多个关键词。不同的关键词在同一篇文献中共同出现，表示这两个不同关键词代表的技术点之间存在某种联系，共同出现的次数越多，联系越紧密。根据不同关键词之间共同出现的次数，就可以将分散的、看似毫不相关的关键词聚类为不同的研究方向。共词聚类分析就是对技术领域的关键词两两配对，统计它们在同一篇文献中出现的次数，以此为基础对这些词进行聚类分析，从而反映出这些词之间的亲疏关系，进而分析这些词所代表的技术领域的技术方向和重点。共词分析的特点是分析和聚类的指标是技术领域的高频关键词，词与词之间的关系代表着技术方向和重点间的关系，因而聚类处理后所形成的类能够比较简明地揭示科技领域的体系。

二、基于知识计量的前沿技术预见流程

基于知识计量的前沿技术预见方法的流程分为四个阶段：论文获取，关键词计量，关键词共词聚类处理，计量结果分析。整个流程如图2所示，每个阶段完成特定任务，得到特定的结果。

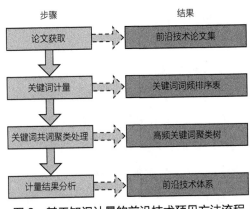

图2　基于知识计量的前沿技术预见方法流程

（一）论文获取

论文获取就是根据研究领域，选取用于知识计量的论文，形成研究对象论文集。论文集中的论文至少应包括下一步处理所需的关键词信息，同时包含其他一些论文基本属性，如题目、作者、参考文献等。选择可信的论文集是进行知识计量的基础，为确保预见结论的可靠性，获取的论文集应尽可能包含本领域的主要论文，一般从国际或国内公认的权威数据库中获取。如美国科学技术信息情报所（ISI）的科学引文索引（SCI）数据库，国内的CNKI数据库等。从选定数据库中遴选与研究主题相关文献的方法主要有两种。方法一是主题词搜索法。即选定主题词，在数据库中检索出某一时间段的所有相关文献记录作为文献计量的对象。方法二是期刊遴选法。即针对选定主题对应的研究领域，从数据库收录的相应领域期刊中选取影响因子居前列的系列期刊（一般为前10～20种），检索出某一时间段的全部文献作为文献计量的对象。期刊遴选法适用于发展较成熟，已形成稳定专业期刊的科技领域，不适用于前沿技术领域。

（二）关键词计量

关键词计量指统计所有关键词在论文集中出现的次数。具体来说就是从前一步获得论文集中提取出所有关键词，并统计所有关键词出现的次数，并将关键词按照出现频次的大小由高到低进行排序，得到关键词词频排序表。关键词提取主要有全文直接词频分析和字段间接词频分析。全文直接词频分析是使用专门的软件工具从全文文本中直接抽取分析对象，用以分析词汇之间的关联关系。字段间接词频分析指在数据库中从关键词、标题、摘要、分类号和其他编入文献著录的字段中抽取分析对象，用以分析文献内容关联。文章的关键词一般能准确反映文章的主要研究内容，本文采取字段间接词频分析方法统计关键词在论文集中的出现次数。

（三）关键词共词聚类处理

关键词聚类处理就是以前面提取的关键词为对象，根据关键词之间的关联度，将有相似属性的关键词分为不同的聚类，梳理出领域的主要研究方向。关键词之间关联度的分析采用共词分析的方法，两个关键词共现次数的多少表示关联度的强弱。关键词共词关系的表示采用共词矩阵的方法，选取需要分析的关键词，将不同关键词同时出现的次数作为共词矩阵中对应元素的值，得到共词矩阵。共词矩阵为对称矩阵，其中主对角线上的数据定义为 0，非主对角线上的数据表示两个关键词共同出现在同一篇论文中的次数。从共词矩阵很难直观看出关键词呈现出的关系，采用下式所示的余弦指数方法计算不同关键词之间的关联度，余弦指数越高，关联度越高。

$$\text{cosine coefficient} = \frac{c_{ij}}{\sqrt{c_i} \times \sqrt{c_j}} \quad （1）$$

其中，c_{ij} 是关键词 i 与关键词 j 共现的次数，c_i、c_j 分别是关键词 i 和关键词 j 在文本集中总共出现的次数。

（四）结果分析

结果分析就是以关键词聚类分析结果为对象，根据各个主要研究方向所包含的关键词，梳理技术领域的技术方向和各个方向的主要技术点，即未来一段时间可能取得突破的技术。

三、大数据技术发展预见

（一）大数据技术关键词计量处理

在 CNKI 数据库中，以大数据为主题，在 2011—2015 年发表的核心期刊论文。

去除非学术论文，得到 6459 篇论文。对关键词集的关键词出现次数进行统计，计算关键词出现的文章数，得到提取出的关键词的出现频次，如表 1 所示。表中关键词"信息安全"对应的频次为 114，表示"信息安全"在 232 篇文章的关键词中出现。将各关键词按照出现频次由高到低进行排序，筛选出出现频次高于 40 次的高频关键词（去除"大数据"），得到表 1 中前 23 个高频关键词列表。

表 1　大数据关键词列表

序号	关键词	频次	序号	关键词	频次
1	物联网	253	13	隐私保护	59
2	云计算	225	14	分布存储技术	54
3	数据挖掘	180	15	数据安全	54
4	大数据时代	154	16	数据中心	52
5	信息安全	114	17	信息服务	50
6	海量数据管理技术	113	18	虚拟化技术 $48	48
7	Hadoop	99	19	MapReduce	46
8	数据分析	98	20	数据融合技术	43
9	信息技术	79	21	储备体系架构	40
10	数据技术	71	22	大数据分析	40
11	网络安全	70	23	平台管理技术	40
12	智能计算技术	59	……	……	……

（二）大数据技术高频关键词共词聚类处理

以前面得到的高频关键词为对象，计算不同关键词在论文集中共同出现的次数，得到纳米技术高频关键词共现矩阵。根据高频关键词间的共现次数，由式 1 计算高频关键词的关联度，根词关联度对高频关键词进行层次聚类，得到如图 3 所示的大数据技术领域的高频关键词共词聚类树。

（三）大数据技术未来发展分析

分析图 3 所示的大数据技术高频关键词聚类图的结构，可以梳理出大数据技术的主要研究方向，每个研究方向包含的关键词代表此方向的重点技术。分析研究方向包含重点技术的技术内涵，定义研究方向，结合专家研讨，可得到如表 2 所示的大数据技术发展重点表，也是未来一段时间有可能取得突破的大数据技术。

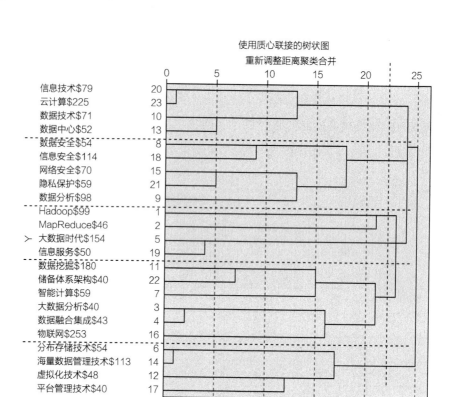

图3　大数据技术高频关键词共词聚类树

表2　基于知识计量的大数据技术发展重点表

领域	方向	关键技术
大数据技术	信息安全技术	数据安全、信息安全、网络安全、隐私保护
	大数据处理技术	数据挖掘、智能计算、大数据分析、数据融合集成
	大数据管理技术	分布存储技术、海量数据管理技术、虚拟化技术、平台管理技术
	大数据应用技术	Hadoop、MapReduce、信息服务

四、结束语

　　基于知识计量的前沿技术预见方法以专家发表的论文为基础，通过对隐藏在大量分散文献中的专家意见的综合集成，定量梳理出前沿技术的发展方向和重点技术，具有客观、量化、系统、直观的优点，可以避免以有限数量专家意见为基础的德尔菲调查法、专家研讨法等技术预见方法产生的研究方向和技术遗漏问题，提升前沿技术预见的科学性、可信度。

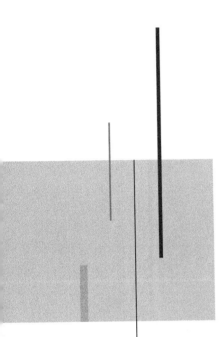

变革中的科协组织

全面提高科协工作科学化水平

王合清

重庆市科学技术协会

【摘　要】　科协要真正成为党领导下团结联系广大科技工作者的人民团体，成为科技创新的重要力量，就必须深入学习贯彻习近平总书记系列重要讲话精神，坚持以科学理论指导科协工作，坚持以科学定位布局科协工作，坚持以科学精神支撑科协工作，坚持以科学方法推进科协工作，坚持以科学制度保障科协工作。

【关键词】　工作　改革　科协

Comprehensively improve the scientization of the work of associations for science and technology

WANG Heqing

Chongqing Association for Science and Technology

Abstract: To be the people's organization uniting and contacting the general scientific and technical workers under the leading of the Chinese communist party and the important force in scientific and technological innovation, associations for science and technology must deeply study and implement the spirits of serial important speeches of General Secretary Xi Jinping, adhere to guidance the work of associations for science and technology with scientific theories, adhere to overall arrange the work of association for science and technology work with scientific location, adhere to support the work of association for science and technology with the scientific spirit, adhere to promote the work of associations for science and technology with scientific methods, adhere to guarantee the work of associations for science and technology with scientific system.

Keywords: the work; the innovation; associations for science and technology

2016 年 5 月 30 日，全国科技创新大会、两院院士大会、中国科协第九次全国代表大会同期召开，习近平总书记发表重要讲话，发出向世界科技强国进军的号召，把科技创新提到了前所未有的战略高度，把科协工作摆在了前所未有的重要位置，为科协职责定了位、为科协组织定了型、为科协工作定了向、为科协系统定了性。科协要"真正成为党领导下团结联系广大科技工作者的人民团体，成为科技创新的重要力量"，就必须深入学习贯彻习近平总书记系列重要讲话精神，使科协工作更好地体现时代性、把握规律性、富于创造性、增强实效性，不断提高科学化水平。

一、坚持以科学理论指导科协工作

理论上清醒，政治上才能坚定。科协保持和增强政治性、先进性、群众性，政治性是灵魂，先进性是关键，群众性是基础，根本在于有科学的指导思想作引领。

科协系统要坚持以马克思列宁主义、毛泽东思想、邓小平理论、"三个代表"重要思想、科学发展观为指导，深入贯彻落实习近平总书记系列重要讲话精神，不断提高马克思主义思想觉悟和理论水平，更加坚定中国特色社会主义道路自信、理论自信、制度自信、文化自信，更加自觉在思想上、政治上、行动上同以习近平同志为核心的党中央保持高度一致。在思想上保持高度一致，科协就要准确把握习近平总书记系列重要讲话精神实质，多做凝心聚魂、汇智聚力的工作，引领科技工作者与以习近平同志为核心的党中央同心同德。在政治上保持高度一致，科协就要在政治方向、工作导向、人生志向、价值取向上，看齐跟紧领导核心，做到声调步调合拍、言行表里如一。在行动上保持高度一致，科协就要做到与领导核心对表、校正方向，同心协力、众志成城，共同为党的宏大事业和宏伟目标而努力前进。

习近平总书记指出："要按照已经认识到的规律办，在实践中再加深对规律的认识，而不是脚踩西瓜皮，滑到哪里算哪里。"我们要深入学习和准确把握习近平总书记关于科技创新、科协工作的一系列重要论述，坚定科协工作的思想底座和行动指南。要善于把遵循科协工作规律与探索科协工作经验结合起来，增强掌握规律、运用规律的本领，既要坚定走中国特色社会主义自主创新道路，又要坚定走中国特色社会主义群团发展道路，既要突出人民团体的共性要求，又要彰显科技创新的个性特点，充分发挥好科协组织推动科技进步、促进经济社会发展的独特作用。

二、坚持以科学定位布局科协工作

科学和鲜明的职责定位，具有定向导航的作用。习近平总书记指出："中国科协各级组织要坚持为科技工作者服务、为创新驱动发展服务、为提高全民科学素质服务、为党和政府科学决策服务的职责定位。"这是党中央和习近平总书记交付给科协的光荣任务。新时期科协组织功能职责内涵在变化、外延在拓展。

要围绕"四服务"职责定位来推进科协组织体制机制创新。加快构建开放式创新生态，统筹网上和网下科协组织建设，增强科协组织的覆盖面、代表性和开放度，促进各类科协组织、科技工作者之间的创新协同，努力实现由封闭型科协组织向开放型科协组织的转变；加快建立各类创新要素优化配置高效利用的集散机制，把各类科协组织和科技工作者纵横交织集合起来，把产学研等创新主体连接起来，聚焦主攻方向精准发力，努力实现由单一型科协组织向枢纽型科协组织的转变；加快建好学术交流、创新创业、人才成长、科学普及、决策服务的平台，接长手臂，扎根基层，努力实现由活动型科协组织向平台型科协组织的转变。

要围绕"四服务"职责定位来推进科协工作内容形式创新。针对科协组织与科技工作者不亲近的问题，要着力健全组织体系、创新服务模式、维护合法权益，提高联系服务科技工作者的能力；针对科协工作与经济社会发展不紧密的问题，要着力打造创新争先行动、创新驱动助力工程等服务品牌，拓宽服务创新驱动发展的路径；针对科普工作与群众需要不适应的问题，要着力建立"科协＋部门"的共建联动模式、"互联网＋科普"的集散供给模式、"保基本＋多样化"的普惠共享模式，增强服务全民科学素质提高的实效；针对科协决策咨询与上级要求不对路的问题，要着力聚焦中心工作、聚焦科技创新、聚焦科技工作者，完善服务党和政府科学决策的机制。"明者因时而变，知者随事而制。"推进科协工作创新，一定要转变目标分散，树立让科技工作者感到有用、让党和人民感到有用的理念；转变自我循环，树立胸怀大局、把握大势、着眼大事的理念；转变照抄照搬，树立提质增效、转型升级的理念；转变路径依赖，树立大科协格局、各方支持配合的理念。实践证明，只有大力改进创新科协工作，才能团结引领广大科技工作者积极进军科技创新和经济主战场，促进科技繁荣发展，促进科学普及和推广，争当创新发展的时代先锋。

三、坚持以科学精神支撑科协工作

当前，我国科技创新正处于从量的积累向质的飞跃、点的突破向系统能力提升的重要时期，科协改革发展正逢天时、地利、人和。习近平总书记指出："不创新不行，创新慢了也不行。如果我们不识变、不应变、不求变，就可能陷入战略被动，错失发展机遇，甚至错过整整一个时代。"因此，提高科协工作科学化水平，既要增强机遇意识又要弘扬科学精神，努力培育敢为人先、宽容失败的创新生态，大力打造鼓励创造、追求卓越的创新文化。

科技创新在哪里、科技工作者在哪里，科协的服务就应该在哪里，重点就应该在哪里。科协干部要紧跟时代发展步伐，主动适应科技创新环境、科协服务方式的深刻变化，大力弘扬以爱国主义为核心的民族精神和以改革创新为核心的时代精神，大力弘扬求真务实、勇于创新、追求卓越、团结协作、无私奉献的科学精神，大力弘扬"想事干、创新招、强协调、重实效"的进取精神，在党和国家事业发展大局中确立科协事业发展的重心，创造性地提出新机制、新思路、新手段，以更加开放的理念聚合力量，以更加务实的作风追求一流实绩。

用科学精神来支撑科协工作，就要在科技工作者中组织开展以"凝心聚魂争创一流、前沿探索争相领跑、短板攻坚争先突破、转化创业争当先锋、普及服务争做贡献"为主要内容的创新争先行动，在科协机关干部中组织开展以"苦练内功增长本领、优质服务增进感情、真抓实干增强效能、革故鼎新增强动力、和谐共进增大影响"为主要内容的提质增效行动。开展这两大行动，有助于调动和尊重广大科技工作者的创造精神，有助于彰显科协组织的地位和作用，有助于激励科技工作者和科协干部争当创新的推动者和实践者，使谋划创新、推动创新、落实创新成为自觉行动。

四、坚持以科学方法推进科协工作

毛泽东同志说过："我们不但要提出任务，而且要解决完成任务的方法问题。我们的任务是过河，但是没有桥或没有船就不能过。不解决桥或船的问题，过河就是一句空话。不解决方法问题，任务也只是瞎说一顿。"推进科协工作不能随意化、表面化，不能机关化、行政化，要根据服务对象，正确运用方式方法，才能收到事半功倍的实效。

习近平总书记倡导了许多思想方法和工作方法，例如，要掌握马克思主义哲学，坚持全心全意为人民服务的根本宗旨，保持战略定力，提高战略思维、历史思维、辩证思维、创新思维、底线思维能力，练好调查研究基本功，发扬钉钉子精神，依靠学习走向未来等。这些科学思想和工作方法，为我们认识问题、分析问题、解决问题提供了有效的方法"钥匙"。

要善于把这些方法"钥匙"运用到科协工作的全过程和各个方面，确保科协工作真正符合基层的实际情况、符合科技工作者的愿望、符合党和人民的期盼。要积极适应现代社会各领域融合发展的新趋势，学习其他领域其他部门的成功经验，借鉴国外的有益做法，善用政治引导的方法、多用精准服务的方法、会用民主沟通的方法、重用制度管理的方法，不断增强科协组织对科技工作者的吸引力、凝聚力、影响力。

五、坚持以科学制度保障科协工作

法规制度带有根本性、全局性、稳定性、长期性的特点。科协组织要把自觉接受党的领导、团结服务科技工作者、依法依章程开展工作有机结合起来，不断完善推进科协工作的法规制度体系。

"法与时转则治，治与世宜则有功。"从重庆科协深化改革的实践来看，抓好制度的顶层设计尤其重要。要加快建立党委领导和政府支持科协工作的制度，完善科协章程体系和工作条例，健全科协代表、委员、常委和兼职副主席履职机制，形成法定的科协机关机构编制方案，建立科学的考核评价机制，建立科技工作者培养举荐、选拔任用、激励保障机制等。这是治本之策，务必引起高度重视。党的十八届六中全为进一步加强和规范党内政治生活、加强党内监督作出了新的规定。科协系统要按照全面从严治党精神抓好党建工作，做到全覆盖、全方位、全过程，把党组织发挥领导核心作用与科协组织领导班子依法、依章程、履行职责有机统一起来，把党的主张通过法定、民主程序转化为科协组织领导班子的决定，为提高科协工作科学化水平提供强有力的政治保障。

法规制度的生命力在于执行。我们要狠抓法规制度的落实，从法规制度上保障科协组织起到党和政府密切联系科技工作者的"桥"的功能，充分发挥科技工作者之"家"的作用，更有效地团结引领广大科技工作者坚定不移跟党走，不忘初心、继续前进，勇挑重担、奋发有为，为建设创新型国家、建设世界科技强国、实现中华民族伟大复兴的中国梦作出新的更大贡献。

关于地方科协智库建设的
认识和思考

程 伟
重庆市科学技术协会

【摘 要】 加强新型科技创新智库建设，是党中央、国务院及地方党委政府的工作要求，是履行
"为党和政府科学决策服务"职责的迫切需求，也是团结引领广大科技工作者积极进军
科技创新和经济建设主战场的重要措施，在地方科协整体工作布局中地位特殊、作用重
要、不可或缺。本文对地方科协智库建设面临的形势和机遇进行了认真研判，基础和条
件进行了系统调研，短板和不足进行了充分剖析，并从顶层设计、发展模式、主攻领
域、人才培养、运行机制等方面提出了加强地方科协智库建设的对策建议。

【关键词】 地方科协 智库

The Cognition and Thinking about
the Construction of the Think-tank of Local Associations for
Science and Technology
CHENG Wei
Chongqing Association for Science and Technology

Abstract: To enhance the construction of the new type think-tank for science and technology
innovation is the requirements of the party central committee, the state council and
local party committees and governments, urgent needs to carry out the duty of "to
serve the party and the government decision-making" and the important measure to
unite and lead scientific and technological workers to actively participate in scientific
and technological innovation and economy construction. It has special location and

important effect in the overall work arrangement of local associations for science and technology, which is indispensable. This article carefully judged the situation and chance of the construction of the think-tank of local associations for science and technology, systematically researched the basis and conditions, fully analyzed the shortages, and proposed countermeasures and suggestions to enhance the construction of the think-tank of local associations for science and technology from the top-level design, the development pattern, main areas, the talent cultivation and the operating mechanism.

Keywords: local associations for science and technology; the think-tank

一、地方科协智库建设面临的形势和机遇

2015 年以来，党中央、中国科协和各地方党委政府纷纷出台加强智库建设的意见、方案、规划和管理办法等，为地方科协智库建设创造了良好的政策环境，提供了难得的发展机遇。

（一）党中央对科协智库建设作出顶层设计

党中央《关于加强中国特色新型智库建设的意见》（以下简称《意见》）中明确提出，发挥中国科协等在推动科技创新方面的优势，在国家科技战略、规划、布局、政策等方面发挥支撑作用，使其成为创新引领、国家倚重、社会信任、国际知名的高端科技智库。党中央批准的《科协系统深化改革实施方案》将"服务党委政府科学决策"作为科协组织的"四服务职能"之一，并用 400 余字的篇幅对中国科协智库建设提出具体要求。国务院将"建设高水平科技创新智库体系"纳入《"十三五"国家科技创新规划》予以重点支持。

（二）中国科协对科协智库建设进行系统布局

中国科协分别于 2015 年 9 月和 2016 年 4 月印发《中国科协关于建设高水平科技创新智库的意见》和《高水平科技创新智库建设"十三五"规划》，对科协系统智库建设进行科学规划，对地方科协智库建设提出具体要求。

（三）各地方党委政府对科协智库建设给予大力支持

各地方党委政府相继印发的加强新型智库建设的实施意见、科协系统深化改革实施方案、科技创新"十三五"规划等都明确表示支持科协智库建设。

二、地方科协智库建设具备的基础和条件

虽然党中央今年才正式将"服务党委政府科学决策"确定为科协组织的重大职责，多数地方科协也是今年才启动智库建设，但是我们有基础、有条件，也有信心建好智库，履行好职责。

（一）科协组织人才荟萃、智力密集、组织健全，具有建设科技智库的良好组织系统

以省科协为例，多数省科协拥有上百个学会组织，指导市县级科协组织，还建有高校科协、企业科协等基层组织、院士专家工作站、海智工作站等服务平台，联系着上百万名科技工作者。相比同级社科院、党校行政学院等智库，地方科协在组织、人才、智力等方面优势明显。

（二）科协组织学术会议众多，蕴含着丰富的决策咨询资源

2015 年，全国各级科协和两级学会共举办学术会议 29105 次，502.7 万人次科技工作者参与研讨，交流论文 96.8 万篇。其中，很多专家发言和论文观点都能转化为决策咨询资源。

（三）国家级科技思想库建设试点，积累了丰富的决策咨询工作经验

中国科协自 2011 年开始，先后启动了三批国家级科技思想库建设试点，30 个地方科协参与，积累了较为丰富的决策咨询工作经验，为开展科技创新智库建设奠定了坚实基础。

（四）中国科协创新战略研究院先行先试，发挥了良好的示范带动作用

作为中国科协智库体系的"小中心"，中国科协创新战略研究院自 2015 年 8 月成立以来，大力开展科技政策、科技发展战略、创新文化和科技人物等方面的研究，有效组织创新评估、决策咨询等活动，工作成果得到李克强、刘延东等领导的高度肯定，为地方科协智库建设作出了示范。

三、地方科协智库建设存在的短板和不足

对比同级社科院、党校行政学院等智库，地方科协智库建设还存在着较大差距，主要表现在以下四个方面。

（一）发展相对滞后

对照党中央《意见》提出的新型智库应当具备的八个基本要素：实体机构、研究团队、特色领域、资金来源、学术平台和成果转化、信息支持、治理结构、国际合作交流，省级社科院、党校行政学院等智库已基本具备新型智库特征，地方科协智库建设还任重道远。

（二）投入相对不足

"为党和政府科学决策服务"是科协"四服务"职责之一，但是多数地方科协在人员、经费等方面的投入相对不足。具体表现在多数地方科协没有正式启动智库建设，没有遴选专业人员专职从事决策咨询工作，省级科协投入的经费也是年均一百万到二百万元的居多，四百万到五百万元的很少。

（三）成果质量不高

虽然绝大多数单位都曾多次获得当地党委政府主要领导甚至党中央领导的批示，但将所有成果汇总分析，碎片化、"浅、轻、散"问题仍然突出存在，领导批示率和部门采纳率依旧不高，专报的针对性、实效性和可操作性亟待提升。

（四）运行机制不活

"人"方面，多数地方科协没有配备既有学科背景、学术造诣又有实践经验、管理能力的专职人员，没有制定专项考核激励制度。"财"方面，经费基本上全部来源于财政，没有建立基金会赞助、公司赞助等渠道，没有通过承担课题、提供咨询、出版刊物等方式获得收益。"物"方面，研究成果主要报送党委政府和相关部门，绝大多数没有通过出版、网络发表、交流研讨等方式传播。

四、对地方科协智库建设的思考和建议

根据对党中央、中国科协相关文件的学习理解，结合重庆市科协参加国家级科技思想库建设试点和承建"一带一路"与长江经济带协同创新研究中心的工作实践，提出六点思考和建议。

（一）把准智库建设的方向定位

地方科协智库，不但要具备科技智库特征，更要突出科协组织特色。建设过程中，要重点把准"为了谁""依靠谁""我是谁"三个问题。第一，"为了谁"。党中央《意见》明确强调"中国特色新型智库是以战略问题和公共政策为主要研究对象、以

服务党和政府科学民主依法决策为宗旨的非营利性研究咨询机构"，明确要求"发挥中国科协等在推动科技创新方面的优势，在国家科技战略、规划、布局、政策等方面发挥支撑作用"。相应地，地方科协智库主要为党委政府在科技创新方面的科学民主依法决策服务，同时继承科技思想库建设试点的优良传统"引领社会思潮"。第二，"依靠谁"。科协由学会和地方科协组成，是科技工作者之"家"。我们认为，从依靠的单位上讲，地方科协智库建设应当重点依靠其所属学会和下级科协，兼顾整合高校等其他方面的力量；从依靠的"人"方面讲，承担科协调研项目的人员应以其所服务的自然科学科技工作者为主，兼顾人文科学和社会科学专家学者的参与。第三，"我是谁"。相对地方科技行政主管部门重点关注科技政策，地方科学研究院重点关注科技战略，地方科协智库要重点关注科技人才，突出科技评估，打造自身特色，让党政领导和社会各界认识"我是谁"。

（二）选择合适的智库发展模式

打造"小中心、大外围"的科技社团智库体系，是科协建设智库的优势和必由之路。"小中心"是智库体系的核心，是党中央《意见》要求建立的实体性研究机构。我们认为，地方科协智库的"小中心"，可以是事业单位，也可以是民办非企业单位。事业单位的优点在于能够纳入财政预算，能够用编制招聘固定人员，还能为专职人员解决工资待遇、职称晋升等方面的后顾之忧；缺点在于目前争取新设事业单位、增加人员编制比较困难，激励制度受到各种限制，还存在着课题承担"论资排辈""末位淘汰"相对困难等问题。相比事业单位，民办非企业单位组建更加容易，人才使用机制、人员薪酬体系、考核激励制度更加灵活；但也存在着资金保障难、人员职称晋升难、与党政部门工作交流难等问题。两种模式各有优缺点，关键在于因地制宜选择最适合自己的发展模式。

（三）明确主攻领域和任务分工

根据《中国科协关于建设高水平科技创新智库的意见》，我们认为地方科协智库应当主攻创新驱动发展战略、科技界发展动向、科技前沿发展趋势、创新文化、创新评估等领域。在资源整合方面，建议"小中心"重点联合学术秘书处承担创新评估的组织联络、报告撰写、成果报送等工作，重点组织科技工作者状况调查站点、学会和下级科协开展科技界情况调研，同时积极争取承担横向调研课题；创新驱动发展战略研究、科技前沿发展趋势研究主要委托学会、高校、企业科协组织实施，创新文化研究主要委托相关社科类研究机构和科技报社组织实施。

（四）构筑强大的"外围"支撑体系

一是搭建固定研究平台。聚焦自身主攻领域，分别与学会联盟、科研院所、人文社会科学重点研究基地、2011 协同创新中心、院士专家工作站等建立若干专业研究所，每年给予持续稳定的资助，鼓励其向精深特方向发展；发挥基层科协联系纽带作用，建立若干研究基地，为区域发展战略提供决策支撑。二是加强对外协调联络。"对上"加强与中国科协创新战略研究院和全国学会的联系，"对外"与兄弟科协智库建立紧密协作关系，"对内"牵头组建本地科技智库联盟，通过寻求专家咨询、共同承担课题、联合举办活动等方式，整合全国和本地科技创新资源为我所用。三是建好学术委员会和专家库，有效地凝聚一批高端领军人才、骨干业务力量和年轻科研人员，为智库建设提供坚实的智力保障。

（五）打造高素质的人才队伍

一是利用事业编制或有吸引力的薪水招聘常驻人员，重点组织创新评估和科技界情况调研、提炼学术会议成果、建设选题库、专家库、数据库、成果库、编辑专报等；二是将科协系统擅长写作的人员作为兼职研究人员，主要从事创新评估、成果提炼等工作；三是设立客座研究员、访问学者、特聘专家等多种类型的研究岗位，依托学会联合体广泛吸引高层次人才；四是依托研究项目，以合同的形式大量聘用项目临时研究人员；五是探索"旋转门"制度，将卸任政府官员等纳入专家队伍；六是积极争取中国科协派员指导工作，争取高校派员实习，争取基层科协组织派员挂职，壮大人才队伍；七是参照中国科协实施"高端科技创新智库青年项目"，培养科技创新智库后备人才。

（六）建立务实高效的管理运行机制

一是建立董事会、理事会、学术委员会等机制，拟定管理章程，对智库的性质、任务、组成、人员、经费、资产等进行明确；二是建立适宜的人事人才管理机制，重点在人才队伍培养使用、人员薪酬体系、职称评审制度、激励机制等方面开展创新；三是建立科研管理体制，重点是允许项目经费的大多数用到人才开支上，给科技人员更大的技术决定权；四是建立科技工作者优秀建议征集制度和学术会议成果提炼制度，发掘科技工作者团体和学术会议智力资源；五是建立成果评审与质量监控机制，重点是分类制定成果质量标准、评审流程、发布机制，保证成果质量。

尽管起步未曾抢占先机，水平尚不尽如人意。但我们相信：只要我们把握大势、坚定信心、抓住机遇、顺势而为，科协智库必将迎来堪当大任、不孚众望的美好明天。

新形势下科协人才工作问题
研究及对策思考

于洪文

山东省科学技术协会

【摘　要】 科协的科技人才工作是党委人才工作的重要组成部分，是科协服务科技工作者的题中应
有之义和核心内容，是科协各项工作中牵头抓总的基础性工作，更是彰显科协工作价
值、提升科协社会影响力的全局性工作。在当前实施创新驱动发展战略，建设世界科技
强国的大背景下，面对科协系统深化改革的新形势、新任务，如何发挥好科协"人才第
一资源"的优势，进一步把人才工作做实、做出成效，更好地为党和政府的工作大局服
务，成为科协人才工作创新发展亟须解决的问题。本文以问题为导向，以科技人才的基
本状况与诉求分析为切入点，系统总结了近年来科协人才工作取得的经验和存在的问
题，并提出了做好下一步工作的意见、建议。

【关键词】 科协　科技人才　诉求　问题　建议对策

A Research on the Problems and Solutions of the
Management of Talents in AST under
the New Circumstances

YU Hongwen

Shandong Association for Science and Technology

Abstract: The management of scientific and technological talents in AST serves as the vital
component of the management of talents in the Party committee. It is the necessary
and central part of the service for the talents. It is also the most fundamental work
of all business in AST, which contributes to improving the social influence of AST
in a comprehensive way. With the implementation of the strategy which is to have

development motivated by innovation, under the background of constructing a great country with advanced science and technology, facing the new situation and new task of the systematic and deeper revolution in AST, the urgent problems for the management of talents in AST to are to exploit the advantages of "Talent Strategy" in AST and to have an effective management of talents to make a better service for the integral work of our party and government. Taking the problems as the orientation and the basic situation of scientific and technological talents as the point of penetration, the thesis systematically concludes the experience and problems of the management of talents in AST in recent years. Meanwhile, the author offers advice and suggestions for the future development.

Keywords: Association for Science and Technology(AST); talents; appeal; problems; suggestions and solutions

科协的科技人才工作是党委人才工作的重要组成部分，是科协服务科技工作者的题中应有之义和核心内容，是科协各项工作中牵头抓总的基础性工作。科协系统深化改革，有效履行"四服务"职责，必须实现科技人才工作的转型升级，把这项工作抓实、抓出成效。为理清人才工作思路，近期我们围绕贯彻落实中央和省委关于人才工作的决策部署，在精心提炼《山东省第二次科技工作者状况调查》《山东省科技工作者需求状况调查》等调研成果的基础上，组织开展了人才工作专项调研，通过组织座谈、实地走访、征求意见等形式，广泛听取科协系统和科技工作者对科协人才工作改革创新的意见、建议，系统总结了科协人才工作的基本经验和存在的问题，明确了下一步工作的主要任务和重点措施，为推动科协科技人才工作的创新发展奠定了基础。

一、当前科协人才工作面临的形势和任务

党的十八大以来，党中央提出实施创新驱动发展战略、构造发展新优势、建设世界科技强国，迫切需要发挥"人才第一资源"的重要作用。科协是党领导下的科技工作者的群众组织，是党和政府联系科技工作者的桥梁和纽带，也是省人才工作领导小组成员单位，具有人才荟萃、智力密集的优势和特点。近年来，中央和省委赋予科协很多新任务、新使命，科协的人才工作在党委和政府人才工作大局中分量越来越重，任务越来越实。

（一）从全国大局来看，协调推进"四个全面"战略布局，大力实施创新驱动发展战略亟待充分激发人才活力

习近平总书记在党的十八届五中全会上提出，创新是引领发展的第一驱动力，人才是支撑发展的第一资源，要把创新摆在发展全局的核心地位，提出了加快建设人才强国的奋斗目标。在全国"科技三会"上，习近平总书记指出，"我国要建设世界科技强国，关键是要建设一支规模宏大、结构合理、素质优良的创新人才队伍"。科技人才是科技创新的核心要素，科协作为为科技工作者、创新驱动发展、全民科学素质提高、党委政府科学决策等服务的群团组织，主要任务是推动创新，主要优势资源是科技人才，在发挥桥梁纽带作用、引智引才、推动创新、科学普及、服务决策等方面担负着重要使命。

（二）从全省大局来看，山东省走在前列、转型发展的新任务对科协的人才工作提出了新的更高要求

当前，山东省仍处于由大到强战略性转变的关键时期，实现"走在前列"的战略目标，加快推进供给侧结构性改革和产业转型升级面临一些深层次矛盾和问题，人才特别是高端人才不能满足转型发展的需要，创新驱动的引擎作用尚未得到充分发挥，迫切要求增强高端创新要素的聚集和承载能力，改革完善人才使用、培养和引进机制，充分激发各类人才的创新活力。省科协担负着团结带领全省 433 万名科技工作者服务山东经济社会发展的重要职责，面对走在前列、转型发展的新任务，各级科协组织要发挥好汇聚科技工作者智慧和力量的优势，在吸引、培育、服务高层次科技人才方面有所作为。

（三）从科协内部来看，中央、省委党的群团工作会议的召开和科协系统全面深化改革的部署，为新形势下的科协人才工作指明了具体方向

习近平总书记在中央党的群团工作会议上指出，"我们必须根据形势和任务发展变化，加强和改进党的群团工作，把工人阶级主力军、青年生力军、妇女半边天作用和人才第一资源作用充分发挥出来"。2016 年 3 月，中共中央办公厅印发的《科协系统深化改革实施方案》提出，要"凝聚带领科技工作者勇担创新发展主力军重任，充分发挥创新作为引领发展第一动力和人才作为支撑发展第一资源的作用"。做好新形势下的人才工作，要深入贯彻落实习近平总书记系列重要讲话精神，遵循科技人才发展规律，树立问题导向，以深化改革为动力，破除束缚科技人才发展的体制机制障碍，构建符合社会主义市场经济规律和科技创新规律、适应创新驱动发展要求的科技

人才治理结构和工作体制。

（四）从科技工作者需求来看，科技工作者的结构和利益诉求的多元化，对科协组织更好地发挥桥梁纽带作用、更加紧密联系科技工作者提出了新的期待

当前，新一轮科技革命蓄势待发，科技变化呈现新特征、新趋势，科技人力资源总体结构年轻化趋势明显，高层次科技人才的竞争加速走向系统化，从拼薪酬待遇、物质条件转为包含体制机制、人文环境的综合竞争。据中国科协《第三次全国科技工作者状况调查》结果显示，科技工作者对现行科技评价导向、科技资源分配和科研管理、职业发展空间等关系切身利益的问题反映较多，科技工作者生活压力大、平均健康状况不容乐观，幸福感还有待提高。随着科技工作者的结构和利益诉求的多元化，科协作为"科技工作者之家"，需要更好地发挥桥梁纽带作用，进一步提升和创新对科技人才的服务能力和服务手段，为科技人才建功立业、舒心生活、成就梦想搭建平台。

二、山东省科技人才的基本状况与诉求分析

准确掌握山东省科技人才队伍的现状与诉求是做好科协人才工作的基础。近年来，省科协通过问卷调查、动态跟踪、课题支持等形式，对全省科技人才队伍进行了系统调研，初步掌握了山东科技人才队伍的规模、分布、结构、诉求等基本情况，详细了解了科技人才对科协组织的需求，为下一步做好科协人才工作指明了工作方向。

（一）基本状况

1. 总体状况

截至 2013 年，全省科技工作者总量为 433.27 万人。[①] 科技工作者平均年龄为 36.9 岁，年龄结构不断趋于年轻化；大学本科学历、硕士研究生学历及博士研究生学历人员有不同程度的提高，人员比例分别为 57%、10.9%、4.6%；专业结构以工学、医学、理学科技工作者最多，分别占 26%、21% 和 19%；职称结构以中级、初级比重最高，分别占 36.34% 和 24.11%，具有正高职称的科技工作者比例为 3.34%；科技工作者从事职业的前三位分别是工程技术人员、医务工作者和中专/中学教师，分别占 29%、21% 和 16%。

2. 高层次人才状况

高层次人才供求不足，数量少，缺乏国际一流的高端人才、领军人才和创新团

---

① 据第二次全省科技工作者状况调查主要数据。

队，与经济发展水平及产业转型升级需求严重不匹配，供给结构不合理。^① 截至 2016 年 7 月，全省拥有两院院士 38 人、国家"千人计划"专家 174 人、"万人计划"专家 113 人，教育部"长江学者" 67 人，"泰山学者" 874 人、泰山产业领军人才 175 人。两院院士总数不到广东省及江苏省的 1/2，"千人计划"专家数只占全国 2.9%，居第 8 位。^② 梯队建设滞后，科研能力偏弱，与产业匹配有偏差，制造业及新材料、新信息、新能源等战略新兴产业缺乏高层次科技人才支撑，应用研发人才和创业型人才少，行业、单位分布不合理，70% 以上分布在高校、科研机构，在企业和生产领域的较少。^③

3. 青年科技人才状况

青年科技工作者是科研队伍中的有生力量，承担着未来科研事业的重任。山东省青年科技工作者研究生教育程度低于全国平均水平，博士学位获得者占 3.8%，硕士占 15.6%，全国平均水平分别为 9.5% 和 28%。从事专业性较强的工作比例低于全国水平，工作内容较为分散，从事研发活动和承担研发项目的比例低于全国水平，56% 的全国青年科技工作者近三年从事过科研活动，山东省仅为 43.6%。^④ 山东省青年科技奖获得者是我省青年科技人才中的"佼佼者"。评选自 1989 年启动，至今已开展了十届，共有 567 人获奖。从学历结构看，青年科学奖获得者在获奖当时的学历以研究生居多，其中博士研究生占到 43%，硕士研究生占到 22%；从获奖时的单位性质看，有 34.8% 的人在高等院校工作，25.8% 的人在科研院所工作，在这两种性质的单位工作的科技人员占到 60.6%，而企业人员比较少，在大中小微企业工作的科技人员总共只占到 17.4%。

（二）主要诉求

1. 政策方面的诉求

科技人才，尤其是在高校、科研机构等事业单位工作的科技人才面临一些政策制约。由于在科技人才的管理体制上，实行与管理干部的同一标准，一定程度上制约了科技人才的创新活力。调查显示，科技人才主要的政策需求是改善科研设施条件、改进科技人员评价机制、支持科技人才创业、重用优秀青年科技人员和促进人才畅通流动，所占比例分别为 13.65%、12.61%、11.93%、11.88% 和 9.33%。^⑤

---

① 山东大学：高层次创新创业人才供求因素研究。
② 山东省委组织部：关于加强我省高层次科研人才队伍建设的调查报告。
③ 山东省委党校：创新型人才推动山东产业转型升级研究。
④ 据第二次全省科技工作者状况调查主要数据。
⑤ 据山东省首次科技工作者流动状况调查。

2. 工作方面的诉求

科技人才在科研中面临的最大困难排名前三位的分别是缺乏经费、自己研究水平有限和辅助人员太少，所占比例分别为 39%、24% 和 13%。科技人才参加学术会议存在的困难主要是缺乏信息、没有机会，占总数的 47.13%。工作中面临的主要困扰排名前三位的分别是跟不上知识更新速度、职务职称晋升困难和缺乏业务学术交流，所占比例分别为 44.25%、39.27% 和 32.36%。创业面临的困难主要有缺乏资金、缺乏好项目，分别占 76.32%、53.22%。[1]

3. 生活方面的诉求

科技工作者的月均工资为 3402.82 元 / 月，工资年收入为 40833.79/ 年，合计 52% 的科技工作者认为收入处于当地中下层水平。生活中面临的最大困难主要是收入低、工作忙不能照顾家庭，分别占 52.27% 和 17.12%。高层次科技人才的配套支持亟须加强，如住房保障、配偶就业、子女入学、医疗保健等基本条件仍然存在不到位的情况。[2]

4. 对于科协组织的诉求

相当一部分高层次科技人才没有加入任何学会和科协组织，特别是从海外引进的高层次人才和青年科技人才，对科协所开展的工作知之甚少。据统计，各类科技人才参加各级学术团体的比重为 3.35%，参加了基层科协组织的比重为 12.97%。科技工作者最希望科协提供的服务，排名前五位的分别是进修培训服务、提供学术交流机会、科技信息与技术服务、职称评审服务和课题研究资助，分别占比为 42.5%、40.8%、36.9%、34.4% 和 25.3%。最希望科协出台新举措、提供新平台，选择最多的三项为建立网上学术交流平台，设立更多人才奖项、增加评选数量并给予一定物质奖励，建设网上科技工作者之家，分别占 53%、39% 和 36.9%。[3]

三、山东省科协人才工作的现状与问题

（一）主要成效与经验

近年来，山东省科协以发挥人才第一资源作用为核心，以奖项推选、精准服务为重点，深入把握科技人才队伍建设需求，广泛搭建服务科技工作者成长成才平台，自

---

① 据第二次全省科技工作者状况调查。
② 据第二次全省科技工作者状况调查。
③ 据山东省科技工作者需求状况调查报告。

觉把科协人才工作融入全省人才工作大局，取得了较为显著的工作成效。

1. 精准服务，团结凝聚各类科技人才

一是以院士候选人推选和高端智库人才管理工作为重点，凝聚高层次科技人才。2015 年，省科协首次全面负责我省中国工程院院士候选人推荐工作，严格按照程序推选产生了 3 位有效候选人。同时，省委组织部等 12 部门联合下发《关于加快智库高端人才队伍建设的实施意见》，依据意见精神，省科协牵头承担了省智库高端人才的遴选认定和管理服务工作。二是以奖项评选工作为抓手，凝聚青年科技人才。开展山东省青年科技奖评选表彰、中国青年科技奖候选人推荐和中国科协求是杰出青年成果转化奖候选人推荐工作，组织了省青年科技奖获得者学术成长跟踪调查。三是以科技竞赛活动为着力点，凝聚青少年后备人才。举办省青少年科技创新大赛等 11 项竞赛，组织开展青少年高校科学营、"中学生英才计划"等青少年科普公益活动。四是以发挥科协组织优势为手段，凝聚代表委员、党委联系专家人才。做好中国科协八大代表服务、九大代表推选和党委联系专家工作。推荐产生了 7 位省科协领导同志联系专家人选。

2. 广搭平台，拓宽人才成长渠道

一是搭建创新创业平台。全面启动学会助力地方驱动发展工程，开展"山东省创客之家"培育评定工作，持续开展"百名专家企业行"活动，建立健全院士专家工作站体系。二是搭建决策咨询平台。建设高水平科技智库，认真开展科技工作者状况调查工作，积极组织建言献策活动，形成了一大批有影响力的决策咨询成果。三是搭建国际交流平台。实施"海智强鲁计划"，凝聚海外人才服务山东发展，开展"扬帆行动"，为青年科技工作者参加境外学术交流提供支持。

3. 宣传引导，优化人才成长环境

一是倡树良好学术生态。联合省教育厅等部门，共同开展科学道德和学风建设宣讲教育活动，营造科技界团结和谐、勇争一流的学术生态环境。二是营造"四个尊重"氛围。组织开展中国科协会员日系列活动，让科技工作者感受到"家"的温暖。启动山东省老科学家学术成长资料采集工程，为研究科技人才成长规律提供资料。开展科技人才专题宣传，在《大众日报》等主流媒体开设专栏、专版，推出一批优秀科技工作者和创新团队典型，树立科技工作者的良好社会形象。

4. 发挥优势，服务人才工作大局

一是积极承担全省人才专项调研。参加山东人才发展专项研究课题督导工作，协调组织开展全省高层次人才调研，承办党委联系专家培训班，参加泰山学者考察工作，参与制定智库高端人才队伍建设意见。二是做好基础服务工作，做好人才资源统计、人才项目申报、人才总结述职等日常工作。

（二）存在问题及原因分析

1. 人才工作是基础性工作，但长期重视不足，投入不足，没有放在科协工作大局中的关键位置系统谋划

一是对科技人才工作规律研究不足，缺乏对全省科协系统人才工作的顶层设计和长期规划。二是高层次人才联系服务工作滞后，联系不亲不近不紧问题突出。比如，没有成立专门针对院士服务和院士候选人推选工作的部门和机构，对现有院士定期拜访、一人一策等精准服务不足，尚未形成联系院士后备人才的长效机制。三是青年科技奖、优秀科技工作者等奖项含金量不足，对人才激励作用不明显。对青年科技人才的成长支持有待加强，"扬帆工程"等工作受经费限制，资助人员少，影响力不足。

2. 人才工作是系统工作，但未形成有效的工作机制，建立起科学的工作格局

一是人才工作各环节割裂，没有形成"链条式"的服务模式。比如，科协领导联系专家制度缺乏配套政策；人才培养、举荐、使用中存在对象错位现象，未形成集约效应，同时，还存在重表彰举荐，轻培养评价的现象。二是统筹协调能力不足，省科协机关各部门及直属单位承担的人才工作力量分散，联系专家、组织活动各自为政，缺乏统筹规划，没有形成合力。比如，没有建立统一的人才资源库，工作设计缺乏连续性，没有形成优势品牌。三是持之以恒抓落实不够，没有建立对重点人才工作的考核机制和追踪问效机制，有些人才工作存在"虎头蛇尾"现象。

3. 人才工作是核心工作，但服务全省人才工作大局能力较弱，社会影响力有待提升

一是支撑发展动力转化和经济转型升级的能力不足。联系科技工作者不够广泛，数量渠道有限，不能有效覆盖和代表我省广大科技工作者群体。据统计，山东省433万科技工作者中，仅有12.97%的科技工作者参加了基层科协组织。[①] 科协联系服务科技工作者的"软平台"多，承担全省人才工作的"硬项目"少，很难进入主战场、主视野，对大局贡献率不高。二是对科技工作者的吸引力凝聚力不强。科协领导机构中基层一线科技工作者的比例偏少，常委中基层一线科技工作者占比仅为68%。在思想政治引领方面缺乏强有力工作抓手。服务手段单一，"网上科技工作者之家"建设刚刚起步，运用微博、微信公众号等新媒体手段能力不强。对科技工作者群体和科协工作的宣传力度不够，科协和科技工作者的整体社会形象不够鲜明。三是组织科技工作者

---

① 据第二次全省科技工作者状况调查主要数据。

参政议政的桥梁纽带作用没有得到充分发挥。省、市、县三级科协的主要负责人只有部分在同级人大、政协兼职，据统计，市级科协主要负责人在同级人大、政协兼职的比例仅为76%，[①] 科协组织在人大、政协独立发声不够；科协组织不能参与人大代表和政协科协界委员的推选，导致与人大代表、政协科协界委员的联系不紧密，组织科技工作者参与民主协商的渠道不畅通，开展界别协商和专题协商存在障碍。

出现以上问题主要原因在于以下三点，一是对科协人才工作的职能定位不准，重视不足。服务科技工作者是科协的基本职责和根本任务，是其他"三服务"的基础，人才工作是服务科技工作者的重要内涵，科协的主体工作没有以服务科技工作者、服务人才为中心进行设计，而是与其他"三服务"并列规划，导致工作割裂、力量分散；二是未成立专门的人才工作机构，没有形成一支懂人才、会管理、擅服务的高素质工作队伍；三是科协人才工作定位边界模糊，与政府部门存在职能交叉，在占有和分配资源方面，处于相对弱势地位，需要党委政府进一步加大支持和保障力度，为科协系统深化改革，开创人才工作新局面提供有利支持。

四、加强新形势下科协人才工作的建议对策

要发挥科技人才在推动创新驱动发展中的作用，关键在于通过体制、机制创新，激发科技人才的创新和创造活力。山东省科协作为省人才工作领导小组成员单位，面对新形势新任务，要找准定位、主动作为，充分发挥联系服务科技人才的桥梁纽带作用，以改革人才工作的体制和机制为突破口，以打造优势工作品牌为重点，着力优化人才成长环境，积极发现、举荐、培养、表彰、宣传科技人才，大力推进科技人才尤其是高层次科技人才队伍建设，为打造我省高层次科技人才聚集高地做出应有贡献。

（一）改革人才工作的体制机制，发挥好人才工作在科协全局工作中的基础和核心作用

将科协人才工作纳入省委人才工作大局，突出科协作为桥梁纽带和资源整合的优势，强化与省委组织部、省人社厅等单位的联合互动，形成"大联合、大协作"的外部工作格局。把人才工作作为科协工作的基础和核心，做好顶层设计，坚持高端定位，理清职责任务。在科协改革中，机关成立科技人才部，负责人才工作的统筹协调、规划指导、监督考核等，事业单位整合成立科技工作者服务中心，负责人才工作

[①] 据山东省科协市级科协基本情况调查。

任务的落实、实施等，形成科协内部"一盘棋"的工作格局。同时，推动市县科协和省级学会人才工作，延伸科协人才工作触角。

（二）创新人才培养举荐机制，服务科技人才成长成才

1. 搭建高水平的学术交流平台

鼓励各级科协和学会组织承办国内外大型学术会议，培育高端、前沿的学术交流品牌，办好山东省科协年会等重点学术活动，吸引国内外高端科技人才和创新团队来我省对话交流，为我省科技人才联系同行、交流思想、开阔视野搭建平台。支持科协系统打造一批精品科技期刊提高所属期刊的学术质量。

2. 加大对青年科技人才的支持力度

与省委组织部联合成立山东省青年科学家协会，为有潜力的青年科技人才成长成才创造条件，为他们发挥才能搭建平台。举办青年科学家论坛，面向协会会员开展"国际扬帆行动"，提高资助金额、扩大资助范围，支持青年科技人才出国参加访学培训、学术交流、项目合作等活动。实施"青年科技人才托举工程"，制订"青年科学家培养计划"，放宽对青年优秀人才的申报要求，对起步爬坡阶段的青年优秀科技人才"扶上马、送一程"，加速青年优秀科技人才的脱颖而出。

3. 扎实做好院士候选人推选工作

落实院士改革的要求，突出学术导向，严格标准程序，更加体现和尊重科学性，更加注重推选符合标准和条件的优秀中青年科技专家和来自工程技术一线的科技专家。做好信息发布、推选人选、组织初审、审核材料、公示和报送结果等各个环节工作，密切跟踪院士推选工作进展，确保把相关领域的代表人选和领军人物推选上去。

4. 进一步壮大科普高端人才队伍

加强高端科普人才的培养和培训，推动更多的科研人员和专家从事科普工作，成为先进科技的传播者、实践者。加大科普研究项目资助力度，鼓励和支持高等院校、科研院所的专家学者开展科技传播等相关研究。建立科学合理的科普人才评价体系，争取把科普高端人才队伍建设列入到山东省人才重点工程。

5. 积极推荐科技人才加入相关学会

支持省科协所属学会重点发展个人会员，鼓励单位会员中的科技工作者以个人身份加入学会。鼓励学会到重点单位、企业发展会员，将优秀的高层次人才向国家级学会进行推荐。支持高技术企业中的科技人员加入学会或科协组织。不断扩大科协和学会组织对科技工作者的覆盖面，增强对科技人才的吸引力凝聚力。

6.多渠道举荐科技人才参选国家级奖项

发挥科协组织优势，认真开展中国青年科技奖、中国科协求是杰出青年成果转化奖、全国优秀科技工作者、中国青年女科学家奖等候选人推荐工作，多渠道举荐山东省优秀科技人才，让高层次科技人才享有崇高荣誉。

（三）创新人才表彰宣传机制，营造尊重知识、尊重人才的社会氛围

1.完善科协人才表彰体系

优化科协奖励结构，提高"山东省青年科技奖""优秀科技工作者""山东科普奖""山东自然科学学术创新奖"等现有奖项含金量。积极推动社会化设奖，结合双创活动周，探索与企业联合设立"创新人才奖"和"创新团队奖"等奖项，加大对高层次人才的物质奖励支持力度，提高企业家的人才意识。

2.深入开展科技人物宣传

利用省级以上主流媒体、手机 APP、微博和微信公众号等，大力地宣传高层次科技名家、中青年科技人物和基层一线优秀科技工作者，宣传科技人才的突出贡献和感人事迹。实施山东省老科学家学术成长资料采集工程，在科技馆新馆建设中，建设老科学家学术成长资料专题展室，弘扬科学精神，营造创新氛围。

（四）创新人才引进使用机制，汇聚科技人才服务我省发展大局

1.创新人才引进方式，打造引才、聚才高地

针对山东引才需求，大力实施"海智强鲁计划"，加强与国外科技团体的联系和合作，采取与省商务厅和省侨联等单位协作共建海智基地、建设海外人才离岸创新基地等形式，创新与国际接轨的柔性引才机制，吸引国际高层次科技人才回国创新创业。与中国科协创新战略研究院合作，研究制定《全国科技人才引才目录》，为我省引智引才工作提供第一手资料。利用山东紧靠北京、上海两大创新中心的区位优势，本着"不求所有、但求所用"的原则，发挥好院士专家工作站的作用，把院士等高层次人才和更多的创新资源引进来，为协同攻关、企业创新服务。将院士工作站纳入到全省人才工作大局，争取财政资金的支持。

2.创新人才使用机制，为科技人才建功立业提供平台

结合市县招商引智工作，深入实施"助力创新驱动发展工程"，通过全国性学会、省级学会积极引才、引智、引项目，搭建产学研协同创新平台。建设高水平的科技创新智库，成立山东省创新战略研究院，借力智库高端人才队伍建设，组织智库高端人才围绕我省产业发展、科技政策等开展前瞻研判和调查研究，为省委、省政府提供更

多高质量的决策咨询成果。实施"精准扶贫专家服务行动"，发挥科协人才在扶贫工作中的作用，以需求为导向，根据具体扶贫项目和扶贫对象需求组建充实全省精准扶贫专家团，根据专家意愿开展结对帮扶，助力全省精准扶贫攻坚战。

（五）创新人才服务保障机制，让科技人才感受"科技工作者之家"的温暖

1. 加强对高层次人才的联系服务

加强对我省"两院"院士的全方位服务，开展院士疗养、休闲考察等活动，搭建多种形式的院士专家服务山东发展的平台，办好《院士建议直通车》，发挥院士在决策咨询等方面的作用。与省委组织部等部门联合开展院士后备人选"精准服务"，对接人选所在单位，建立协调联动机制，拓展精准服务内容。完善科协领导联系专家制度，并出台系列配套政策，省科协主要领导每人联系 1 ~ 2 名院士专家与高层次科技人才，联系频率每年不少于 4 次，听取院士专家对科协工作的意见建议，协调解决院士专家在工作和生活中的困难和问题。

2. 代表科技界发言发声，维护科技人才的合法权益

定期开展科技人才队伍状况调查，了解掌握科技界动态，反映科技人才的意见建议。针对中央和省委科技方面的政策方针，开展政策落实情况等的第三方评估，推动政策落地执行。积极关注科技人才的职称晋升、科研经费管理、科技成果转化等共性问题，组织开展人才政策研究，向党委政府提报政协建议，推动优化人才政策环境。开展网上建家交友活动，建设网上科技社团和科技社区，科协各级领导实名上网，直接听取科技工作者的意见和建议。拓宽科协参与政治协商的渠道，积极参与人民团体协商，发挥好政协科协界委员作用。支持科技人才中的人大代表、政协委员着眼于地方中心工作，围绕经济社会发展重大问题及群众普遍关心的问题，通过议案、提案、专题建议等方式，积极建言献策。

3. 在科技界营造团结和谐、勇争一流的良好氛围

强化对科技人才队伍的政治引领和思想引领，与省委组织部联合举办面向基层一线和青年科技人才、面向党委联系专家、面向智库高端人才的不同层次的国情研修班和读书班，及时宣传解读中央、省委重大决策部署特别是科技创新决策部署。在科技界组织开展"创新争先"活动，大力弘扬新时期山东精神，引导广大科技工作者自觉践行社会主义核心价值观。以学会和高校为重点，持续加强科学道德和学风建设，建立健全科学研究诚信监督机制，遏制学术不端行为，努力在科技界形成维护科研道德、遵守学术规范和恪守科研伦理的良好氛围。

深化改革促进县级科协组织发展

张学东

山西省科学技术协会

【摘　要】　根据科协章程，县级科协是中国科协重要的地方组织，是地方同级党委领导下的人民团体。县级科协组织是全面履行科协职责定位、完成科协事业的第一线力量。但通过调研发现，县级科协的现状不容乐观：人员数量多是 3 人左右且存在养老态势，经费多数仅够维持基本活动需要，业务单一、多以科普为主。长此下去，县级科协组织将会存在被废除的危险。本文通过分析县级科协组织的现状和存在的主要问题，结合"科技三会"习总书记讲话精神及科协深化改革，从科协事业整体协调发展的角度，提出在体制机制方面增强县级科协组织能力的建议。

【关键词】　改革　县级科协　发展

Deeply Reforming and Promoting the Development of the County Associations for Science and Technology

ZHANG Xuedong

Shanxi Association for Science and Technology

Abstract: According to the regulations of the association for science and technology, the county associations for science and technology is the important local organizations of China Association for Science and Technology and people's organizations under the leading of local party committees. County associations for science and technology are the first line to fully perform the duty of the association for science and technology and complete the cause of it. But the investigation on county associations for science and technology found that their situation is not promising: mostly, the staff there is about three people and they are lax in their jobs; funds are not enough for other activities except the basic, their service is just popularization of science given. If this situation continued, the county association for science and technology organization would be abolished. This article proposed the way to enhance the ability of county associations for science and technology from systems and mechanisms, in the perspective of overall coordinated development of associations for science and technology, through analyzing the situation and main problems of the county association for science and technology and combining with the spirit of General Secretary Xi's speech at the three science & technology meetings and the deepened reform of associations for science and technology.

Keywords: reform; county associations for science and technology; development

　　在日常工作中，结合党委和政府及中国科协的中心任务，积极调研科协机构，在一定程度上了解了基层科协组织的编制、人数、年龄结构、工作情况、思想和生活等，在中央深化改革的背景下，深感科协组织机遇与挑战并存，尤其是县级科协，在科协事业中发挥着重要的作用，承担着上情下达、下情上达的功能，应大力加强县级科协组织建设。为加强县级科协组织建设，促进科协事业发展，以下谈谈我对基层科协组织建设的一些想法。

一、新形势下的科协组织

（一）科协组织职责定位

　　根据中央对科协组织的新要求，中国科协第九次全国代表大会修订了《中国科学技术协会章程》，章程中规定，中国科学技术协会是中国科学技术工作者的群众组织，是中国共产党领导下的人民团体，是党和政府联系科技工作者的桥梁和纽带，是国家推动科学技术事业发展的重要力量。中国科协深入贯彻习近平总书记系列重要讲话精神，认真履行为科学技术工作者服务、为创新驱动发展服务、为提高全民科学素质服务、为党和政府科学决策服务的职责定位，促进科学技术的繁荣和发展，促进科学技术的普及和推广，促进科学技术人才的成长和提高，反映科学技术工作者的意见建议，维护科学技术工作者的合法权益，营造良好科学文化氛围，坚定不移走中国特色社会主义群团发展道路，不断增强政治性、先进性和群众性，建设开放型、枢纽型、平台型科协组织，真正成为党领导下团结联系科技工作者的人民团体，提供科技类公共服务产品的社会组织，国家创新体系的重要组成部分。章程明确，科协组织要坚持政治性、群众性、先进性的属性，建设三型平台，要坚持四个服务，这是科协组织的基本特征。章程明确了科协与党、与政府、与科技工作者、与国家科技事业的关系，具有鲜明的政治属性、群众属性和职能属性。

（二）科协的组成

中国科学技术协会由全国学会、协会、研究会、地方科学技术协会及基层组织组成。地方科学技术协会由同级学会和下一级科学技术协会及基层组织组成。地方科学技术协会指省、自治区、直辖市、市（地、州、盟）科学技术协会和县（市、区、旗）科学技术协会，是中国科学技术协会的地方组织，是地方同级党委领导下的人民团体。各级科协组织依次接受上级科协的业务指导。科学技术工作企业事业单位和有条件的乡镇、街道社区等建立的科学技术协会、农业技术协会是中国科学技术协会的基层组织。科协组织是网络结构，横向很宽，覆盖到所有的科技工作者群体；纵向很深，一直延伸到基层一线。科协组织是全国性组织，联系了我国 8000 多万名科技工作者。

（三）科协的工作方式

坚持民主办会原则，运用群众工作的方式方法，紧紧依靠广大科技工作者完成党交给科协组织的任务，组织动员广大科技工作者积极投身经济建设和科技创新主战场。

二、科协组织的服务对象

下面是关于从事科技工作人员的几个概念：

第一，R&D 人员。指直接从事 R&D 活动的人员，以及直接为 R&D 活动提供服务的管理人员、行政人员和办事人员，是科技活动人员的重要的组成部分。

第二，科技活动人员，直接从事科技活动以及专门从事科技活动管理和为科技活动提供直接服务的人员。如从事 R&D 活动及 R&D 成果应用的人员，进行科技教育培训的人员，从事科技服务以及科技管理的人员。

第三，专业技术人员。指专门从事专业技术工作和专业技术管理工作的人员，包括企业事业单位中已聘任技术职务的从事专业技术工作和专业技术管理的人员。标准为中专以上或取得初级及以上专业技术职称。其中的工程技术人员、卫生技术人员、农业技术人员、科学研究人员和教学人员五类人员与科技活动有关。

第四，科技人力资源的概念，这是一个学术概念。界定为满足下列条件之一的。①接受科技领域大专学历教育或大专以上学历教育的劳动力。②从事科技工作的，具有上述资格的科技职业人。科技活动人员、R&D人员、科技领域的专业技术人员等都是科技人力资源的一部分。可简化为，大专及大专以上学历人员和具有专业技术职称人员、技师和高级技师人员、乡村医生和卫生员。科技人力资源还具有潜在资源的意识。

根据章程，科协组织的服务对象是科学技术工作者，是以科技工作为职业的人员，这是一个政策概念，是科学和技术知识的产物，发展传播和应用活动的劳动力，涵盖了专业技术人员、科技活动人员、科研人员、科学家和工程师等多个层次的人员。实际工作中，主要指自然科学教学人员、科学研究人员、工程技术人员、卫生技术人员、农业技术人员及实际从事系统性科学技术知识创造、开发、普及、推广和应用活动及科技管理的其他人员。其范围要比科技活动人员和R&D人员大，它包含了科技职业在内，反映了实际在岗的人员数量。登记数据来自专业技术人员统计，但近年来，随着非公有制经济成分的扩大，统计特征已存在缺陷。

科协工作人员应准确理解科协组织的服务对象。

三、科协组织的特点

通过调研发现，科协组织具有如下特点。

科协系统工作较稳定，且层级越高越受党委政府重视。科协工作人员文化素质高，工作热情高，对科技作用的理解较为准确和理性。科协组织的文化氛围较浓，科协的工作领域界定较广泛，为科协工作发挥创造力提供了空间。

科协工作的主要方向与科协主要负责人关联度较高，与主要负责人过去的经历和对科协中心工作的把握密切相关。

科协总体上讲是小部门，外界对科协了解不多。科协系统内各级科协之间的紧密度一般，存在工作复制且领导与被领导关系不紧密的现象。

科协工作人员的补充除新考录公务员外，还不断有外系统调入，形成了包容性强的科协文化。

四、县级科协组织基本情况（以山西省为例）

（一）有工作基础但基础较薄弱

近年来，山西省科协对全省所有的市县科协组织进行了一次全面调查和走访。通过调研发现，多数县级科协存在独立建制的组织，有一支队伍。县级科协机制独立、健全，经费、办公场所、内设机构、工作人员、办公设备具全，但工作人员较少，通常是3人左右，基本无内设机构，同时基本没有下一级乡镇科协。

县级科协工作人员对科协工作有热情，熟悉基层具体需求，但是县级科协工作人员，总体上对科协组织的性质、任务、使命、工作职责、服务对象、隶属关系的认识不全面，理解不到位，缺少学习进修的机会，可供有关科协理论学习的书籍较少，多限于公民科学素质读本。在基层，科技知识普及工作者工作较忙，基层科协工作人员、尤其是基层女科协工作人员工作较辛苦。调查同时也发现，参加过中国科协县级科协主席培训的科协主席对科协理解明显更深，工作能力更强。

县级科协所属学会，通常数量不多、活动较少、管理关系复杂。学会多是教育行业、农业行业、气象水利等行业的学会，工业方面的学会很少。

所以县级科协（市级科协多数也是同样情况）与经济领域、创新主体的联系不紧，存在一定距离。在县科协，开展创新活动，既缺人又缺渠道，开展决策咨询也缺合适的研究人员。

县级科协的主要业务工作不均衡，普及工作"一枝独秀"，科协基本属性、政治属性体现不足，专业属性体现不全。在县级科协，主要业务工作均是围绕科学普及、全民科学素质提高而开展，普及部是主要部门。学会组织较少，管理松散，学术活动较差。宣传工作无独立部门，具体工作由办公室人员完成，宣传工作不规范，多限于信息报道。对人才举荐和决策咨询工作认识不足，开展不够。县级科协基本属于边缘组织，党委政府对其缺乏重视，县级科协领导主动向同级党委汇报工作的机制也不健全。

（二）县级科协组织存在的主要问题及原因分析

县级科协组织工作单一，存在组织生存危机。县级科协领导多数对科协的性质不了解，缺乏战略思考，工作重点不突出，思路局限在完成科普工作；缺乏对科协基本属性的思考，组织建设工作无具体措施，缺乏凝聚力；缺乏对科协政治属性的了解，与地方党委的中心工作联系不密切，不被关注；具体业务能力不高，大局观不强；创新文化不浓，团体文化不强。宣传工作主要限于科普宣传，人物宣传弱，未引起各方重视。服务科技工作者的意识不强、手段缺乏。

原因分析：县级科协主要领导多来自其他部门，未接受规范的业务培训，对科协的性质理解不到位；不理解科协的政治属性，未能建立向当地党委定期汇报的工作制度。科协的工作不具备科协特征，未能很好地融入党委和政府的工作大局，在当地党委政府中心工作中所起的作用不突出，易被其他部门取代；工作人员缺乏进修培训的机会，理论水平不高，业务工作仅是简单的重复。

通过调研也发现，县级科协工作人员有如下意愿：愿意加强县级科协工作，希望能接受培训，提供进修学习的机会；希望加强纵向、横向的交流；希望上级科协部门安排工作时能统筹考虑，减轻基层工作人员的压力；科普产品开发应加强针对性、定向性研究，应符合基层的客观需要；在乡镇一级建立基层科技联络员制度，突破工作落实的瓶颈。党委听取科协工作汇报应有相关文件，建立健全自上而下的制度；应有明确的文件规定科协的政治待遇；加强科协宣传工作及对科技工作的宣传；加强基层科技人员的表彰力度，增强凝聚力等。

五、深化改革，加强县级科协组织建设，推动科协事业迈上新台阶

中共中央办公厅印发《科协系统深化改革实施方案》后，科协系统将承担更重要的历史使命。在科技创新体系建设和科学技术传播方面均要发挥重要的作用。在经济新常态下，实施创新驱动发展战略，推动"双创"活动，改变经济增长动力，科技工作者成为举足轻重的群体，科协作为党和政府领导下的团结联系科技工作者的社会组织，各级科协均需要行动起来，认真贯彻中央精神，主动向当地党委汇报，加强科学组织建设，团结引领当地科技工作者，服务经济发展。

县级科协一定要正确、全面地认识科协的工作职责，科技研究人员、工程技术人员、农业技术推广人员、医疗卫生人员、自然科学教学人员等均是科协的服务对象。科技人员不仅是先进生产力的代表，还是先进文化、社会活力的代表，还应是社会主义核心价值观的代表，这是县级科协正确履行职责的基础。

为深化科协系统改革，促进县级科协组织发展，需要以"四个全面"战略布局和"五位一体"总体布局为统领，以"五大发展理念"为引领，切实发挥科协组织在创

新发展战略中的作用，建议在以下方面发力。

（1）为县级科协工作人员多提供培训和进修的机会，增强对科协组织性质的理解、对服务对象服务的能力；提供纵向、横向的交流，促进科协事业共同发展。

（2）认识县级科协工作人员少的实际情况。安排工作应统筹考虑，减轻基层工作人员的压力；加强科普产品开发的针对性、定向性研究，满足各地的特殊需求；加强县级科协组织的建设，在基层科技工作者相对密集的医疗卫生机构、学校中建立社会团体，在乡镇一级建立基层科技联络员制度，突破工作落实难的瓶颈。

（3）加强县级科协组织建设和工作网络建设。在工作引领方面，除开展农村科普、社区科普外，还要有针对性地组织县级科协通过开展政策宣讲、学术交流等活动，传递党委政府的最新精神，为科技人员提供学术交流、参加学术会议的信息和机会，实现上情下达。并通过县级科协组织了解基层科技工作者的心声。要举荐年轻科技人员，宣传老科技人员，通过决策咨询反映科技人员的工作、生活等方面的困难、问题及他们对当地发展的建议，努力做到下情上达。

（4）党委听取科协工作汇报应形成自上而下的制度。争取出台文件，明确规定科协的政治待遇；强化基层科协组织的换届要求，努力发展会员，明确其群众属性特征。加强科协宣传工作及对科技工作的宣传的管理和制度建设；加强对基层科技人员的表彰力度，增强科协的凝聚力。

（5）加强上挂下派工作。中国科协、各省科协均应安排合适的人选分别在市县级科协挂职副主席（主席），推动基层科协改革，引领基层工作人员对科协工作的理解与把握，加强与当地党委政府的联系。

（6）培养大学生县级科协干部。招聘大学生任县级科协干部，列入组织部门序列，既为优秀大学生提供基层工作锻炼的机会，又提高县级科协的活力及对科技前沿发展的理解，建立一个开放的科协组织。

中国科协与国家级企业事业单位科协的组织隶属关系的研究 [①]

李 磊

北京市科学技术协会

【摘　要】　本文从中国科协组织体系的角度，对国家级企业事业单位科协的现状及原因进行比较分析，根据加快促进自主创新能力提升和创新驱动转型升级的形势要求，提出国家级企业事业单位科协加入中国科协的意见建议。

【关键词】　国家级企业事业单位科协　中国科协　组织隶属关系

The Study of Organizational Affiliation of China Association for Science and Technology and Associations for Science and Technology of National Enterprises and Institutions

LI Lei

Beijing Association for Science and Technology

Abstract: From the system of China Association for Science and Technology, this article analyzed and compared the situation and its cause of associations for science and technology of national enterprises and institutions. It proposed advice for associations for science and technology of national enterprises and institutions joining in China Association for Science and Technology, based on the need of promoting

---

① 2015年，中国科协为"九大"章程修改成立了学会组、地方科协组和综合组的三个调研组。本文是北京市科协夏强书记任组长的地方科协组的一项子研究。本文所指的国家级企业事业单位包括大型央企、部属高校以及科研院所，它们不仅集中了领域内高端人才，而且具有副部级甚至部级的规格，在国家创新体系中占有重要地位。为行文方便，将它们统称为国家级企业事业单位。

the independent innovation ability and innovation driving the transformation and upgrading.

Keywords: associations for science and technology of national enterprises and institutions; China Association for Science and Technology; organizational affiliation

企业是国家科技创新的主体，高校和科研院所是我国基础研究和原始创新的重要源头，尤其是大型央企、部属高校及科研院所科研资源集中、高端人才荟萃，是我国深入实施创新驱动发展战略，实现从要素驱动到创新驱动的重要引擎，在国家创新体系中占有举足轻重的地位。中国科协是科技工作者的群众组织，作为国家创新体系中的重要力量，推动国家级企业事业单位成立科协，理顺组织隶属关系，对更好地激发广大科技工作者的创新活力，加快促进自主创新能力提升和创新驱动转型升级，具有十分重要的现实意义。

从中国科协的组织体系看，不管是科协还是学会，都是国家、省、市、县的四级分层管理模式，层级清晰，管理规范。唯有基层组织，既有国家级、省市级等企业事业单位，也有乡镇、街道科协，甚至包括社区科普协会，单位的级别规格、人员构成等差异显著。我们的研究思路是对国家级企业事业单位科协的现状及原因进行分析比较，根据当前形势的需要，结合历史发展的沿革，从组织隶属关系的角度，提出针对性的意见建议。

一、国家级企业事业单位科协的现状

（一）基层组织覆盖面不高、活力不强

根据中国科协有关单位的调研数据，2014年全国建立企业科协21000多个，占到全国规模以上企业总数的8.2%；截至2008年年底，在全国调查的1665所高校中，建立高校科协274所；2010年对国有3000余家科研院所的调查显示，存在科协组织独立建制的有13个，挂靠学会或成立老年科协，在一定程度上开展了科协工作的有71个。从全国的调研数据看，企业、高校和科研院所成立科协的比例不高，并且组织建设不规范，职能边界不清晰，存在被边缘化倾向，总体来看基层组织活力不强。

（二）国家级企业事业单位科协数量少

从调研情况看，不少大型央企的地方公司或子公司成立了科协组织，但集团总公

司成立科协的数量不多；部属高校只有 27 家成立了科协组织。以全国科技资源最为集中的北京市为例，在 338 家企业科协中，央企科协仅有 7 家；在 37 所部属高校中成立科协的只有 6 所，国家级科研院所科协只有 1 个。

二、形成现状的原因分析

（一）历史沿革

1958 年，全国科联和全国科普合并成立中国科协，全国科联所属的全国学会成为中国科协的团体会员，接受中国科协的领导；全国科普的个人会员加入相应学会成为学会的个人会员，中国科协没有个人会员，厂矿等基层科普协会改为厂矿科协，成为中国科协的基层组织，但没有直接的隶属关系，并且一直延续下来，形成了目前中国科协由全国学会和地方科协组成，以学会为主体，更加注重学术权威的组织体系。

（二）隶属关系比较复杂

中国科协 2008 年制定的《企业科学技术协会组织通则》明确企业科协由所在地科协批复成立并进行业务指导，中国科协、教育部《关于加强高等学校科协工作的意见》要求，高校科协要经过高校党的隶属关系所在地科协批准成立，成为其团体会员并接受其业务指导。这主要涉及两个关键问题：一是怎样依托党的隶属关系推动科协成立。二是企业事业单位科协应当由谁批准成立。

从党的隶属关系看，科协组织是在党的领导下，依托各级党组织，分层分级形成的组织体系。由于许多央企集团总公司是部级或副部级，党的隶属关系在国资委，不在地方；部属高校的党的隶属关系虽然在地方，但人事关系不在地方。多数国家级企业事业单位与地方科协不在同一个党委领导下，从而导致一些政策要求和文件规定难以落地。即使党的隶属关系在地方的，由于与地方科协在级别规格上不对等，成为实际工作中严重制约科协组织建设的重要原因。

从批准科协成立的组织来看，目前采取地方科协批准成立的做法也是需要探讨的。既然国家级企业事业单位科协是在单位党委的领导之下，那么相应地科协成立也应当由党委来批准，但在业务上应按照党的隶属关系接受同级科协的指导。

（三）行政级别不对等

《中国科学技术协会章程》规定：科学技术工作者集中的企业事业单位和有条件的乡镇、街道社区等建立的科学技术协会（科学技术普及协会），是中国科学技术协会的基层组织，接受地方科学技术协会的业务指导。这条规定将国家级企业事业单位与乡镇、街道社区并列，忽视了其部级或副部级的行政级别，这是推动国家级企业事业单位成立科协组织的重要障碍。不久前，中国科协联合国资委出台了《关于加强国有企业科协组织建设的意见》，某大型央企集团公司领导非常重视，经过研究明确提出，可以成立科协，但要比照地方、按照省市级科协管理，否则不成立。这个典型案例凸显出对基层组织没有进行分层分级管理的弊端所在，也成为制约国家级企业事业单位成立科协组织的重要原因。

（四）职能边界不清

国家级企事业单位科协不是法人组织，作为单位的内设部门，其工作职能虽然比较明确，但工作边界不清、交叉严重。如科协维护科技工作者权益与工会维护职工权益的覆盖群体基本相同，科协推动科技创新与企业研发部门、高校科研部门职能相近，并且这些单位的科协往往不是独立建制，人员大多是兼职、流动性大，许多工作缺乏持续性。正是由于科协职能边界不清，人员多为兼职，导致科协组织缺少明确、独立的工作领域，工作活力和持续性不强，这也成为影响科协组织建设的重要原因。

三、推动国家级企业事业单位成立科协的必要性

中央书记处明确指示，"哪里有科技工作者，科协工作就做到哪里；哪里科技工作者密集，科协组织就建到哪里；哪里有科协组织，建家交友活动就开展到哪里"。特别是在当前全面深化改革的新形势下，服务创新驱动发展的国家战略，中国科协需要在国家级企业事业单位科协的组织建设上，提出新思路，实现新突破，才能真正成为国家创新体系中的重要力量。

（一）完成中央赋予的服务科技创新的任务要求

科技创新需要大量的资源投入，国家重点实验室、科研团队、联合攻关成为科技创新的基本前提。企业是科技创新的主体，2014 年我国科技研发经费投入占到 GDP 总量的 2.1%，其中 76% 都在企业；科技创新的关键是基础研究和原始创新，根据国家科技战略布局，这些资源主要集中在高等院校和科研院所。推动国家级企业事业单位建立科协组织，中国科协既能通过全国学会组织动员全国最高层次的科技人才资源，又能通过国家级企业事业单位科协进入科技创新和经济建设的主战场，可以更好

地完成经济发展新常态下中央赋予科协的责任与使命。

（二）提高科技工作者代表性和凝聚力的需要

科协是科技工作者的群众组织，中国科协不仅要通过全国学会代表国家最高的学术水平，而且要通过地方科协，特别是基层组织代表全国广大科技工作者的根本利益。实现全面依法治国，发挥科协组织在法治社会建设中的积极作用，必须要提升中国科协作为科技工作者的群众组织的代表性和凝聚力，拓展科技工作者参与民主政治建设的通道。推动国家级企业事业单位成立科协，可以增加基层代表的推荐渠道，能够更好地把奋战在科技创新主战场的一线科技工作者的优秀代表推荐上来，使中国科协具有更加广泛的代表性和更加强大的凝聚力。

（三）发展壮大科协基层组织、完善组织架构的需要

中国科协 1996 年制定的《企业科学技术协会组织通则》明确要求，对中央直属特大型企业以及跨省、自治区、直辖市的企业集团建立科协，可报中国科协批准（或备案）。推动国家级企业事业单位成立科协，一方面，中国科协可以提供更大的舞台，整合更多的资源，使之成为国家科技创新的典范；另一方面，这些单位都是行业龙头，能够在全国起到示范引领作用，会促进更多的地方企业事业单位加入科协组织，进一步发展壮大科协组织体系。根据《中国科学技术协会章程》，中国科协由全国学会和地方科协组成，缺少基层组织部分，组织结构存在欠缺。国家级企业事业单位科协加入中国科协，可以使中国科协在组织结构上更加科学完整，能够制定更加有效的政策措施，对地方科协也会具有更强的指导作用。

四、国家级企事业单位科协加入中国科协的方式

根据研究比较，我们建议国家级企事业单位科协加入中国科协可以选择两种方式。

一是以基层组织的形式直接加入中国科协。国家级企事业单位科协由所在单位党委批准成立，由中国科协进行业务指导，这种方式的好处是直接明了，一竿子到底，便于中国科协直接指导，能够最大限度地发挥企事业单位科协的作用。潜在问题是国家级企事业单位数量较多，会对中国科协的组成部分造成较大的改变，甚至需要新设相应的管理机构，并且需要对《中国科学技术协会章程》进行重要修改。

二是以会员的形式间接加入中国科协。国家级企事业单位科协由所在单位党委批准成立，作为会员分别加入全国企业及高校、科研院所科协工作研究会，同时推动

全国企业及高校、科研院所科协工作研究会以团体会员的形式加入中国科协，从而实现中国科协对国家级企事业单位科协的业务指导。这种方式短时期内不会对中国科协的组成部分造成较大的改变，可以作为一种过渡手段，根据形势发展需要，在代表名额、工作开展等方面逐步加大对国家级企事业单位科协的倾斜力度，待条件成熟后，再采取第一种方式，实现直接指导。

五、问题与讨论

2016 年 5 月，中国科协召开第九次代表大会，对章程进行修改，明确中国科学技术协会实行团体会员制。学会和高等学校科协、大型企业科协等基层组织，符合条件的，经批准可成为同级科学技术协会的团体会员。虽然章程对企事业单位科协以团体会员的名义加入同级科协作出了原则规定，但在实际执行中还存在一些问题。

一是符合条件和同级的关系，科协的层级很清晰，基层组织则不然，其中很大比例是非国有企业，或者民营企业，这部分企业如何区分层级？二是团体会员和基层组织的关系，按照章程规定，企事业单位成立科协就是中国科协的基层组织，基层组织要经过申请符合条件，还要经过批准才能成为团体会员，这个过渡期内也需要具体的可操作性的规定。三是法人单位和非法人单位的关系，企事业单位科协是内设部门，不是法人单位。学会是民政部门登记的社团法人。两者都作为科协组织的团体会员，权利与义务有何不同，是否需要区分，怎样进行区分？这些问题需要我们在实践中不断探索，继续创新，才能更好地破解，使科协组织真正成为国家创新体系的重要组成部分。

非试点地方科协改革发展若干问题思考

郑　华　徐继平　曾　波

武汉市科学技术协会

【摘　要】　地方科协改革发展是科协系统创新发展的内在要求，是科协系统上下联动、协调发展的重要内容，也是在地方层面深化改革的重要组成部分。面对全国科协系统深化改革的新形势，必须超越改革试点，以更大的勇气做好地方科协改革发展的设计者和实践者；必须超越机关改革，以更大气力做好、学会能力提升的孵化器和加速器；必须超越科协自身，以更宽阔的视野在群团联动中实现改革发展的共生共荣。

【关键词】　非试点　地方科协　改革发展

Reflections on the Reform and Development of Non-pilot Local Associations for Science and Technology

ZHENG Hua　XU Jiping　ZENG Bo

Wuhan Association for Science and Technology

Abstract: The reform and development of local associations for science and technology is an inherent requirement of innovative development and important content of coordinated development of the upper and lower linkage with the associations for science and technology, as well as important part of deepening reform at the local level. Facing the new situation of deepening reform of associations for science and technology nationwide, it is necessary for us to go beyond the pilot reform and become better designers and practitioners of the reform and development of local associations for science and technology with greater strength. We must go beyond the reform of the government to better improve the learning ability of incubator and accelerator. It is necessary to transcend the association itself and realize the symbiosis of reform and development under the linkage situation of mass organizations in a broader perspective.

Keywords: non-pilot; local associations for science and technology; the reform and development

地方科协改革发展既是党的要求,是在地方层面深化改革的重要组成部分,是科协系统的内在要求,更是科协系统上下联动、协调发展的重要内容。考察科协改革发展,要有一个较高的站位。一是要有历史的考察,主要是对科协系统自身改革发展有一个历史的认识;二是对科协系统的自身改革发展有现实的考察,认清科协改革的关键、重点和难点;三是对科协系统的自身改革发展有全视野的考察,即跳出科协看科协,站在全面深化改革和群团改革的背景下来思考问题。在上海、重庆首批进入全国地方科协深化改革试点后,作为非试点单位的其他地方科协,如何面对新的形势,积极筹谋,加快发展,同样应基于以上站位。鉴于此,本文从超越改革试点、超越科协机关和超越科协组织自身的角度,探讨新形势下地方科协的深化改革、创新发展问题。

一、超越改革试点,以更大的勇气做好地方科协改革发展的设计者和实践者

2015 年 12 月 21 日召开的党的十八届中央书记处第 23 次办公会议和 2016 年 1 月 11 日召开的中央全面深化改革领导小组第二十次会议,分别审议并原则通过了《科协系统深化改革实施方案》。2016 年 3 月,中共中央办公厅印发了《科协系统深化改革实施方案》。5 月,重庆、江苏,7 月,上海、青海相继出台了科协系统深化改革实施方案,甚至常州、武隆也出台正式方案。9 月,地方科协深化改革工作交流研讨活动在郑州召开。全国学界和各级科协结合理论和实际,对地方科协深化改革问题作了理论和实践探索。深化改革是大势所趋。以试点为基础,地方科协整体改革或早或迟,都必须提上议事日程。试点之外的地方科协,大多进入改革倒计时,有的已经紧锣密鼓地付诸实践。9 月,湖北省科协提出了改革方案征求意见稿。武汉市自 2015 年底即开展科协改革调查,并在智库建设中专门设置武汉市科协系统改革发展创新课题研究,目前正着手完善改革方案。

中央将群团改革作为全面深化改革的重点内容,改革开放以来绝无仅有,关于科

协改革的旗帜非常鲜明，任务部署很全面、很具体、要求很严格，但在实践中确实存在等待观望、照搬照抄、出台易、落地难的现象。在一些层面、一些地方，改革进入深水区，一些亟须解决的问题凸显出来，对非试点地区来说，这既是极好的借鉴，更是超越的基础。

（一）克服等待观望思想，主动迎接改革发展良机

习近平总书记强调："要防止'改革与我无关，开放离我很远'的错误认识，切忌等待观望、裹足不前或自我陶醉、自我满足。"（习近平：《在省部级主要领导干部学习贯彻十八届三中全会精神全面深化改革专题研讨班上的讲话》）科协是一个多重量级的科协，它不仅是中国科协机关及事业单位1000多人的科协，也不仅是全国5万余名专职科协工作者的科协，而是全国7000万人科技工作者的科协。这是我们自己的精神家园，大家都身在科协之中，都是科协人，都有义务为把科协建设好提供支持和帮助。不可否认，有相当一些地方科协的领导都是在一定年龄上从其他相对"关键""中心"的岗位上调任科协，他们有着较高的政治素养、较丰富的工作经历、较强的工作能力，当然知道改革的重要性和必要性。但由于面临职业生涯的末端，由于对科协工作的理解程度深浅差异，在实际工作中求稳怕乱，特别是在制订改革方案的时候，容易出现等一等、看一看、慢半拍的问题。他们不大愿意快速进入改革推进的一线，甚至不愿意深入基层调查研究，害怕影响稳定、唯恐出乱子，精神懈怠，安于现状，小心谨慎，缺乏改革发展的动力和敢闯敢干的勇气，致使改革过程"一波三折"，迟迟难以推进，并在一定程度上影响科协工作人员的积极性。从当前情况来看，关键是要从解决思想认识问题和改革态度问题入手，以求在更大范围、更深层次促进非试点地方科协加快改革发展。因此，在推动科协改革的进程中，首先要解决的是思想问题、认识问题，防止"精神懈怠病"，克服"改革恐惧症"，彻底消除"不愿改、不敢改"等畏难情绪。

（二）克服患得患失思想，全面维护改革发展利益

改革是一场革命，深化改革更是一场深刻的革命。华为生存法则之二十五："世界上最难的改革是革自己的命，因为触及自己的灵魂是最痛苦的。"改革方案的实施，必然涉及整体利益调整，触及个人利益得失。从科协内部来说，在绕不过的科协改革热门话题面前，一些同志患得患失，盘算个人名利得失过多，有的甚至走得过远，对改革怀有抵触情绪。应该看到，包括科协改革在内的全国群团深化改革，包括个人而不是针对个人。更多的是体制机制、结构、方式的革新，更多的是聚焦"事"的层面

而非"人"的层面。因此，科协改革的问题导向要跳出"个体针对性"，强调"整体利益性"，要教育广大科协干部正确把握改革大局，从改革大局出发看待利益关系调整，以突出和维护改革整体利益性。同时，要从实际出发，科学制订改革方案，维护科协工作人员的合法利益，满足合理要求，对个人的"进退留转"问题作出妥善安排。只有这样，才能按照时间表、路线图，更好地促进科协改革的全面实施、加快推进和深入发展。

（三）克服上下一般粗现象，努力彰显地方特色

科协改革在全国群团改革中起步最早，发群团之先声，体现了科协组织科学之态度和科学之精神。试点并不是问题多才急需改，非试点并非没有问题而不需改。每一个地方，资源禀赋不同，人文环境不同，经济程度不同，工作基础不同等，差异明显。科协系统从纵向看是一个"S"形的组织体制，国家级科协、省级科协与县、市级科协工作重心不同：越往上走，政治性、专业性越强，工作宏观，指导性特点突出，工作层次体现为"高、大、上"；越往下去，群众性、普及性越强，工作微观，操作性特点突出。因此，不同地方、不同层次的科协组织在深化改革这一统一命题下，除了全局性的、共性问题必须解决外，更要着力解决的是个性问题。因此，非试点地方科协必须未雨绸缪，关键是厘清各自发展中的问题，哪些是共性，必须改；哪些是个性，重点改。后起厚发，进行富有地方特色的改革，以改革促问题的解决，以改革促事业的发展。

二、超越机关改革，以更大气力做好学会能力提升的孵化器和加速器

从全国科协到县级科协，学会都是组织基础，科协工作的基本机制是通过学会动员广大科技工作者来开展，同时，科协应该为学会为广大科技工作者提供周到、细致的服务。科协发展主要取决于两方面力量：一是学会对科技工作者的吸引力，实际上主要取决于学会的活动质量和水平效率。二是科协对学会的吸引力，实际上主要取决于科协对学会的服务能力。

科协改革发端于学会改革。早在2001年12月，中国科协即出台了《关于推进所属全国性学会改革的意见》，揭开新时期科协改革的序幕。2007年5月，民政部、中国科协联合发出《关于推进科技类学术团体创新发展试点工作的通知》（民发〔2007〕68号），同年6月，中国科协发出《关于加强学会工作的若干意见》，2015年7月，

中办国办印发《中国科协所属学会有序承接政府转移职能扩大试点工作实施方案》。15 年间，学会改革步步深入，也昭示着超越科协机关、以学会为重点，包括科协基层组织的改革呼之欲出。

通过本轮改革，使科协组织"真正成为党领导下团结联系广大科技工作者的人民团体、提供科技类公共服务产品的社会组织、国家创新体系的重要组成部分"为基本目标，那么，超越科协机关的小圈圈，以更大气力推进学会治理结构和治理方式改革，做好提升学会能力的孵化器和加速器，是科协组织的不二选择。

（一）孵化学会的治理能力

科协组织，学会是基础；科协改革，学会是关键。深化科协改革，必须抓好深化学会治理结构和治理方式改革。目前有两个问题值得注意。一是学会治理问题。规范领导干部，包括退（离）休领导干部在社会团体兼职后，部分学会、协会和研究会工作出现停滞状况。二是学会存续问题。目前武汉市科协拥有市属学会、协会、研究会 88 个，企业科协 146 个，区科协 13 个。其中，学会数量，2014 年调查时是 96 个，两年时间消失 8 个，目前还有 8 ～ 10 个学会正在或将选择注销。借鉴社会组织、科技企业孵化的做法，科协工作必须与组织部门和民政部门有机结合，高度重视学会的"孵化"与"再孵化"问题。要将重点放在能力孵化上面，从根本上加强学会能力建设，为学会的进一步发展营造良好的环境，打下牢固的基础。

（二）催化承接政府职能转移能力

承接政府转移职能是新时期学会工作的一个重大突破。中国科协是最早进行学会承接政府转移职能的试点之一，前期已经进行了卓有成效的大量探索。上海、江苏等地方科协也在探索中提供了不少宝贵经验。但就地方科协整体情况来看，"不愿转移""缺乏承接能力"的问题仍然存在。一方面，是学会承接政府职能转移问题不容乐观。以武汉市为例：2014 年市科协承接政府职能转移专项调查显示，目前承接政府职能转移的市属学会很少。在被调查的 81 家学会中，只有 19 家承接过政府职能转移项目，占调查学会总数的 24.4%，从未承接过任何政府职能转移项目的占调查总数的 75.6%。2012—2014 年，承接过政府职能转移项目的学会中，平均每个学会每年承接的项目不足 1 项。从另一方面来看，学会在整个社会事务中的职能分配，承接政府转移职能的地位和作用没有法律法规的明确规定。地方科协有责任帮助所属学会加强能力建设，同时协调有关方面做好转移工作，更加有效地承接政府有关职能转移。

（三）优化公共服务项目社会化竞争能力

发展政府购买公共服务，需要从形成公共资源配置的社会化、市场化的制度安排入手，加快公共服务体制创新，形成公共服务领域开放竞争的新格局。政府购买公共服务的开放竞争逐渐成为趋势。目前的科协所属学会一般具有政府背景和部门支持，其公共服务项目承担具有抹之不去的计划经济色彩。"指令指派""部门下达""关系人情"似的学会项目工作，成为一个时代的突出特征，从而影响了服务项目的社会化配置和竞争性取得。从更深刻的时代要求来看，深化改革形势下的学会组织正面临"断奶""去皇粮"的现状，并且提出了时间要求，规定了时间表。面对这一新的形势，科协既要积极支持和鼓励政府背景的学会组织继续保持与政府的传统合作，同时要帮助学会组织在社会化运作中面对竞争形势，学会竞争本领，增强竞争能力，在公共服务社会化中站稳脚跟，发展新的生存能力。这也成为各级科协组织进行学会能力孵化的一项重要内容。

（四）强化党组织的工作覆盖能力

长期以来，对科协的专业属性强调多，而对其政治属性强调少。科协首先是一个政治组织，是代表广大科技工作者利益、反映科技工作者诉求的组织，政治属性是科协的突出属性，因此必须将党的建设提上科协改革的重要位置，在科协系统落实党建全覆盖问题。将科协党建工作从科协机关推向科协基层组织，从科技馆、报刊社、咨询部门和研究机构等直属单位，延伸到学会、协会和研究会，在这些基层科技社团中建立党的组织，为保持和增强学会组织的政治性、先进性和群众性建立新的基础，同样是科协组织的重要职责。对于这一全新的工作，科协绝对不能掉以轻心。

三、超越科协自身，以更宽阔的视野在群团联动中实现改革发展的共生共荣

从横向看，科协组织跨越绝大部分自然科学学科和大部分行业，纵向直至农村、企业和街道，空间范围涉及国内和国际。活跃在其中的科技工作者的诉求、利益是多元的，他们涉足参与活动的社会组织也是广泛的，各级各类社会组织的职能也存在彼此交叉的特点。从科协的角度来看，科技工作者是我们的关注点所在，他们的作用发挥和利益所在是其最大公约数。在一个开放的社会，适应社会发展变化的新要求，科协组织应具有开放视野。地方科协因其与地方及基层组织所具有的天然联系，更必须

发挥优势，超越自身，加强与相关社会团体，特别是工会、共青团、妇联等人民团体和其他社会组织的紧密合作，互联互鉴，共生共荣。具体来说，一是加强与工会、共青团、妇联等组织的合作，推进群团发展互鉴共荣；二是加强与新经济组织、新社会组织、新型研发机构和战略性新兴产业的联系，积极吸纳新鲜血液；三是加强与国内、海外、民间科技组织等科技型社会组织的联系，促进开放包容发展。

一方面，是解决共性问题。和其他群团组织一样，切实从根本上解决机关化、行政化、贵族化、娱乐化等脱离群众的突出问题，加强科协组织的政治性、先进性、群众性。

另一方面，是在群团改革大局中彰显科协特色。加强科协组织的能力建设，调动激发各级、各类科技工作者的积极性、主动性和创造性，真正实现工作手段信息化、组织体系网络化、治理方式现代化，更加凸显开放型、枢纽型、平台型的特色，进一步增强服务科技工作者、服务创新驱动发展战略、服务公民科学素质提高、服务党委和政府科学决策的能力，使科协组织真正成为党领导下团结联系广大科技工作者的人民团体，成为提供科技类公共服务产品的社会组织，成为国家创新体系的重要组成部分，为更好地服务党和国家中心工作奠定坚实基础。

地方科协改革发展涉及的内容十分丰富，涉及面十分广泛。本文仅属武汉市科协一些不太成熟的思考，所提出的观念不尽完善，并且有待在理论和实践方面进一步得到检验。

新时期新常态下加强高校科协工作的思考
——以江苏省高校科协为例 ①

沈家聪

南京理工大学科协

【摘　要】　江苏是在全国较早成立高校科协的省份之一，第一个高校科协 1988 年成立于南京理工大学。省高校科协共有会员单位 91 家，63 所高校成立科协，11 所"985"、"211"高校已经全部成立了科协组织。在省科协和教育厅的指导下，江苏省高校科协开展了大量服务经济社会发展、服务社会公民科学素质提高、服务科技工作者的工作，取得了较大的成绩，并拥有了一定的社会知名度和影响力。江苏高校科协的独特作用体现在：服务学术繁荣，营造和谐学术生态；统筹规划协调，促进科普资源共享；凝聚专家智慧，发挥科技智库作用；服务转型升级，促进产学研用结合；建设科协之家，为科技工作者服务；统筹社团工作，实现组织合作共赢。

【关键词】　科学技术协会　职能　江苏省

To Strengthen the Work of Association for Science and Technology in New Normal:

Taking Associations for Science and Technology in the Universities in Jiangsu Province an Example

SHEN Jiacong

Association for Science and Technology in Nanjing University of Science and Technology

Abstract: Jiangsu province was one of the provinces that set up associations for science and technology in the universities early in the whole country, whose first association

---

①　全文根据作者在研讨会上的主题报告整理而成。

was Association for Science and Technology in Nanjing University of Science and Technology, founded in 1988. There are 91 members in the association for science and technology in the universities in Jiangsu Province. 63 universities have established the associations of science and technology, and 11 universities sponsored by 985 and 211 Project have established the association of science and technology. Under the guidance of the association for science and technology in the universities in Jiangsu Province, science and technology association of colleges and universities has made developments in the aspects of social economy, scientific quality of citizens, researches of scientific and technical worker and so on. The unique functions of the associations for science and technology in the universities in Jiangsu Province are reflected in the following aspects. Firstly, they can serve academic prosperity and build harmonious academic ecology. Secondly, associations as the think tank of science and technology help gather the wisdom of experts. Thirdly, industry-university-research cooperation and the transformation of the economy will be carried out. Fourthly, the home of associations for science and technology is built for providing services for scientific and technical worker. Fifthly, associations make the role in the overall work of communities to realize the win-win cooperation.

Keywords: Association for science and technology; functions; Jiangsu Province

近年来，高校科协迎来了发展的又一个春天。2015 年 1 月，中国科协与教育部联合印发《中国科协、教育部关于加强高等学校科协工作的意见》，进一步明确了高校科协工作的重要意义和指导思想，高校科协的主要任务、组织建设和工作机制，就进一步推动高校科协事业发展，更好地为高校科技工作者服务作出了部署。2015 年 2 月，中共中央印发《关于加强和改进党的群团工作的意见》，对群团组织提出了新的要求。2016 年 3 月，中共中央办公厅印发《科协系统深化改革实施方案》，方案是中央对科协系统深化改革的顶层设计和路线图，同时明确了科协系统的改革方向。2016 年 5 月，中国科协"九大"和全国科技创新大会、两院院士大会的召开，迎来了中国科技事业发展的"第二个春天"，同时，把科协的地位和作用提到前所未有的高度。这次大会是科协工作的新起点，也是提升科协工作，发挥好科协作用的重大机遇。

这一切都说明，高校科协大发展的机会来了！但与此同时，高校科协作为科协组织中不可或缺的组成部分，同样面临深化改革的新形势、新任务。高校科协应积极响应号召，勇于探索，创新实践，营造良好的工作局面，奋力推动高校科协事业迈上新台阶。

江苏是教育和科技大省、强省。目前江苏省拥有各类高等院校 141 所，其中"211"高校 11 所（含"985"高校 2 所）。江苏是在全国较早成立高校科协的省份之一，而江苏第一个高校科协于 1988 年成立于南京理工大学。随着高校科协队伍的不断扩大，江苏省高等学校科协（相当于高校科协联合会）2001 年 11 月正式成立，协会挂靠在东南大学。截至目前，我省高校科协共有会员单位 91 家，63 所高校成立了科协，11 所"985"、"211"高校均成立了科协组织。成立 15 年来，在挂靠单位东南大学和各团体会员单位的大力支持下，在省科协和教育厅的指导下，江苏省高校科协开展了大量服务经济社会发展、服务社会公民科学素质提高、服务科技工作者的工作，取得了较大的成绩，并拥有了一定的社会知名度和影响力。

长期以来，对高校科协在教育和科研力量十分雄厚的高校是否有存在的必要，以及究竟能够发挥什么样的独特作用，怀疑者有之，思路不清晰者亦有之。

通过学习党的十八大，十八届三中、四中、五中和六中全会精神和全国科技创新大会、两院院士大会、中国科协"九大"精神，并通过对高校科协工作经验的不断总结和对问题的认真思考，我们对高校科协职能和作用的认识不断深化。我个人认为，高校科协的独特作用主要体现在以下几个方面。

一、服务学术繁荣，营造和谐学术生态

高校教育和科研方面的交流活动非常多，有着强大的自我发展能力。但作为学校科技工作者的群众组织，高校科协的关注点既不在教学上，也不在科研上，而在于营造学术环境和促进不同院系、不同专业甚至不同院校之间的学术交流上，它的组织网络优势和综合协调能力是独特的。高校科协组织可以加强跨国、跨地区交流，实现国际、地区间合作；可以加强跨校交流，实现资源成果共享；可以加强跨院系、跨学科交叉交流，推动新思想、新观点和新学说的产生。在这些方面，江苏省高校科协做了许多有益的尝试，如省科协主办、省高校科协承办的"江苏省青年科学家沙龙""江苏省青年学者'创新·创业'沙龙"，全体团体会员单位参加的"学术年会"，以及"江苏—湖北高校科协建设论坛"（简称"江湖论建"，已进行四届）等，很受大家欢迎。各高校科协组织的许多品牌学术文化活动，对学校创新文化浓厚氛围的营造起

到了积极作用，如南京大学科协与"台湾大学"、新加坡大学联合举办的"尖端科学研讨会"；东南大学科协与学校其他部门通力合作举办的普利兹克奖评委、国际著名建筑师张永和的学术讲座；南京理工大学科协举办的"紫麓讲堂""院长论坛""星期三青年学者讲堂"；南京航空航天大学科协举办的"问天科学讲坛""青年教授讲坛""全国直升机年会"；南京师范大学科协举办的"敬文讲坛""随园论剑""博雅大讲堂"等。同时，在推进学术道德和学风建设方面，高校科协也大有可为。

二、统筹规划协调，促进科普资源共享

作为肩负教育与科研双重使命的高等院校，学科齐全、科技人才积聚、科研实力雄厚，是科普事业和产业发展的重要开发基地，也是拥有众多可共享科普资源的重要开放基地。科普作品、产品的开发需要具有高科技头脑，能够出主意、出思路、出设计的专家，他们是科普资源开发的源头活水。高等院校众多的博物馆、科技馆和重点实验室专业特色突出，门类广泛，可以作为对公众特别是对中小学生开放的重要场所，弥补社会科技场馆相对不足和展品不全的缺陷。目前很多高校都在做这方面的工作，如南理工的"兵器博物馆"、南航的"航空航天馆"、南师大的"珍稀动物馆"等对外开放，很受公众欢迎。但这方面工作仍有较大的发展空间，如已有场馆的整合和提高，开放尚未开放的场馆和国家重点实验室等。高校科协可以统筹规划并做好相关的协调工作，为科普资源的开发、开放献计出力，开展形式多样、丰富多彩的科学普及宣传活动，提高全民科学素养。

三、凝聚专家智慧，发挥科技智库作用

高校高科技人才密集，是名副其实的科技思想库。高校科协可以有计划地组织专家学者发表真知灼见，把他们的个体智慧凝聚上升为集体智慧，最大限度地调动他们为学科发展、科技进步、产业（行业）发展、党和政府科学决策建言献策的积极性，形成学科发展、产业（行业）发展研究报告，对经济社会发展的重大问题提出具有前瞻性的决策建议。这样的例子不胜枚举，如南京理工大学科协、南京师范大学科协等建设的省科协"科技思想库基地"，积极与科技工作者联系，收集相关优势学科的最新研究动向及成果，并整理成建议报告给上级主管部门及省领导获批示。又如东南大

学吕志涛院士《关于以科技创新为支持，打造建筑强省》的建议得到江苏省委、省政府领导的高度重视，东南大学预应力国家研究中心由此应运而生。

四、服务转型升级，促进产学研用结合

科协系统具有比较齐全的网络组织，并具备广泛联系社会各界的特点，高校科协可以利用科协的组织优势和网络平台，把高校的人才资源、科研成果和科技项目通过校际合作、校地合作和校企合作的方式，开展资源整合、协同创新、成果推广、项目对接和科技服务等方面的工作，拓宽交流渠道，为新技术的研发推广、为科技人才特别是青年人才的创新创业，为企业的技术创新牵线搭桥，做好服务。在科技服务方面，高校科协可以做更多的工作，如科技评价、人才评价、项目认证等。目前高校科协在这方面的工作较之以前有很大的起色，但发展空间仍然很大。

五、建设科协之家，为科技工作者服务

高校科协作为高校科技工作者之家，有别于学校工会组织。我们认为，高校科协这个"家"应该更加注重在开阔视野、提升学术、加强交流、展示才能、表达诉求和进步成长方面为科技工作者提供服务。通过服务，让科技工作者切实感受到科协的公益性、公平性，增强科协的凝聚力、亲和力和感召力。要重视对 35 岁以下青年科技工作者的关心，为他们成长成才搭建舞台、提供机会。让他们走出校门，参加更多的校外科技活动和公益活动，提升他们各方面的能力。提携、举荐、表彰优秀科技人才也是高校科协建设"科技工作者之家"的重要工作，在这方面，许多高校科协做了大量的工作。在各高校科协的努力下，南京大学彭茹雯、马晶，东南大学王雪梅、梁金玲，南京理工大学车文荃等荣获"中国青年女科学家奖"；南京大学闵乃本院士、高抒，东南大学时龙兴、段进，南京理工大学汪信、付梦印、廖文和、芮筱亭等荣获中国科协"全国优秀科技工作者"称号；南京大学鹿化煜，东南大学宋爱国，南京理工大学杨建、王国平等荣获由中国科学技术协会设立的"中国青年科技奖"。江苏省科协每年表彰的优秀科技工作者中约有 20% 来自高校。

六、统筹社团工作，实现组织合作共赢

江苏省高校科协坚持联合本校的学会、研究生科协、大学生科协工作一起开展活动，充分发挥大联合、大协作的优势。研究生科协、大学生科协是在校党委领导下由校团委、研究生院主管和校科协指导的学生社团，不仅是学生科技学术活动的全校性协调组织，更是在校学生课外学术科技活动指导委员会的具体办事机构，在推动学生课外科技学术活动的开展，发掘在科技、学术等方面具有潜能的同学方面发挥着重要作用。高校科协注重对研究生科协和大学生科协的指导，支持他们的工作，并经常联手开展各种学术交流和社会实践活动，旨在培养大学生的科技创新意识、社会参与能力和组织协调能力。实践证明，加强与校内科技社团的联系与合作，可以共享资源，合作共赢。

高校科协组织
在高校群团组织中的作用研究

刘双丽

南京航空航天大学科学技术协会

【摘　要】　高校科协是中国科协基层组织的重要类型之一，也是高校党委领导下的科技工作者的群众组织。通过对比高校和高校科协产生的历史背景，总结了高校科协组织的发展概况，分析了高校科协组织与高校中其他群众团体组织如工会、团委在职能、作用等方面的特点和区别，进而提出了高校科协建设发展的瓶颈和存在的问题，并就高校科协组织如何更好地发挥作用给出了一些思考和建议。

【关键词】　高等学校　科协　组织建设　群团组织　作用

Study on the Role of University Association
for Science and Technology in Mass Organizations

LIU Shuangli

Nanjing University of Aeronautics and Astronautics

Abstract: The University Association for Science and Technology (UAST) is one of the important types of the basic-level organizations in Chinese Association for Science and Technology (CAST), and also is the mass organization of scientific and technical workers in universities which is led by the Party Committee of universities. By contrasting the historical background of universities and UAST, this paper summarizes the development of organizations, and analyzes the differences from the other mass organizations in aspect of the functions and characteristics, such as the Trade Unions and the Communist Youth League, etc. Moreover, this paper proposes the bottlenecks and problems in the construction and development of UAST, and gives some suggestions about how to play its better role.

Keywords: colleges and universities; Association for Science and Technology; organization construction; mass organization; role

　　高校是国家科技创新体系的重要组成部分，是教育和科研的中心，承担着"科教兴国"和"人才培养"的双重使命，高等院校也是科技工作者密集、科技人才荟萃的场所，是科技群团最为活跃的地方之一。高校科协是中国科协基层组织的重要类型之一，是高校科学技术工作者的群众组织，是高等学校党委领导下的群众团体，是学校发展科学技术的重要力量。高校科协在高校群团组织中的学术性和社会性是高校科协区别于其他团体组织的不同特征，高校科协的性质决定了高校科协的地位，在高等学校的建设发展过程中发挥着不可替代的作用。

一、大学和高校科协产生的历史背景

（一）国内外大学产生发展的历史背景

　　现代意义上的大学基本上都直接起源于欧洲中世纪的大学，大学最初的含义就是行会，即为争取特许状（即法律地位）以及学术活动自由而组织起来的中世纪学者行会组织。

　　在 18 世纪末 19 世纪初，德国著名教育家、语言学家和政治家洪堡提出了大学的理念与研究型大学的发端，以洪堡为代表的新人文主义者提出把科学研究作为大学的使命，并把这一办学理念成功运用于柏林大学的实践。洪堡认为，大学是一个学者的社团；其次，大学是一个高等学术机构；再次，大学是受国家保护但又享有完全自主地位的学术机构。自此之后，大学作为科学发源地的思想得到极大重视，大学自治、学术自由、教学与科研相结合等思想迅速成为主导德意志大学的基本理念。

　　在 19 世纪英国古典教育与科学教育的论战中，英国著名神学家、文学家和教育家的纽曼是古典教育的支持者。他认为大学应向学生传授普遍而完整的知识；大学应致力于学生智力的发展；大学要为学生提供理想的学习环境，促进学生与学生之间，学生与教师之间的交流与沟通。

　　20 世纪初，美国实用主义盛行，范·海斯认为，教学、科研和服务都是大学的主要职能，并对威斯康星大学进行改革。在威斯康星大学为社会服务理念影响下，美国不少大学开始出现功利化和工具化倾向，这与一向重视学术性和学理传统的大学理念发生严重冲突。在这一背景下，弗莱克斯纳鲜明地提出现代大学应当全心全意、毫无保留地促进知识的发展，研究各种学问，从而捍卫了大学的学术责任。

我国是四大文明古国之一，拥有悠久的历史和灿烂的文化，有着探索高深学问的传统，在历史上曾出现过成均、稷下学宫、太学和书馆等探索高深学问的机构，但是，这些机构都不是今天真正意义上的大学。中国今天意义上的大学理念萌发于清末，经蔡元培、梅贻琦等教育家的发展而逐渐确立，并对中国大学的发展产生了深远的影响。

中国现代教育家蔡元培先生曾留学德国，深受洪堡教育思想的影响，他对北京大学实行的改革就是借鉴柏林大学的办学模式。蔡元培先生在就任北京大学校长的演说中明确指出："大学者，研究高深学问者也。"为了发展学术，他极力倡导和推崇德国大学的学术自由和学术自治的办学理念，大力主张学术研究要遵循"兼容并包""思想自由"和大学管理的"教授治校"。这些办学理念至今仍被我国大学奉为圭臬，影响着我国大学的思维方式和行为方式，蔡元培先生也因此被尊崇为我国大学教育历史上贡献最大、影响最恒久的教育家。

纵观国内外大学的发展史，我们会发现，大学是随着时代的发展而不断变化的，但是，作为人类文化发展的产物，大学在发展进程中又有其内在的逻辑，形成许多共同的发展理念和基本制度。如大学的文化定位、大学自治制度、学术自由、大学的根本使命是培养人才等。这些基本理念、制度和规律仍然是当今大学应当珍视和遵循的。总体来说，大学既是一个传授知识的场所，又是研究高深学问的机构，也是一个服务的机构，其本质是高等学术机构，其学术特质决定它旨在为学术创设有利于创新的环境。

（二）中国科协产生的历史背景

真正现代意义上的中国现代科技社团是从清末民初开始出现的。20世纪初在中华大地上出现了中国药学会（1907年）等第一批现代意义上的本土自然科学专门学会。民国初年，在以归国欧美留学生为代表的科学界人士推动下，中国工程师学会（1912年）、中国科学社（1915年）、中华学艺社（1916年）、中华农学会（1917年）、中华自然科学社（1927年）等单科或综合性科技团体纷纷出现。1939年，在中国共产党的倡导和关怀支持下，在重庆成立了由进步科学家组成的"自然科学座谈会"，并于1945年7月1日发展成为具有爱国统一战线性质的中国科学工作者协会。在解放区，则成立了陕甘宁边区自然科学研究会、东北自然科学研究会等科技团体。新中国成立前，全国性学会已经达到 30 余个。这些团体在十分艰难的条件下，传播科学知识、倡导科学研究、服务大众，中国科学社和中华自然科学社等科技团体也为推动科技事业在中国的发展发挥了积极作用。

1950 年 8 月，中华全国自然科学工作者代表会议在北京正式召开，成立了中华全国自然科学专门学会联合会（简称全国科联）和中华全国科学技术普及协会（简称全国科普）。1958 年 9 月，在中华全国自然科学专门学会联合会和中华全国科学技术普及协会的基础上，正式成立全国科技工作者的统一组织——中国科学技术协会（简称中国科协）。通过了《关于建立"中华人民共和国科学技术协会"的决议》（以下简称《决议》），《决议》指出，中国科协的基本任务是密切结合生产积极开展群众性的技术革命群众运动。它的具体任务是：①积极协助有关单位开展科学技术研究和技术改革工作；②总结交流和推广科学技术的发明创造和先进经验；③大力普及科学技术知识；④采取各种业余教育的方法，积极培养科学技术人才；⑤经常开展学术讨论和学术批判，出版学术刊物，继续进行知识分子的团结和改造工作；⑥加强国际科学技术界的联系，促进国际学术交流和国际科学界保卫和平的斗争。

中国科协组织是中国科学技术领域具有中国特色的群众性学术组织，经过近 60 年的建设发展，中国科协的章程先后进行了多次修改。2016 年 5 月 30 日，中国科协第九次全国代表大会在北京召开，章程规定："中国科学技术协会（简称中国科协）是科学技术工作者的群众组织，由全国性学会、协会、研究会（简称学会）和地方科协组成，是中国共产党领导下的人民团体，是党和政府联系科学技术工作者的纽带和发展科学技术事业的助手。"

从中国科协的产生发展来看，中国科协最充分、最集中地体现了其社会性和学术性：一是科学家的共同体，是科技工作者的组织，体现了中国科协的社会性；二是学术共同体，是科技组织、学术组织，体现了中国科协的科技性、学术性。前者决定了中国科协是党的群众工作的重要力量，应当发挥党和政府联系广大科技工作者的桥梁和纽带作用；后者决定了中国科协是推动国家科技事业发展的重要力量。

（三）高校科协产生的历史背景和发展现状

在 1958 年 9 月中国科协成立后，1959 年 1 月在杭州召开了中国科协第一次工作会议，按照会议精神，1959 年 2 月 28 日成都工学院（现在的四川大学）在全国高校率先组建了高等学校学术组织，紧接着湖南医科大学、白求恩医科大学、华中工学院相继组建了高等学校学术组织。高等学校学术组织从无到有，在改革开放初期迎来了萌芽成长期。

20 世纪 80 年代初，高校科协迎来了新的历史发展时期。第三届中国科协主席、著名科学家钱学森高度重视高校科协的建设和发展，他提出："高校科协发展是一个方向，凡具备条件的地方都应建立高校科协。"在此期间，各地高等学校纷纷建立科协。1984 年重庆大学科协成立，1985 年华中科技大学科协成立，1986 年西北工业大学成立科协，1988 年北京航空航天大学科协成立，1989 年南京航空航天大学科协成立。在 20 世纪 80 年代成立高校科协的有 51 所大学，在 1990—1999 年成立的有 67 所，在 2000—2006 年成立的有 137 所。这些学校作为较早成立高校科协的高等学校，推动了全国范围内高校科协工作的普遍开展。

2006 年中央书记处指出："哪里有科技工作者，科协工作就要做到哪里；哪里科技工作者比较密集，科协组织就要建到哪里。"根据《教育统计年鉴》，截至 2007 年底，全国普通高等学校共计 1908 所，其中已经建立科协组织的高校有 274 所。据中国科协事业发展"十一五"期间统计数据统计，到 2008 年成立高校科协的高校达到了 589 所，2009 年这一数字上升到了 698 所，到 2010 年，全国 2000 多所高等学校中大约有 729 所高等学校成立了科学技术协会，约占全国高校的总数的三分之一。数据显示，在已建科协高校的层次上，本科及以上的院校占比超过 70%。在学校类型上，超过一半是综合类大学，其次是理工类大学。

2015 年 1 月，中国科协联合教育部印发了《关于加强高等学校科协工作的意见》，为全国高校科协工作提供了基本的规范。中国科协 2015 年统计年鉴显示，全国共有831 所高校科协，比 2014 年增加了 128 所。2016 年以来，中国人民大学、清华大学、吉林大学、上海交通大学等多所著名大学相继成立科协组织，高校科协队伍覆盖面不断发展壮大，而且层次水平也不断提升。

二、高校主要群团组织的类型和特点

在高校党委领导下的群众团体组织主要有共青团、工会、科协、妇联等，这四者之间的工作对象、职能、特性、主要工作方式等既有联系又有区别（表 1）。

（一）共青团、工会和妇联

1982 年 9 月中共十二大报告指出："党要进一步加强对共青团的领导，支持它按照青年的特点进行工作，使它充分发挥党的助手和后备军作用，真正成为广大青年在实践中学习共产主义的学校。""必须大大加强党在工会中的工作，使工会成为联结党和工人群众的强大纽带。""妇联应当成为代表妇女利益，保护和教育妇女，保护和教育儿童的有权威的群众团体"。2002 年 5 月，江泽民在纪念中国共青团成立 80 周年大会上，更是一语中的地指出："中国共产党和中国共青团有着特殊的政治关系。共青团的事业是党的事业的重要组成部分，青年工作是党的群众工作的重要内容。"这意味着共青团与共产党一样，具有鲜明的政治属性，不同于一般的群众团体。

（二）高校科协的性质和特点

高等院校是科技工作者相对集中的地方，近年来在中国科协和各地方科协的大力支持和推动下，高校科协组织建设得到了快速发展。2015 年《中国科协、教育部关于加强高等学校科协工作的意见》中强调，高校科协主要负有推动学术交流与合作、开展科学技术普及活动、举荐和培养优秀科技人才、加强科学道德和学风建设宣讲教育、指导学生科技实践活动五项工作任务。高校科协的工作性质，既具有一般学术性团体如学会、研究会的共性，又有区别于高等学校其他科技管理部门的个性。主要表现在学术性、群众性和民主性三个方面。学术性是指高校科协是挂靠在高等学校科技社团的联合组织，这些学术性科技社团的成员都具有专业学术水平，以学术活动为主要任务，拥有本学科、本专业领域的学术权威性。学术性是科协区别于工会、共青团等群众组织的特征。群众性是指高校科协是由高等学校广大科技工作者在自愿的基础上组织起来的学术科技群众组织。群众性是科协区别于科技处、产业处等行政组织的特征。民主性是科协组织及其活动方式的基本属性，它集中体现在民主办会、学术自由和学术自律。民主性是科协区别于行政管理部门量化考核的特征。

表 1　各群众团体组织的性质和特点

	工会	共青团	妇联	科协
性质	中国工会是中国共产党领导的职工自愿结合的工人阶级群众组织，是党联系职工群众的桥梁和纽带，是国家政权的重要社会支柱，是会员和中共权益的代表	中国共产主义青年团，简称共青团。是中国共产党领导的先进青年的群众组织，是广大青年在实践中学习中国特色社会主义和共产主义的学校，是中国共产党联系青年群众的桥梁和纽带，是中华人民共和国的重要社会支柱之一，也是中国共产党的助手和后备军	中华全国妇女联合会，简称全国妇联。中国共产党领导的为争取妇女解放而联合起来的中国各族各界妇女的群众组织。它具有广泛的群众性和社会性，是中国共产党和人民政府联系妇女群众的桥梁和纽带，是中华人民共和国的重要社会支柱之一	科学技术协会，简称科协。是中国共产党领导下的人民团体，是代表科技工作者的群众组织，是党和政府联系科学技术工作者的桥梁和纽带，是国家推动科学技术事业发展的重要力量

	工会	共青团	妇联	科协
工作对象	在职员工	青年	女性	科技工作者
职能诉求	生存工作权利	思想政治文化引领	平等权利	学术交流、科技普及
特点	群众性、福利性	群众性、政治性	群众性、社会性	学术性、民主性

三、高校科协建设发展的意见建议

（一）高校科协发展的瓶颈和存在的问题

目前，高等学校已建立的高校科协组织结构、模式各异。其主要模式有以下三类：一是独立建制模式，领导为处级部门干部、配备专职人员编制，经费拨款，独立开展工作。其特点是：校科协属学校独立机构或相对独立机构，学校选派专职处级干部主持工作，有独立的人员编制、明确的工作职责和专门的办公地点，财务预算相对独立。华中科技大学科协和南京航空航天大学科协就属这种模式。独立建制设立高校科协，有利于顶层设计，系统主动地开展工作；有利于具体落实，高质高效地完成上级科协的工作任务；有利于系统开展学术交流，营造学术文化，促进学科创新发展；有利于协调校内各部门的合作，拓展服务空间；有利于专职专心开展工作，形成有战斗力和凝聚力的工作团队。二是合署办公模式，通常是挂靠在科研处/院或者科技处，设专职岗位、行政拨款、工作相对独立。其特点是：校科协与校科研处/院或者科技处合署办公，学校安排专职人员从事科协工作，校科协有明确工作职责、专门活动场所等。三是虚拟模式。其特点是：校科协组织没有专职工作人员，只设兼职工作人员，挂靠在科研处/院或者科技处，由处长或副处长兼任科协副主席或秘书长，一般没有专职工作人员和固定经费。据不完全统计，在全国已经成立的高校科协中，有独立建制并有办公条件的只有 10% 左右，而高达 80% 的高校的科协是与学校的科研处或科技处等管理部门合署办公，有专职工作人员的仅占一半左右，近 50% 的高校只有兼职人员，部分高校既无专职人员又无兼职人员。

由于高校科协的状况迥异，高校科协建设发展及其不平衡，整体工作水平较弱，陷入了瓶颈期。高校科协存在发展不平衡，数量不足，质量不高的问题。主要存在的发展问题包括：机构设置、人员编制、经费等基本工作条件不足；运行管理不规范，存在松散、滞后的状态；从事高校科协工作的专兼职人员专业化程度低、职业通道窄；教师的参与度和认可度不高等。

（二）意见建议

高校科协是学术性群众团体，在职能定位上要贯彻"错位选择"原则，要与工会、妇联、团委等群团组织有相对清晰的职能边界，要与科研处、学生处等行政部门有不同的工作重点和工作方式，在高校中形成优势互补、分工合作的职能格局。

（1）高校科协要注重自身特色，紧紧围绕高校人才培养中心任务开展工作，深入挖掘工作内涵，有为才能有位。

（2）推进高校科协之间的交流与合作，定期开展不同区域间高校科协工作的交流，坚持学术研讨和调研活动，相互学习，共同促进提高。

（3）多渠道、多途径加强高校科协与上级科协的联系，积极开展基层调研，及时反映科技工作者的建议、意见和诉求，建设科技工作者之家。主管部门也可直接到高校指导调研科协工作，推动高校领导对科协工作的支持力度和进程。

（4）重视青年人才，积极推荐优秀青年人才参加科技奖项的评选表彰，挖掘和宣传高校青年科技人才中的先进典型，鼓励青年科技人才勇挑重担，支持他们上大舞台，干大事业。

（5）加强工作队伍建设，重视高校科协专兼职人员队伍的培养与培训，给予他们职业上升通道。

（6）制定奖励政策，支持优秀高校科协发挥示范作用，鼓励有条件的高校科协积极主动开展工作。

中国科协在"十三五"发展规划中明确提出了五大发展理念：推动创新是科协的基本使命，强化服务是科协的根本宗旨，拓展提升是科协的工作要求，开放协同是科协的工作方式，普惠共享是科协的工作目的。作为中国科协基层组织的高校科协更加要积极践行这五大理念，明确自己的联系对象、职能作用、优势特长，结合高校自身的特色在学术交流、科学技术普及、举荐优秀科技人才、助力创新驱动，服务大众创业和万众创新、参与高校智库建设、推进科学道德和学风建设，培育科学文化、承担好挂靠学会办事机构的管理协调职能和建设科技工作者之家等八个方面更好地发挥作用。

服务创新培养和学术发展的
高校科协工作

孙建红

南京航空航天大学科学技术协会

【摘　要】 高校科协的责任在于服务于高校的中心工作，服务于以人才培养为本，促进人才辈出；服务于以学术为本，促进学术繁荣。高校科协除了做好大学生科协和研究生科协的指导支持工作外，还要以人才培养为主线，学术交流为基础，做好科学普及、科技咨询、期刊学报以及学会工作，为建设人才辈出、文化领先、环境友好的社会主义创新型科技强国做出应有的贡献。

【关键词】 高等学校　科协　人才培养　学术交流　社会服务

Mission and Duty of Association for Science and Technology in University

SUN Jianhong

Association for Science and Technology of Nanjing University of Aeronautics and Astronautics

Abstract: The University Association for Science and Technology works closely around the university's main task, to make the talented people progress on the principle of the personnel training oriented. It is academy oriented and contributes to the academic prosperity. In addition to the guidance and support for the Students/Graduate Associations for Science and Technology, the University Association for Science and Technology should, centering on personnel training and based on academic exchange, be committed to science popularization, technology consulting, journals and transactions as well as association work to make due contributions to the building of our socialist innovation-oriented technical power with a galaxy of talents, cultural leadership and the friendly environment.

Keywords: colleges and universities; Association for Science and Technology; personnel training; academic exchange; social service

1958 年 9 月，在中华全国自然科学专门学会联合会（简称全国科联）和中华全国科学技术普及协会（简称全国科普）的基础上，正式成立全国科技工作者的统一组织——中国科学技术协会（简称中国科协）。中国科协组织，是中国科学技术领域具有中国特色的群众性学术组织。习近平总书记在科协第八次全国代表大会上指出，科协组织坚持以科技工作者为本，把加强党和政府同科技工作者的联系作为基本职责，把激发科技工作者的创新热情和创造活力作为重要目标，把竭诚为科技工作者服务作为根本任务，在团结带领广大科技工作者增强自主创新能力、建设创新型国家和提高全民科学素质方面做了大量富有成效的工作，以实际行动表明，科协组织不愧为党和政府联系科技工作者的桥梁和纽带，不愧为推动国家科技事业发展的重要力量。按照 2011 年 5 月 29 日中国科学技术协会第八次全国代表大会通过的《中国科学技术协会第八次全国代表大会章程》描述的中国科学技术协会任务为：一是开展学术交流，活跃学术思想，促进学科发展，推动自主创新。二是组织科学技术工作者为建立以企业为主体的技术创新体系、全面提升企业的自主创新能力作贡献。三是依照《中华人民共和国科学技术普及法》，弘扬科学精神，普及科学知识，传播科学思想和科学方法。捍卫科学尊严，推广先进技术，开展青少年科学技术教育活动，提高全民科学素质。四是反映科学技术工作者的建议、意见和诉求，维护科学技术工作者的合法权益。五是推动建立和完善科学研究诚信监督机制，促进科学道德建设和学风建设。六是组织科学技术工作者参与国家科学技术政策、法规制定和国家事务的政治协商、科学决策、民主监督工作。七是表彰奖励优秀科学技术工作者，举荐科学技术人才。八是开展科学论证、咨询服务，提出政策建议，促进科学技术成果的转化；接受委托承担项目评估、成果鉴定，参与技术标准制定、专业技术资格评审和认证等任务。九是开展民间国际科学技术交流活动，促进国际科学技术合作，发展同国外的科学技术团体和科学技术工作者的友好交往。十是开展继续教育和培训工作。十一是兴办符合中国科学技术协会宗旨的社会公益性事业。

对于我国高等院校，目前发展仍是主要任务。高校科协，也同样需要关注和投入到学校的发展中去。由于高校的特点，决定高校科协不仅是中国科协的基层组织，也是学校学术共同体的重要一员。可以说，高校科协不同于中国科协其他基层组织，不仅有其自身独特的学术性，同时也是高校中承担和承接一定行政职能的群众性学术组织。但在过去相当长的一段时间内，高校科协工作主要还是以科技普及为主。由于没有很好地发挥其学术交流主渠道的作用，以至于在很多人的意识中，高校科协主要是大学生科协和研究生科协，而学生科协又大多是作为一个学生社团。种种原因，使得在相当长的一段时间里，高校科协并没有跟上社会经济发展的步伐，使其自身的发展处于停滞状态。甚至有人认为：高校，大师之地，人才云集，科学技术协会在知识和知识分子高度集中的大学殿堂，有没有存在的必要？如果有必要，高校科协的使命是什么？作用又是什么？它应该是学术组织还是行政部门？诸多问题困扰着大学科协的发展，以及高校科协工作者的职业归属和事业发展。在改革开放30多年后的今天，应该说，高校科协，不管是大学行政化的妥协，还是大学视野里的余光，都不能抹去中国高校科协的作用，但新时期高校科协的责任和使命是值得广大教育工作者、科技工作者以及科协工作者思考的新问题。

一、高校科协的基本状况

在中国科协支持努力下，到2010年全国2000多所高等学校中大约有100多所高等学校成立了科学技术协会，约占全国高校的总数的四分之一到三分之一。各个学校成立科协的历史也相差很大。较早的一般在党的十一届三中以后，特别是全国科技大会召开以后，人们在十年动乱后又迎来了科学的春天。这个时期一批高等学校成立了高校科协，像华中科技大学、西北工业大学、重庆大学、北京航空航天大学、南京航空航天大学等。近年来也有不少高校成立学校科协，包括北京大学、南京大学等。但应该看到大多数学校没有成立科协，没有成立学校科协的原因是多方面的。有的是因为科技工作者的数量和规模较小；有的是学校以人文社科为主，成立了社科联；但大部分未成立科协的学校主要原因还是因为学校科技管理部门、学生管理部门、党群组织如科研处、学生处以及团委承担了科协的一些相关的工作职能。

纵观高校已成立的近700多个科协组织，情况多样，发展也不平衡。从在高校中的组织形式看，大体可以归纳为三类：一类是作为高校独立的部门，具有固定人员编制和经费来源；一类是作为高校科研管理部门（一般为科研处或科技处）的下属部门，虽也有具体负责人员和经费预算，但由于高校科研管理部门日常事务繁杂，同时也不可避免要兼顾科技管理部门的其他工作，甚至更多时候是从事科研管理工作；第三类是作为挂靠在学校管理部门（也包括科研管理部门）的群众组织，一般没有专职工作人员和固定经费。对于不同类型的组织形式，高校科协的工作性质和要求也不一致，共性的内容如学术交流、科学普及等，其要求也不一致。另外，由于各个学校的定位、规模、环境、地理位置、文化底蕴以及隶属关系不尽相同，也使得高校科协的工作职责、定位和要求也大相径庭。如研究型大学、研究教学型、教学型大学对高校科协的地位和要求也不一样。其实，就是同样是研究型大学，由于历史、文化、地域及传统的不同，高校科协的工作地位和重点也不相同。像同处六朝古都南京的南京大学和东南大学，东南大学的科学技术协会在学校学术交流、学会管理、科研促进中发挥了重要作用，是江苏省高校科协系统的先进单位。而南京大学科协成立的时间相对较短，但科协的工作也并没有因此不受重视。因此，我们不能简单地就是否成立了科协来评价，而是应该实事求是、因地制宜地分析和研究高校科协在新的历史时期的使命和作用，助力高校更好发挥在人才培养、科学研究、社会服务和文化传承创新中的作用，为建设创新型国家的大战略服务。

二、服务学校中心工作，服务人才创新培养是高校科协的主要工作

胡锦涛同志在清华大学百年校庆的讲话中曾提出，现代大学的四大职能：人才培养、科学研究、社会服务和文化传承与创新。这是对世界高等教育所承担功能的一次新的启迪，从西方古典大学人才培养的教学活动到德国洪堡大学的科学研究，从近现代美国大学进一步拓展的社会服务，到今天中国大学所寓于的文化传承与创新，每一次历史的发展都赋予大学新的使命。同时，这也对我国高等院校职责提出了新的任务。大学科协，作为高校中承担和承接一定行政职能的群众性学术组织，首先是学校组织。作为高校机构中的一员，必然应当承担服务学校中心工作的职责。这也是高校科协与其他科协基层组织不同的特点之一。

不同时期，高校的中心任务不同，不同高校的中心任务也不同。但是，不论什么时期，高校的人才培养、科学研究、社会服务和文化传承创新的职能都是不可缺少的重点工作。也许不同时期的侧重点不同，但都是高校的工作中心。高校科协，作为团结高校科技工作者的群众性学术组织，也必定应该围绕学校的工作重点来开展工作，

也应该以学校本身的工作重点为高校科协的工作重点。不断提高质量，是高等教育的生命线，提高高等教育质量，必须大力提升人才培养水平，必须大力增强科学研究能力，必须大力服务经济社会发展，必须大力推进文化传承创新，这四个必须，这也应该是高校科协的工作方向。

人才培养，是高校各项工作之根本，是高校存在的基石。在东方，从公元前525年左右孔子在鲁国开办的私学，有着"贤士七十二，弟子三千"之称的杏坛讲学，到私塾、庠序、国学，以及现代的我国高等教育的领头羊北京大学、清华大学。在西方，从希腊哲学家柏拉图于公元前387年在雅典附近建立"学院"，到被誉为巴黎模式的法国巴黎大学（12世纪初），到英国的牛津大学（大约12世纪末）和剑桥大学（1209年），再到建立研究生教育和博士学位制度的德国大学，如被称为"现代大学之母"的德国洪堡大学（1810年），以及促进大学与社会联系，与社会紧密相连的美国大学体系，如哈佛大学（1636年）、耶鲁大学（1701年），不论什么历史时期，大学首先就是为社会培养人才的殿堂。因此高校科协必须在人才培养中，特别是创新人才的培养中发挥重要作用。

（一）加强对大学生、研究生科协的指导，促进创新人才的培养

在高校，大学生、研究生是一群思想活跃、有着青春理想、国家未来的建设者和接班人。而大学应该以学生为本，时刻关注青年学子的健康成长，努力营造严谨勤奋的治学氛围，形成艰苦朴素的优良作风和生动活泼的文化生活氛围。虽然大学生科协、研究生科协作为学生组织，日常管理基本在学校团组织的指导之下，同时也与学生处、研究生院以及院系有着密切的联系。但同时，作为科协的基层组织，高校科协有责任、有义务做好学生科协的联系、指导工作，提高学生科协的积极性和创造力。同时，发挥高校科协专家云集、学科齐全的优势，做好大学生、研究生创新创业的指导和支持，提高学生创业的积极性和成功率。此外，高校科协在科技下乡，科技普及等活动中也可以为学生成长提供发挥自身学科知识的平台，激发学生投入科协的兴趣和热情。

（二）构建特色科技创新培养平台，促进学生创新创业

高校科协是高端人才汇聚的群体，通过各高校科协以及各挂靠高校学会的联合，也是高校与企业联络的平台之一，高校科协拥有广泛的学科优势和资源优势。为此，高校科协，可以在构建特色的科技创新培养平台上做出成绩，为学生成长成才服务。例如，在南京航空航天大学科协的努力下，该校的大学生航空特色创新培养基地的建

设，为该校的航空特色创新培养提供了学习和实践的平台。几年来，培养出一批突出的学生科技创新精英，在国内、国际各类大学生创新创业竞技中荣获大奖，如在"挑战杯""中航工业"杯国际无人机创新大赛、"飞向未来、太空探索"亚洲区大赛、"未来飞行器大赛""全国科研类航模锦标赛"等。涌现出"全国五四青年标兵"胡铃心、"创新创业先进"吴俊琦等一批优秀学子，为航空航天事业优秀人才培养作出了应有的贡献。同时，也以创新为基础，促进了师生的创新创业。

（三）构架青年教师服务平台，促进青年教师尽快成长

高校历来就是人才聚集之地，先贤汇集之所，不缺人才。但由于中国发展历史原因，加上"文革"十年的断层，特别是近十几年社会政治经济发展使高校超常规的速度发展，造成高校总体上年轻教师数量多，比例高。特别是拥有一大批具有博士学位的年轻教师，成为我国高等教育未来的中坚力量，这是我国高等教育的一个优势。但是，如何促进他们更好更快的成长，也是高校面临的一项工作。如何解决青年教师面临的困难，做好服务，促进青年教师尽快成长，是高校一项重要的人才工作内容。由于高校的特殊性，可以充分利用高校科协的作用，在学科学术、思想生活等各方面密切联系青年学者。实践证明，高校科协在联系青年学子和学者工作中，有着得天独厚的学术渊源优势。同时，科协组织的群众性、工作的学术化、功能的职能化以及科协人员的专业化，可以营造宽松的沟通环境和实现方法的多样性。结合高校科协承担的一定行政职能，可以使得高校科协成为党密切联系和团结青年知识分子的桥梁。可以为推动和支持青年教师事业和人生向正确的方向发展，为国家教育事业、科技事业和人才事业发挥更大作用。

三、构建学术交流平台，服务学科和学术水平提高是高校科协的特色工作

所谓学术，中文是两个字，是汉字"学"与"术"组合。1999 年版的《辞海》是这样描述的：所谓"学"，是指学习，《论语·为政》中有"学而不思则罔，思而不学则殆"之句；同时也指模仿、学问、学科、学校。《礼记·学记》中有"古之教者，家有塾，党有庠，术有序，国有学"。而"术"指古代城邑中的道路，后有"手段、方法、学问、技艺、历法"等意。同样，《辞海》中"学术"，指较为专门、系统的学问。学术对应的英文是 academia，其更常见的意义是指进行高等教育和研究的科学与

文化群体，在作这个意义用时对应于中文的学术界或学府。可以看到，不论中外，对于"学术"的描述，在现代意义上已经略显单薄。一般而言，目前我们谈论的学术，是指系统、专门的学问，是对存在物及其规律的学科化论证，泛指高等教育和研究。高等学校，本身就是一个集学问学识、学者学生为一体的学术共同体。因此大学应以学术为本，促进学术繁荣。可以说，学术活动是高校主要的活动，广义的学术活动包含很广，主要指学校一切围绕教学、科学研究所开展的活动。

（一）学科引领，打造高端学术交流平台，促进前沿、交叉和重点学科的持续发展

我国经过三十年的改革开放，不仅经济社会得到了飞速的发展，科学技术也得到了长足的进步。在学术交流方面，不论是国内还是国际，整体水平大幅度提高。随着学科的发展，学术交流的质量也是不可同日而语。一般的学术交流在通讯、网络技术不断革命性发展的今天已经成为一种常态。科技工作者对学术交流的需要和要求也发生了显著的变化。以"学科引领、高端云集、国际合作、促进创新、发挥作用"为特点的学术交流是高校科协在学术交流工作中的重点。充分发挥其高校院士多、科技专家和高水平学者多，挂靠学会多，联系科技企业便捷的优势，通过高校科协自身的努力，将学校打造成重点学科、交叉学科和新兴学科的学术交流中心，形成科技信息汇集、前沿研究活跃的学术环境，促进学科的不断发展。另外，随着科技合作全球化，充分发挥高校国际化的优势，促进学术活动向国际前沿不断进步，也是高校科协的重点工作之一。

（二）青年踊跃，构建青年教授学术交流平台

大学以人才培养为本，促进人才辈出。学生培养是主线，师资队伍是关键。而大学与青年学子接触较多的是青年教师，因此，关心青年教师队伍建设和发展在大学人才队伍建设中具有重要意义。关心青年，不仅仅是生活上的关心，更重要的是促进其学术上更好、更快发展，是青年教师更加关心的问题。目前，南京航空航天大学利用学校科协为平台，以学术为本，以学术交流为平台，把握学科发展和学术成长规律，引导学科交叉和学科融合，发挥青年创新潜能及其自组织能力，促进学术繁荣。同时，青年教师自发组织了40岁以下正教授、35岁以下副教授为基础的青年教授学术交流联谊会（简称青年教授会），开展了以学术午餐、学术沙龙、专题研讨、青年教授讲坛、学科交叉、企业参访、青年教授成长和发展论坛（青科论坛）等形式的学术活动，不仅丰富了校园学术文化环境，同时促进了青年教授的学术成长。另外，青年

教授在科协的指导和服务下，自我组织、自我管理联谊会的事务，如校友捐赠设立的"青年学者创新奖"的获奖人员推荐、评审等。科协不仅推动了青年教授学术成长和发展，也使得一批青年教授的组织能力得到了锻炼，逐步在不同的领导岗位发挥着更大的作用。

（三）做好期刊工作，促进学术成果的推广和提升

高校的学术活动和学术成果一个重要的彰显形式就是高水平的研究论文。一篇编辑严谨、研究缜密的高水平的研究论文，可以充分体现学者的研究成果、学术水平、学风品格，是学术活动中不可缺省的一个重要环节。同时，编审的过程，也是一次针对性非常强的学术交流环节，对学术水平、学术成果和学术成长都是一次提升，也有助于规范学术风气、锤炼学术道德和品德，有助于整个学术环境的良性发展。因此，充分重视学校学报的工作，更好地发挥学术期刊在学科发展和学术水平提高中的作用也是高校科协一项重要的工作。

四、科技普及和科技咨询是高校科协的社会责任

推动经济社会又好、又快发展，实现中华民族伟大复兴，科技是关键，人才是核心，教育是基础。这里的教育不仅仅是高等教育，而是全民的教育，要做好全民教育，必须要使得全民科技教育水平得到提高。中国科协在"十二五"和《科普人才发展规划纲要（2010—2020年）》中明确指出要着力提升全民科学素养。高校科协，要借助于高校科技人才和资源的优势，大力做好科学普及工作，推动《全民科学素质行动计划纲要》的实施，实施农民科学素养行动，提升社区居民科学素质，实施未成年人科学素养行动，开展主题科普活动，完善科普资源共建共享机制，加强科普基础设施建设，促进科普产业发展。比如，目前江苏省高校科协就针对各高校科普资源进行整合，在科普日和科普周活动中联合行动，统一开发，充分利用资源，在全民科普工作中发挥了很好的作用。

另外，高校科协利用学科优势，积极深入到中小学校，将高校的科技人才和资源优势拓展到中小学教育中，为中小学生的创新思维和培养提供有力的支持。例如，南京航空航天大学充分利用大学生航空特色创新基地的资源，每年到中小学进行航模表演和作科普报告二十余场。同时，为全国各地的中小学，特别是有创新培养特色的中学提供建立中学生航空航天科技创新培养基地，为中学学生创新培养提供了一种可以

借鉴的有效模式。

同时，在促进高校科技人员与社会经济发展紧密联系中，高校科协也是重要的桥梁和纽带，是产学研合作的渠道之一。高校科协不仅可以依靠高校教师、科研人员，还可以依靠各级科协以及学会组织，拓展科研人员服务社会的渠道。特别是科技咨询，构建起社会与高校的桥梁。同时还可以促进经济发展方式加快转变，增强自主创新能力，推进企业技术创新，助力社会主义新农村建设，建设国家级科技智库和提高社会建设和公共服务水平。

五、崇尚科学，追求真理，传承创新学术品德、科学风尚和科学文化是高校科协工作的时代要求

习近平同志在中国科协第八次全国代表大会上指出，广大科技工作者要带头大力发扬中华民族自强不息、革故鼎新的优良传统，坚持用创新文化激发创新精神、推动创新实践、激励创新事业。要自觉继承奋勇争先、崇尚一流、不甘落后的优良传统，努力营造勇于创新、宽容失败的良好氛围，使我国广大科技工作者不断增强开拓进取、锐意创新的信心和勇气，始终保持严谨求实、勇于创新的科学精神，不畏艰险、勇攀高峰的探索精神，团结协作、淡泊名利的团队精神，万众一心地为加快建设创新型国家建功立业。从习近平总书记代表党和人民对科技工作者提出的文化创新要求可以看到，高校科协在社会主义文化传承创新领域任重道远，大有所为。

（一）大力弘扬科学精神，营造科学文化氛围，促进文化发展

现代文化的传承和创新离不开科学文化的传承和创新。科学文化的核心是科学精神。目前，我们坚持科学发展观，就是要遵循科学规律和坚持以人为本，树立全面、协调、可持续的发展观，促进经济社会和人的全面发展。也就是要对自然的认识和改造过程中体现出来的求真、务实、至善、臻美的科学文化精神。高校科协能够在各类学术活动中大力倡导科学精神，可以促进文化建设和发展，为科技和社会经济的持续发展做出贡献。

（二）大力提倡优良学风，提高科技人员学术道德水平，促进科技创新和发展

优良学风，不仅仅是学术环境的问题，也是一个国家科技发展的基石。高校因其拥有最专业的各类精英群、最讲科学精神、最追求真理，而成为最有社会公信力和影响力的圣殿。大学还要以其独特的科学严谨性和预见性为未来社会和人类的发展做

出贡献，要在未来社会发展中提供社会所需要的真知灼见。高校的学术道德水平高低会直接影响社会文化的发展。因此，中国科协颁布了《科技工作者科学道德规范（试行）》，提倡坚持科学真理、尊重科学规律、崇尚严谨求实的学风，提倡勇于探索创新，恪守职业道德，维护科学诚信。只有良好的学术道德水平才能真正促进科技创新和发展。

历史的车轮在滚滚向前，科技的发展也日新月异。科技发展从来没有像今天这样深刻地影响着社会生产和生活的方方面面，从来没有像今天这样深刻地影响着人们的思想观念和生活方式，从来没有像今天这样深刻地影响着国家和民族的前途命运。因此，作为新时期的高校科协，必须团结高校广大师生，崇尚科学，坚守职责，努力提高人们科技素质，促进科技创新，促进科技文化创新，促进社会文明创新。

深化改革中基层科协组织建设的思考
——以江苏宝应县科协为例

陈荣来　卢秋琳

江苏省宝应县科学技术协会

【摘　要】 为适应新时期科协系统深化改革发展，江苏省宝应县科协在尝试抓好以科技工作者为主导、以服务为中心的县级科协组织创新发展能力提升的同时，通过对镇科协、企业科协、农技协等组织网络建设改组、组织机构设置改革、体制职能创新改变、成效评价机制改进等方面创新发展，探索新阶段县科协组织的组建、管理、运行模式，谋求新时期科协事业的新辉煌。

【关键词】 基层科协　组织　建设

The Construction of Associations for Science and Technology at the Grass-roots Level during Deepen Reform
—Taking Baoying County Association for Science and Technology in Jiangsu Province as an Example

CHEN Ronglai　LU Qiulin

Baoying County Association for Science and Technology in Jiangsu Province

Abstract: To adapt the deepen reform and development of associations for science and technology in the new term, Baoying County Association for Science and Technology in Jiangsu Province tried to promote the ability of country associations for science and technology creative development，taking scientific and technological workers as the leading factor and service as the center. At the same time, it explored the construction，management and running mode of country associations for science and technology to make the cause of associations for science and technology get new glory in the new term，through reorganizing the network organization construction, reforming organizational settings, creatively changing system functions, improving the effectiveness evaluation mechanism of town and enterprise associations for science and technology and rural special technology associations.

Keywords: associations for science and technology at the grass-roots level; organization; construction

县科协是中共县委领导下科技工作者的人民团体，是能渗透到全县社会各方面的社团组织大系统，县科协由学会、镇科协及其分会和基层组织组成，其主要工作是带领和组织广大科技工作者为创新驱动发展、提高全民科学素质、党和政府科学决策等服务。县级科协在全面改革创新的今天，如何适应新形势更有效地履行好职责，有所作为，笔者认为科协工作应在以科技工作者为主导、以服务为中心的基础上，加强科协学会和镇科协及农村专业技术协会（以下简称农技协）等组织建设，增强能力提升，谋求科协事业新的发展。

一、县科协组织的现状

宝应县科协已基本形成了良好的科协组织网络体系，并富有一定的活力，但与新时期党和政府的要求、与人民的期盼、与科技工作者的愿望还有差距。

（一）基本概况

宝应县科协现有县级学会20个，涉及工业、农业、教育、卫生等自然科学的领域，除青少年科普促进会为无挂靠单位外，其他学会均挂靠于相关的行政部门或事业单位，理事长和秘书长也均由单位领导和中层干部兼任，学会活动主要参与上级学会及相关单位组织的学术交流、论文交流外，重点是从事与本行业业务相关的科普活动，学会中有30%能按要求及时换届、召开理事会、发展会员和会员管理、组织参加学术活动和科普活动，50%的学会只能按章程部分要求落实到位，还有近20%的学会基本处于有名无实或活动不正常的状态。

宝应县有镇科协14个，覆盖全县所有行政乡镇，主席由分管科技负责人兼任、秘书长由科技助理兼任，全县有近四分之一的镇秘书长由大学生村官兼任，280个村居科协分会，均由分管村主任兼任负责人。

宝应县科协基层组织中有农技协、企业科协、社区科普志愿者队伍。全县有农技协 136 个，会员 2 万多人，涉及粮油、蔬菜、花木、水生蔬菜等种植和畜禽及水产养殖，主要是在家庭农场、农民合作社和种植养殖能手组成，秘书长由县、镇农业专家兼任，截止到目前，全县有 5 个协会和协会指导的基地、5 名农技协会员受到国家和省科普惠农表彰；全县有企业科协 68 个，遍及全县国有企业和部分高新技术企业；有流动科普志愿者服务队伍 1 支，活跃在全县各社区、公共场所和重大节日举办现场。

（二）突出问题

县科协组织各有所长，分别存在一些不足。一些镇科协组织力量不到位，由于镇科协是设在科技办公室，没有专职工作人员，全部由镇干部兼任，致使镇科协机构不稳定，人员工作热情不高，且真正懂业务人并不多，学习进修的机会少，知识更新较慢，加之经费困难等原因，难以适应时代的要求；有些农技协规模不大、层次不高、组织不严密、管理不规范，内部运行机制不健全，协会与会员之间没有形成真正的利益共同体，协会也缺少经费来源、缺乏经营管理人才；有些企业重视科协组织成立，有形式上的存在，只注重领导机构设置，但不能规范运作，甚至于不能正常运转；有些学会与会员缺乏联系与沟通，服务会员少，使用会员多，协会无"家"可言；有些镇和单位领导对协会认识不足、科协工作边缘化严重。

二、县科协组织改革探索

近两年宝应县科协针对基层组织建设存在的问题，仔细调查，反复研究，积极探索，目前已见端倪。

（一）贯彻落实政策，争取多方支持

近年来，国家、省相继出台了《中共中央国务院关于深化体制改革加快实施创新驱动发展战略的若干意见》《中共中央关于加强和改进党的群团工作的意见》《科协系统深化改革实施方案》和科协事业"十三五"规划等支持和鼓励科协改革的文件。今年是"十三五"的开局之年，县级科协应认真贯彻落实，加大改革创新力度，创造科协工作辉煌。宝应县科协利用再次获批全国科普示范县的契机，加快科协改革步伐。首先是组织学习讨论，认识科协改革的重要性和紧迫性。组织科协机关人员与相关人员认真学习习近平总书记系列讲话和中央、地方下发的文件，通过集中学习、独立自

学、讨论理解等方法，全面理解讲话和文件的精神实质，让科协人从理论上武装自己；其次就是宣传汇报，让更多的人支持科协改革。借用会议、各种媒体等多种手段向县级部门单位、向科技工作者、向社会各界宣传讲话和文件精神，同时主动向县领导汇报，营造科协改革和科协工作的良好氛围；再就是谋划落实，规划科协改革的目标措施。在取得县领导重视和社会支持后，草拟科协系统改革方案，试行科协改革内容，把科普示范县创成后科协组织建设工作、县科协对镇科协工作考核等内容列入县政府对镇政府的年度目标考核之中，县农技协承担了科普惠农兴村计划项目（基地、协会、带头人）的培植、评审和申报等具体指标和要求。借县科协即将换届之机，将科协基层组织建设的目标、任务和规划融入县委批转的换届文件之中，进而使科协及基层组织建设工作形成了全县上下齐抓共管的有利局面，促进科协改革的顺利进行。

（二）成立 3 个组织，满足服务需求

为了进一步促进县科协学会及基层组织建设改革创新，县科协成立非营利性企业组织和社会团体组织 3 个，即服务县属学会工作的学会服务中心、服务县农技协的农技协联合会、服务企业科协的企业科协服务联盟 3 个服务组织，服务组织主要是承接服务职能，如服务各基层组织的财务工作，县属各学会、县镇农技协会和企业科协均不再设立财务岗位，统一由服务组织的一个账户（计 3 个账户）对外，各组织为各学（协会）会设立专门账页，各学（协）会经费独立核算，互不占用，这样既精减了学（协）会人员，也规范学会的财务收支等财务制度。通过 3 个组织牵头开展学（协）会员接待日制度，每月 10 日为科协主席和专线负责人召集学（协）会员座谈交流，研讨科协和学会工作，了解他们的需求，以更好地服务科技工作者，以全面提升科协组织的凝聚力、向心力。

（三）建立管理规范，激活基层动力

镇科协及村居分会是组织镇域内科技工作者在镇党委领导下开展以服务全民科学素质和创新驱动为主的组织，科协领导下的学会都是自然科学工作者组成的学术团体，主要肩负着学术研究和交流、科技示范与普及推广，农技协则是由农技科技推广组织、农民专业合作社、家庭农场等农技能人本着民办、民管、民受益的原则组建而成，企业科协是在企业党组织领导下的企业科技工作者组成，主要是围绕企业创新驱动发展进行研究。为了促进这四支力量共同为地方经济、地区人口科学素质提高服务，县科协要求各组织认真履行学（协）会章程的基础上，出台了镇科协年度目标考核意见，学（协）学年度考核意见，学（协）会服务能力提升工作意见，农技协承接

政府职能和规范管理意见，这些意见对科协四个组织提出了明确的工作目标和评判标准。通过对基层单位工作落实情况的评价、先进典型的表彰、存在问题的督促，以加强对镇科协及分会的指导，强化对学（协）会的督查力度，钮紧了科协基层组织与县科协的联系，激发了科协基层组织争先创优的热情，出现了科协系统上下互动协作开展工作的格局。从而形成一个上下贯通、左右联系，并做到科技工作者在那里，科协组织建到那里，无处没有科协系统网络组织。

三、县科协组织的改革思考

县级学会及科协基层组织是县级科协的组成单位，是科协的细胞和单元，科协代表大会和委员会领导下，这些组织是科协工作的基石，在全面深化改革的今天，它也是科协改革的生力军和主力军。

（一）争取各界支持，为科协基层提供保障

科协属于人民团体，对内科协上下级间没有行政隶属关系，对外科协没有公共资源支配和行政强制力，科协组织建设需要各界的支持，党委政府的重视与支持，是科协基层组织建设的保障。县领导重视了，乡镇、村居和部门单位党组织领导才可能重视支持科协工作，有了党组织的重视和支持，科协才有建制、有编制、有人员、有经费、有资源配合；部门和社会各界关心与帮助，是科协基层组织建设的动力。科协基层组织在社会力量帮助下，组织建设更完善、活动更好开展、工作更有活力；科技工作者的热心与参与，是科协基层组织建设的基础。科协是科普工作者的群众组织，是由他们组成，是科协工作依靠对象、服务对象，离开了这个基础，科协将成为无本之木，无水之源，科协改革、承接政府职能等所有的工作都需要他们的全心全程参加，有了他们的参与，科协才有发展、才有希望。

（二）完善工作平台，为科协基层提供载体

科协工作要有活力，要取得改革成功，要取得辉煌成绩，科协基层组织要建好三大平台，一是科技工作者双创（创新、创业）平台。通过创客空间建设和创新创业工作小组建立成为科协为科技工作者服务的重要载体，营造有利于科技工作者创新创业的法治环境，做好法律法规的宣传，引导广大科技工作者在法律框架内开展创新创业活动，通过支持科技工作者自主科技成果转化、组织科技工作者创新创业优势项目的竞赛和评选，优秀学术论文的交流与评选等表彰奖励的同时支持科技工作者脱颖而出；

二是科技思想库平台，通过科技专家的选聘建立健全专家人才库、知识和技术库等建设，作为科技工作者相互联系和科协组织的科研课题、技术储备汇总与发布，更好地为科技工作者服务；三是信息化工作平台，用好"互联网＋科普"和"互联网＋农技协"，做好科协的信息化科普工作和农技协产品及农资线上营销，为科技工作者线上指导、线上学习、线上联系等提供载体。

（三）加强自身建设，打牢科协工作基础

科协基层组织是科协工作的基础，是科协人显示身手的平台，无论别人是否重视，科协人自身首先应该以科协为家，把家建设好、发展好。因此，科协基层组织建设具体工作还是要科协自己主动去做，其工作好坏取决于自身的认识程度、努力程度、创新程度和社会影响程度。科协基层组织建设必须要形成影响力和吸引力，这种影响力和吸引力不是权力的影响，也不能完全指望科技工作者的奉献精神，更不能指望社会的施舍。只有搞好科协的工作，才能让科技工作者感受到自身价值的体现，才能让人民群众感受到科协工作带来的实惠，才能让党委政府感受到科协的作为。

基层科协和科协基层组织工作组织关键是抓好秘书处，秘书处运行质态直接关系到所在单位的工作业绩，科协秘书处应抓好全面改革。一方面是抓好秘书处的建设改革，即：镇科协秘书处，秘书处实行分工协作制，由科技、农业、工业、教育、卫生等方面人员组成秘书处，镇科技助理兼任秘书长，其他方面人员任副秘书长，在秘书长统一领导下，副秘书长各司其职，镇科协达到有组织机构、有办公场所、有议事规程、有志愿者队伍；学会秘书处围绕政社分设要求，扎实推进秘书长职业化、秘书处实体化（简称"两化"）和理事会决策、秘书处执行、监事会监督"三权分离"管理机制；农技协秘书处做好轮值制，农技协按会员决策制、协会与分会秘书长轮值制、监事督查制的"三制共管"，实现农技协的民办、民管、民受益的目标要求；企业科协秘书处则以专兼职结合，以兼职为主的工作机制。另一方面是抓好秘书处管理，主要是加强秘书处的制度落实，重点是科学评价体制的建设，如活动效果评价、工作绩效评价、服务效能评价等。以全面贯彻落实习近平总书记提出的中国科协各级组织要坚持为科技工作者服务、为创新驱动发展服务、为提高全民科学素质服务、为党和政府科学决策服务的职责定位，团结引领广大科技工作者积极进军科技创新，组织开展创新争先行动，促进科技繁荣发展，促进科学普及和推广指示精神，再创基层科协工作的新的辉煌。

深化改革　创新发展　增强县级科协活力

张存岭[1]　张　群[1]　周爱民[2]　朱占英[2]

1 安徽濉溪县科协　2 安徽淮北市科协

【摘　要】 "四服务、三型、两促进"要求县级科协把握属性，准确定位，聚集主业；创新办会原则，创新组织体制机制，加强基层组织建设；改革联系服务机制，组织、引领科技工作者创新创业；公共服务产品提供机制；协同创新，助力区域经济转型升级。

【关键词】 深化改革　创新发展　县级科协

Enhancing the Vitality of Country Associations for Science and Technology through Deepen Reform and Creative Development

ZHANG Cunling[1]　ZHANG Qun[1]　ZHOU Aimin[2]　ZHU Zhanying[2]

1 Suixi County Association for Science and Technology in Anhui Province

2 Huaibei City Association for Science and Technology in Anhui Province

Abstract: "Four-services, three-types, two-promotions" demanded country associations for science and technology to grasp the properties, accurately position, focus on the major works. It should innovate the principles of association setting and organizational systems and mechanisms, enhance the construction of primary-level organizations. reform the contact service mechanism, organize and lead the scientific and technological workers to innovate and establish a business, innovate the mechanism of supplying public service products, assist to promote the transformation and upgrading of regional economy through collaborative innovation.

Keywords: deepen reform; creative development; country associations for science and technology

278

2015 年 7 月，中央召开党的群团工作会议，印发《关于加强和改进党的群团工作的意见》。2016 年 3 月，中央全面深化改革领导小组第二十次会议审议通过《科协系统深化改革实施方案》；5 月，中国科协第九次全国代表大会与全国科技创新大会、两院院士大会一道召开，将科技创新摆在了党和国家全局工作中前所未有的位置，将科协的地位和作用提高到前所未有的位置。新形势新任务对科协工作提出了新要求新期待。县级科协要把握属性，准确定位，聚集主业；创新办会原则，创新组织体制机制，加强基层组织建设；改革联系服务机制，组织、引领科技工作者创新创业；创新科学普及、学术交流和决策咨询等公共服务产品提供机制；协同创新，助力区域经济转型升级。

一、把握属性，准确定位

政治性、先进性、群众性是党的群团工作和群团组织的本质属性、基本定位和工作主线。政治属性是科协的根本属性，也是科协工作的灵魂。

中国科协是中国科学技术工作者的群众组织，是中国共产党领导下的人民团体，是党和政府联系科学技术工作者的桥梁和纽带，是国家推动科学技术事业发展的重要力量。《中国科学技术协会章程》总则第一条对科协的性质作了精准的定义，并表明了科协的四大属性，群众组织是基本属性，人民团体是政治属性，桥梁纽带是社会属性，重要力量是专业属性。

科协工作是党的群众工作重要组成部分、是国家科技工作重要组成部分、是人民政协协商民主工作重要组成部分、是枢纽型组织参与社会管理和公共服务工作重要组成部分。习近平总书记在"科技三会"上强调："中国科协各级组织要坚持为科技工作者服务、为创新驱动发展服务、为提高全民科学素质服务、为党和政府科学决策服务的职责定位，推动开放型、枢纽型、平台型科协组织建设，接长手臂，扎根基层，团结引领广大科技工作者积极进军科技创新，组织开展创新争先行动，促进科技繁荣发展，促进科学普及和推广，真正成为党领导下团结联系广大科技工作者的人民团体，成为科技创新的重要力量。"

科协工作涵盖内容多、覆盖面广、涉及范围大，从"三主一家"到"三服务一加强"，再到"四服务"，科协工作的空间不断拓展。但就科协本身来说，人力、物力、财力都很有限，要在工作中有所突破、取得成绩，就必须聚焦主业，坚持"有所作为、有所不为"。从客观实际出发，科学配置资源，变松散的网络优势为集约优势，把有限的人力、物力、财力切实用到体现科协特色且不可替代的工作上来。要以联系服务科技工作者为主体，以学会、科普、思想库和人才工作为"四翼"，抓住对本地经济社会发展有重要影响，党政领导关心关注的热点、难点，有助于树立科协鲜明社会形象的工作，在能力所及的范围内，集中力量、坚持不懈、抓出成效，创造闪光点。县级科协工作手段欠缺，人力、物力、财力不足，学术交流和国际交往的职能淡化，智库建设能力薄弱，应以服务科技工作者创新创业为主线，致力于普及科学技术、助力技术创新、活跃学术交流和服务科学决策。

二、改革创新科协组织制度与体制机制

（一）创新科协办会原则

一是将自觉接受党的领导、团结联系科技工作者、依法依章开展工作三者有机结合，这是科协坚持走中国特色社会主义群团发展道路的基本特征，也是科协办会的政治原则。二是将科学办会、民主办会、依法办会三者有机结合，这是科协办会的制度原则，其中科学办会是关键和前提，民主办会是核心和基础，依法办会是程序和保证。三是将以科技工作者为本、以学会为主体、以服务科技工作者为主旨三者有机结合，这是科协办会的工作原则。

（二）创新科协组织体制机制

推行差额提名、差额选举制度，科协机关专职主席由上级党委任命（履行民主程序）和代表大会选举两种渠道来产生。科协机关专职主席、副主席应参加同级人大或政协常委会。改革会员体制，由单一的学会团体会员体制改为学会团体会员、地方科协团体会员和个人会员共存的多元会员制。创新团体治理结构，增设监督机构，与现代社会组织制度接轨，形成权力机构、决策机构、执行机构、监督机构相互制衡的治理机制。科协机关专职主席年度政绩考核或职位升迁，应更多地吸收服务对象和会员代表意见。

县级科协要依照章程按时换届，及时充实科协委员、常委，设立非驻会副主席，更多把科技人员中的优秀人物纳入组织，明显提高基层一线人员的比例。不断提高机关干部业务素质，让其成为论文撰写、科普创作与设计、科普产品研发、科普展品维护、科普活动策划与组织等某方面的行家里手。实行严格的目标责任制管理，人人定

岗定职、分工明确，责任落实，奖惩兑现，使科协机关真正承担起常委会、全委会工作机构的任务。

（三）加强基层组织建设

基层组织是科协各项工作的落脚点。县级科协要按照科技群团的性质、特点和形势需要，下大力气抓好乡镇科协、农技协、学会和企业科协、社区科普组织建设，配备必要的专兼职工作人员，提高有效覆盖面和工作活跃度，接长手臂、形成链条，有效联系各行业各层次的科技工作者。

农技协具有科技推广、携农入市、技术服务、互助交流、信息传递、行业经营服务和农村科普、政策宣传、利益协调等功能，在调节农村生产关系、发展现代农业、提高农民科学素质和组织化程度等诸多方面发挥着不可替代的重要作用，已成为普及农业科学技术、推动农村科普事业发展、带领农民致富、建设美好乡村不可或缺的重要力量，成为农村社会化服务体系的重要生力军。要围绕农业现代化发展要求，广泛建立农技协组织，不断提升服务能力，确保每镇建有 4～5 家农技协。

学会作为科技工作者参与学术活动、开展学术交流的重要组织形态，集中了各学科领域的众多专家、学者和科技工作者，智力密集，人才荟萃，是国家创新体系的重要组成部分，是科协组织的细胞和基础。县级科协要突出问题导向，全面加强学会服务能力建设，积极探寻学术性社会团体发展规律和改革的有效途径，形成适应市场经济体制，符合社会发展规律，满足政府、社会和会员需求的学术性社会团体发展格局。

企业是科技人才的聚集地，是科协服务企业科技创新的前沿阵地。县级科协要围绕区域主导产业，组建产业技术协会；着力推进经济开发区、工业园区及其所属企业建立科协组织，努力实现规模以上高新技术企业全覆盖，为企业科技创新加油助威。

三、改革科技人才联系服务机制

坚持为科技工作者服务，是科协工作的根本职责。要不断创新科技人才服务方式，切实解决科协组织与科技工作者不亲不近的问题，发挥好党和政府联系科技工作者的桥梁和纽带作用。

（一）强化对科技工作者的引领

深入开展中国特色社会主义和中国梦宣传教育，引导科技工作者坚定中国特色社会主义理想信念，自觉践行社会主义核心价值观。大力宣传《科技工作者科学道德规范》，引导科技工作者恪守"坚持真理、诚实劳动、亲贤爱才、密切合作"的职业道德。优化诚信环境，教育引导科技工作者强化诚信自律，严守学术道德，自觉抵制学术不端行为。

（二）创新宣传表彰举荐平台

提请党委、政府评选优秀科技工作者，设立区域科技奖、青年科技奖等奖项，表彰奖励优秀科技人才及创新成果，奖补自然科学优秀论文作者。设立区域科普行动计划专项，奖补示范农技协、农村科普示范基地、农村科普带头人和科普示范社区、科技教育示范学校、创新争先学会。大力宣传优秀科技工作者和创新团队的先进事迹，弘扬科学精神，传播正能量。

甘当人梯，注重培养青年科技人才。定期举办青少年科技创新大赛，设立县长奖，挖掘青少年的创新潜能，培养创新精神和实践能力。推荐优秀科技工作者担任人大代表、政协委员等，举荐领军人才到上级学会任职，为科技工作者参政议政、参与社会治理提供渠道。积极探索和推动开展农村科技带头人、新型经济和社会组织科技人员以及离退休科技工作者的技术职称评定工作，为他们更好地发挥作用、投身科技创新提供资格证明和精神鼓励。

（三）创新建家交友平台

建立健全科协委员和机关工作人员联系科技工作者制度、科协界政协提案听取科技专家建议制度，坚持和完善科协会员日、走访慰问一线科技工作者等常态化制度，不定期召开科技人员恳谈会，经常性地听取科技工作者的要求和呼声，准确把握科技人员的思想状况、利益诉求和动态趋势。推动建立依法维护科技工作者权益的体制机制，畅通利益协调、权益保障法律渠道。建立决策咨询委员会，为广大科技工作者建言献策、施展才干搭建新平台；成立创客联盟、创新联盟、创业联盟等，为科技工作者交流协作、干事创业建立新载体；建立科技工作者诉求反应机制，完善科技专家建议呈报体系，拓展科技工作者建言献策、参政议政渠道。建设"网上科协"，建立网上互动和微信交流等网络新平台，增强科协官网对外宣传、科技人员服务、科技资源服务、开放办公等功能，加强对科技工作者的网上联系、网上引导、网上动员、网上服务，让普通科技工作者能在网上找到组织、参加活动、咨询求助，直接获取科技工作者意见建议、呼声和诉求。

四、创新公共服务产品提供机制

保持和增强科协组织的先进性，最重要的是发挥科协组织在提供社会化公共服务产品方面的独特优势，团结带领广大科技工作者服务创新发展。

（一）拓展科技传播渠道，建立普惠共享的现代科普体系

科学普及是科协的看家本领，也是科协的传统优势工作。要深入开展全国科普日、科技活动周等主题科普活动，利用防灾减灾日、世界环境日、世界地球日、世界水日、世界气象日等纪念日和中国传统节日开展专题性科普活动，深入社区、乡村和学校开展生态文明、节能环保、低碳生活等经常性科普活动。

当前，以数字化、网络化、智能化为标志的信息技术革命日新月异，互联网成为创新驱动发展的先导力量，"互联网＋"成为一种新的经济和社会发展形态，为实现泛在、精准、交互式的服务提供了坚实的技术支撑。要整合流动科技馆、社区科普馆、校园科技馆、科普大篷车、数字科技馆等公共科普设施资源，积极争取主流媒体的支持，探索运用网络特别是移动互联网作为传播渠道，有效对接和深度应用科普中国、科普安徽等网络资源，建设乡村、社区和校园科普 e 站，努力构建包括广播电视、报纸杂志和互联网平台、手机平台、车载平台、手持阅读器等终端在内的多渠道全媒体科技传播新格局。

（二）创新学术交流平台，优化学术环境

围绕区域优势产业发展，打造 2～3 个具有学科特点、地方特色的学术活动品牌，引领学科发展，释放学术交流的创新潜力。围绕加快转变经济发展方式、提升传统产业核心竞争力和培育新兴产业，与上级学会联合举办符合当地经济社会需要和科技发展实际的专题论坛。搭建网络交流平台，交流学术观点，启迪创新思维，激发创新火花。资助科技人员在核心期刊、精品科技期刊发表学术论文；鼓励和支持专业技术人员参加"中国科协年会"等高端学术交流活动，参加区域经济发展专门研讨活动，参加跨学科、交叉性、综合性学术会议，获取最新科技信息，把握科技前沿发展趋势，活跃创新思想，不断增强技术创新和成果转化能力。

（三）建言献策，为党委政府科学决策服务

围绕战略性新兴产业培育、现代农业发展、低碳经济与生态环境建设等，建立决策咨询委员会，搭建科技工作者建言献策新平台。聚焦全局工作重点、转型升级难

点、民生关注热点，组织科技工作者开展调查研究，积极建言献策；支持科技工作者就科技发展和产业升级中的难点、热点问题提出意见和建议。发挥科技界人大代表、科协界政协委员的作用，将调查研究、建言立论与民主协商相结合，组织政协委员开展专题调研活动，形成高质量的调研报告和提案。

五、协同创新，助力县域经济转型升级

按照企业主体、学会主力、专家主角的原则，主动作为，甘当红娘。深入企业，了解企业意愿，帮助梳理创新思路，厘清产品研发、工艺改进重点，找出协同创新的技术需求。诚邀相关学会、高校院所来园区、企业考察，寻求合作共赢。促使更多的企业寻求可靠的技术依托，与学会、高校院所签署三方合作协议，建立学会服务站、专家工作站、海智基地等服务载体，组建产业创新团队，搭建产学研结合、技术创新联盟等协同创新平台，联合申报重点研发计划和行业专项，让本土科技人员与专家学者协作，促进研究机构与企业之间知识流动与技术转移，推动技术创新与产业发展深度融合，破解企业关键技术难题，促进传统产业技术升级，培育新兴产业。

科协工作唯有改革、唯有创新，才能进步、才能发展。让我们弘扬"想事做、创新招、强协调、重实效"的进取精神，潜心做事、埋头苦干，锲而不舍、只争朝夕，顺应时代发展，深化改革，创新争先，奋力推进科协事业迈上新台阶。